CSS3デザイン プロフェッショナルガイド

秋葉 秀樹、秋葉 ちひろ、小山田 晃浩、外村 和仁、蒲生 トシヒロ、宮澤 了祐［著］
株式会社ピクセルグリッド［監修］

本書のサポートサイト

http://css3.soycms.net/

http://book.mycom.co.jp/support/pc/css3pro/

はじめに

CSS3はクールに使ってほしい

2010年の秋のこと、「ピクセルグリッドの小山田君、外村君とWebデザイナー向けのCSS3をクールに使ってもらうための本を考えてるから、秋葉さんたちも協力してよ」と蒲生さんから声がかかりました。「(Webクリエイターには) CSS3はクールに使ってほしい」なるテーマは僕が日頃思うところでもあり、ぜひ！　と参加させていただいたのが、本書のスタートです。

以下、Webデザインという仕事に対して思うところを書かせてもらいます。

「見た目調整」のCSSから「情報伝達」のためのCSSへ

5～6年ほど前のことでしょうか……。某大手企業のWebサイトのひな形用にHTMLを作る必要がありました。かなり大変な仕事でしたが、当時はIE5.5のためにCSSハックを多用し「微妙な位置のズレ」を修正し、デザインカンプと近づけることが「クオリティが高い」と評価される時代であったことを思い出します。

ところが現在、ブラウザ環境は多様化し、携帯電話やスマートフォン端末等、PC以外のデバイスでブラウジングすることが一般的になりました。Webの世界ではプログレッシブエンハンスメント(Progressive Enhancement)という開発理念が重視されてきたように思われます。

Webデザインでは些細な見た目の違い(角丸やグラデーション等)よりも、ブラウザの種類がどうあれ、情報が明確に伝わりやすく、操作もしやすくなっていることが求められるようになりました。より正しく「情報伝達」を行える技術を持つことが「クオリティが高い」と評価される時代になったのは間違いないと感じています。

Webデザイナーという職種

Webの世界では、歳を重ねると「もう歳も歳だから」と言ってデザイナーを専業でやらなくなるケースを多く見かけます。「Webデザイナー」という職業は若い人だけの職業だと誤解されがちなのはとても残念なことです。

プロダクトデザインや建築デザインの世界など他分野のデザイナー職では70代、80代で現役、40代なんてまだまだこれからだという人も多くいます。

優れたデザインは短期間で誰もが習得できるものではなく、新たな技術の取得だけでもなく、切磋琢磨の経験の積み重ねが生きてくるものではないでしょうか。案件ごとのコンセプトが違えば表現方法だって180度変わるのが当たり前、状況に応じて自分の引き出しを変えていかないといけません。

Webデザインとは、Webで目的が達成できるインターフェイスにするために行う仕事であり、HTMLやCSSやJavaScriptは「そのうちの手段」の一つでしかありません。デザインには本書でテーマに掲げるCSSのような技術的な理解はもちろんですが、人としてデザインをどう思うか？は重要であり、感受性が必要な場合や、コミュニケーション能力が必要な場合もあることでしょう。
それらの経験が生きてくるのが本来のデザインという仕事です。「もう歳も歳だから」といってCSS3のような新しい技術を諦めることなく、経験を積んだWebデザイナーこそがCSS3を我がモノとして、世の中に優れたデザインのWebを公開してほしいと思います。

デザイナー目線のCSS3

CSS3は新機能だけに目を向けるのではなく、いかに上手に使いこなせるかが、デザインを行う上での大事なポイントです。
例えばChapter3のSection1では画像を使わずにボタンを作っていますが、「実物のボタンを立体的に斜めから観察して光や影や立体感などをどう表現するか」という学習を含めています。ここに書いた技術は本書がCSS3の本だから「表現手段がたまたまCSSである」というだけで、Photoshopなどのグラフィックツールでも応用可能です。「デザインに自信がない」という方や、開発をされている方、ディレクターの方も是非読んでいただきたい内容になっています。
CSS3ではドロップシャドウやグラデーションを表現できますので、画像を使わずに質感たっぷりのデザインが可能になります。だからといって光や影を単なる感覚で付けてしまうと、場合によっては「秩序のない立体感」を生み出すことになり、押せそうにないボタンに見えたり、かっこわるいだけでなく、ユーザを惑わす結果に繋がることもあります。
本書の目的として技術的な理解はもちろんですが、デザイナーのクオリティを向上させるために何が必要か、は大きなテーマであると感じています。
HTMLやCSSを仕事に利用するすべてのユーザーに役立てれば幸いです。

最後に、本書に関わった人たちに、この場を借りてお礼を言わせてください。執筆に加え監修まで努めてもらったピクセルグリッドの小山田さんと外村さん、まとめ役の蒲生さん、そしてサンプルパートのちひろさんと宮澤さん。
スケジュール的に胃の痛い思いをさせてしまった毎日コミュニケーションズの角竹さん、みんな、みんな、本当にありがとうございました。

北関東・東北が早く復興しますように。

2011年4月26日　出張中、東京・恵比寿にて。
秋葉秀樹

本書の使い方

本書は
Chapter1　CSS3の基本／Chapter2　CSS3リファレンス／Chapter3　CSS3ビジュアルサンプル
の3つのChapterで構成されています。

対応ブラウザについて

本書の対応ブラウザとして、右の5つを使用しています。
なお、Internet Explorer 7～8や、iOS用のSafariなど、ここに出てきていないブラウザについても、適宜解説しています。

Chapter2について

Chapter2では、本書執筆段階において、CSS3の各モジュールの中でも2つ以上の環境（ブラウザ）でサポートされているプロパティ/値/構文、または、iPhoneなど特定の環境で特に有用なプロパティ/値/構文をまとめています。
サンプルコードやキャプチャを交えて説明していきますので、CSS3の新機能やそれに伴いできることをじっくり学んでみましょう。

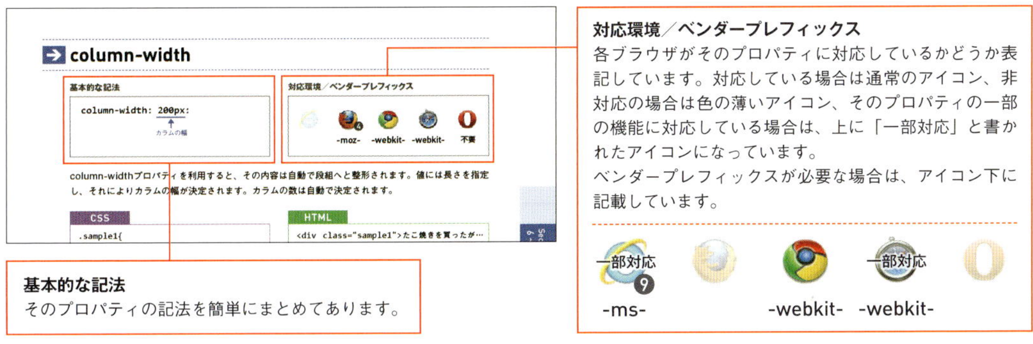

対応環境／ベンダープレフィックス
各ブラウザがそのプロパティに対応しているかどうか表記しています。対応している場合は通常のアイコン、非対応の場合は色の薄いアイコン、そのプロパティの一部の機能に対応している場合は、上に「一部対応」と書かれたアイコンになっています。
ベンダープレフィックスが必要な場合は、アイコン下に記載しています。

基本的な記法
そのプロパティの記法を簡単にまとめてあります。

Chapter3について

Chapter3ではCSS3を活用したデザインサンプルを解説しています。

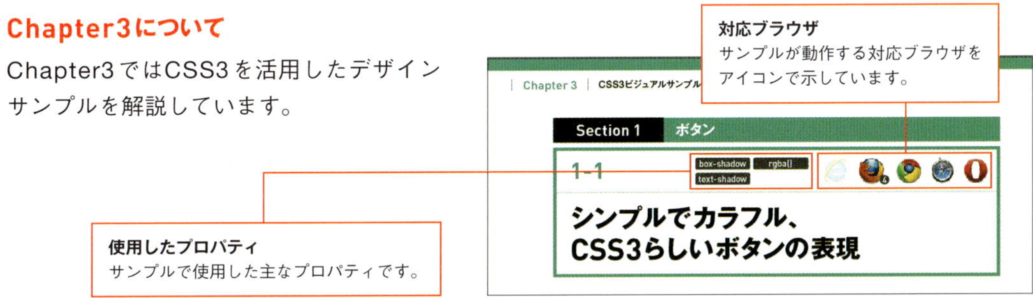

対応ブラウザ
サンプルが動作する対応ブラウザをアイコンで示しています。

使用したプロパティ
サンプルで使用した主なプロパティです。

Contents

Chapter 1

CSS3の基本

［TEXT］蒲生 トシヒロ

Section 1

CSS3をWebクリエイターが使う意義

このSectionでは、CSS3をWebクリエイターが仕事に利用する意義を主軸に置いて解説します。

CSS3はクールに使ってほしい

CSS3はW3Cによる最新のCSSの規格ですが、Webクリエイターのために生まれた仕様といっても過言ではありません。デザインを行う人間にとり実に理にかなった仕様となっています。良いのはわかるけど、現在草案だからといって手を出すのが早いと思ってませんでしょうか。モジュールによっては勧告案、勧告候補となっているモジュールも多々あります。すでに主要各ブラウザ最新版はCSS3の多くのプロパティやセレクタに対応しており、初夏から年末にかけてブレイクするスマートフォンでは多くのCSS3プロパティやセレクタが利用できます。本書はCSS3を仕事に役立てるように構成されていますので、積極的にCSS3に取り組み自らの力としてください。
デザイン力・構成力のあるWebクリエイターほどCSS3を積極的に使ってほしいと願います。

CSS3を使うメリット

CSS3を利用するメリットは多々ありますが、大きなメリットとしては、こんなところだと考えます。

1. 表現力が高くなる
2. 工数が減る
3. ファイルサイズが軽くなる

表現力の高まるCSS3

Webクリエイターが、本来こうあってほしいという機能が新たに追加されたのがCSS3の素晴らしいところです。Webフォント、角丸、テキストシャドウ、ボックスシャドウ、透過、変形。これらの機能は、従来我慢してきたWebクリエイターにとって、まさに待望の仕様といえるでしょう。
日本語環境においては、Webフォントの種類やバイト数で制約があるものの、CSS3の普及が広まるにつれて利用できる日本語フォントの種類が増えていき、やがてクリエイターがマシンフォントからの呪縛からは解放される日も近いことでしょう。

工数を大きく減らすCSS3

たとえば、従来の工程ではかなり面倒であった角丸も、CSS3を利用すれば、ベンダープレフィックスを含めて3行のコードを追加するだけで実現できます。わずか数行のコードを追加するだけで、従来手間のかかった表現を可能にするCSS3を利用することで、画像制作工程やCSS工程を短くすることができます。修正指示がきても、グラフィックソフトを立ち上げる必要はなく、CSSファイルを直接編集するだけで終わります。制作工数や修正工数を大きく減らしてくれることは間違いありません。

Column **Webフォント**

Webフォントで、日本語フォントを利用する方法を、Chapter2-3「Font」(P.043)で解説しています。

ファイルサイズを減らしてくれるCSS3

CSS3なら角丸やグラデーションなどを画像を使わずにCSSのコードのみで実装できるので、ファイルサイズを抑えることができます。ファイルサイズを減らすことで表示速度の向上につながります。PVの多いサイトやスマートフォンサイト等のファイルサイズが気になるサイト構築に特に有効でしょう。

今すぐ使えるCSS3

先ほども書きましたようにCSS3は今すぐにでも利用すべきメリットがあり、すべてにおいてではありませんが、可能であれば今すぐにでも積極的に使うべきだと私は考えています。

CSS3は下位互換、HTMLのバージョンとは組み合わせ自由

CSS3はCSS2.1を含みます。そして下位互換です。新たに追加されたプロパティやセレクタは従来のプロパティを阻害しません。
そしてCSSのバージョンとHTMLのバージョンは関連性はなく、組み合わせは自由です。CSS3は現時点の主流であるHTML4、XHTML1.0、HTML5のいずれでも利用できます。

➔ CSS3に部分的に対応したブラウザ、未対応ブラウザの表示比較

また、CSS3を利用すれば表示がおかしくなるのではと考えている人もいるかもしれませんが、CSS3は下位互換であり、従来のCSSを含みます。非対応ブラウザでは無視されるだけです。構成をしっかりやっておけばレイアウトが崩れたり表示がおかしくなることはありません。

実際にCSS3をフルに利用したレイアウトサンプルを対応ブラウザ、非対応ブラウザで表示を比較してみましょう。

● Firefox3.6（Win）

CSS3 is Cool!
CSS3 is Easy!
CSS3 is Happy!

● IE8（Win）

CSS3 is Cool!
CSS3 is Easy!
CSS3 is Happy!

このように表示が異なります。

CSS

```
.box {
  position: absolute;
  left: 50px;
  top: 50px;
  width: 400px;
  height: 150px;
  -webkit-border-radius: 20px;
  -moz-border-radius: 20px;
  border-radius: 20px;
  -webkit-box-shadow: 10px 10px 5px #000080;
  -moz-box-shadow: 10px 10px 5px #000080;
  box-shadow: 10px 10px 5px #000080;
  text-shadow: 2px 2px 5px #000000;
  background-image: -moz-linear-gradient(-45deg, #0000CD, #87CEFA);
  background-image: -webkit-gradient(linear, left top, right bottom,
  color-stop(0.00, #0000CD), color-stop(1.0, #87CEFA));
  border: 10px solid #87CEEB;
  background-color: #4169E1;
  padding: 10px;
  font-family: 'Expletus Sans', arial, serif;
  font-weight: bold;
  font-size: 28pt;
  color: #EEE8AA;
  text-align: left;
}
```

CSS3を利用する場合の記述の注意点は、（グラデーションや背景の複数設置を利用する場合は特に）古いブラウザでも解釈できる書き方の併記を忘れないことです。非対応ブラウザへの対応についてはSection 3で解説します。

ブラウザの対応状況

FindMeByIP.comによる「HTML5 & CSS3 Support」には主要ブラウザのバージョン別のCSS3対応状況が書かれています。CSS3で新たに追加されたプロパティやセレクタはFirefox4、Chrome10、Safari4、Opera11、IE9と、ほとんどの主要ブラウザで多くが対応していますが、残念なことに利用者の多いIE6～IE8は古いブラウザのためほぼCSS3に対応していません。とはいえ機能すべてを使おうと思うのでなければ、CSS3は今すぐにでも使えます。
そして、いわゆるスマートフォン専用のWebページであれば、逆にCSS3を利用しない理由が考えられません。
Webのユーザーがどんなブラウザを利用しているのかはアクセス解析で簡単にわかりますので、メインターゲットを見据えて導入を検討するとよいと考えます。

HTML5 & CSS3 Support
http://www.findmebyip.com/litmus/

W3Cの進捗状況は忘れずチェック

ブラウザに比べて忘れがちですが、CSS3を利用する場合はW3Cの進捗状況も確認の上、採用を検討することをお勧めします。進捗状況はW3Cの「CSS current work」に色別に表示されています。よく利用されていたり既に実装済みの仕組みが変更される可能性は少ないと考えられますが、場合によっては変更や削除される可能性もあります。多くは下位互換を保つための修正です。W3Cでは利用状況を確認しながら慎重に作業してますので、よく利用されるプロパティが削除されることは、まずありませんが、プロパティやセレクタの名称が変更されることは絶対ないとは言いきれません。

草案段階のモジュールにあるプロパティやセレクタを利用する場合は、対応策を考えておいたほうがいいでしょう。

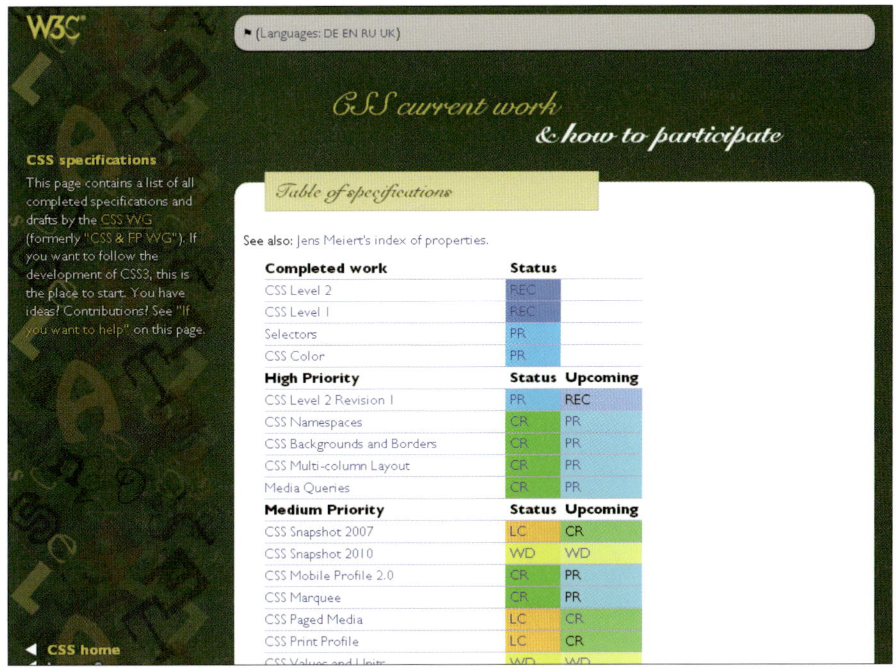

CSS current work & how to participate
http://www.w3.org/Style/CSS/current-work

● W3C勧告までの過程

1. 草案（Working Draft WD）
2. 最終草案（Last Call Working Draft　LC）
3. 勧告候補（Candidate Recommendation　CR）
4. 勧告案（Proposed Recommendation　PR）
5. W3C勧告（Recommendation　REC）

Section 2

CSS3で何ができるか

**Section2では何ができるかを海外のサイト事例で学んでもらいます。
海外のCSS3を使ったサンプル集から、CSSで何ができるかを知ってもらいます。 実用的なもの、すごいのはわかるけど使い道に悩むものいろいろと混ぜて紹介します。**

➔ Webフォント

まずはWebフォントを利用したすぐれたデザインサイトを紹介します。Webフォントを利用したWebページはテキストの表現が豊かなのが特徴です。

● W3C HTML5 Logo

W3CによるHTML5のロゴのページです。HTML5で作られCSS3が利用されていますが、非対応ブラウザでもきちんと見られるよう作られています。表示が速くWeb標準でありながら驚くほど表現豊かです。

http://www.w3.org/html/logo/

● The Official Website of Steinway & Sons

数々の名演奏家たちから愛されてきたピアノメーカーのスタンウェイの公式サイトです。格調高いデザインのサイトです。

http://steinway.com/

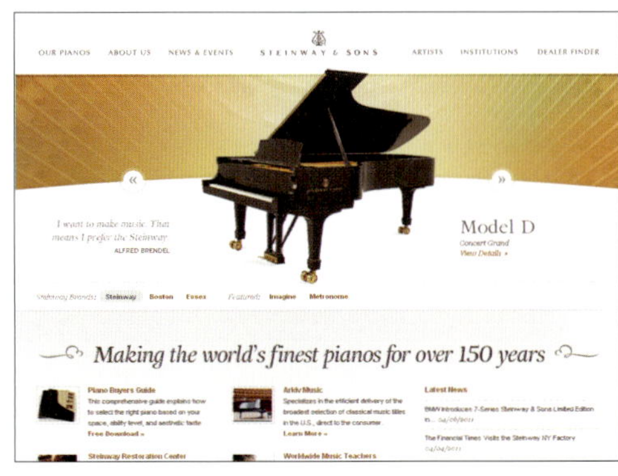

● BeerCamp SXSW 2010

背景画像以外はWebfontとCSS3で作られた表示が軽快なWebページ。
http://beercamp.com/2010/

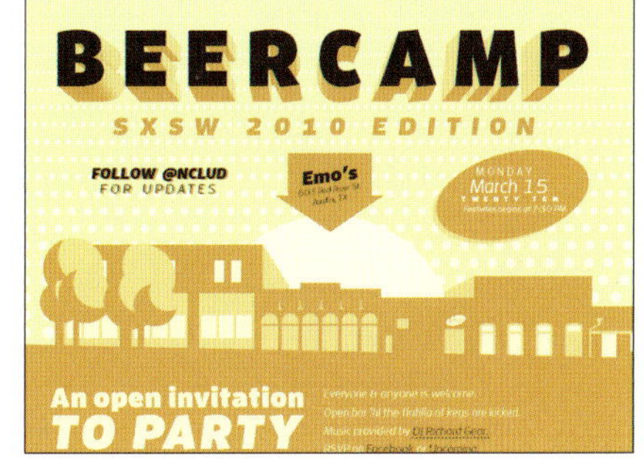

メニュー

CSS3を利用すればJavaScriptも画像も不要でスタイリッシュな引き出しメニューが作れます。ここで紹介する以外にも優れたメニューサンプルは数多くありますので参考にしてください。

● CSS3 Dropdown Menu

Macライクなドロップダウンメニュー。
http://webdesignerwall.com/tutorials/css3-dropdown-menu

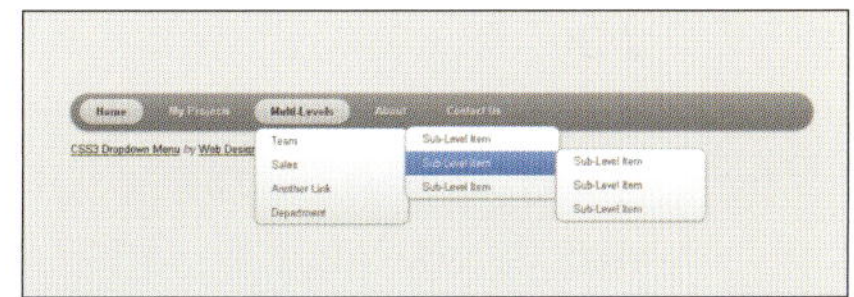

● Sweet tabbed navigation bar using CSS3

軽量かつシンプルなコードで実装できる上、変更も簡単にできるメニューサンプル。
http://www.marcofolio.net/css/sweet_tabbed_navigation_using_css3.html

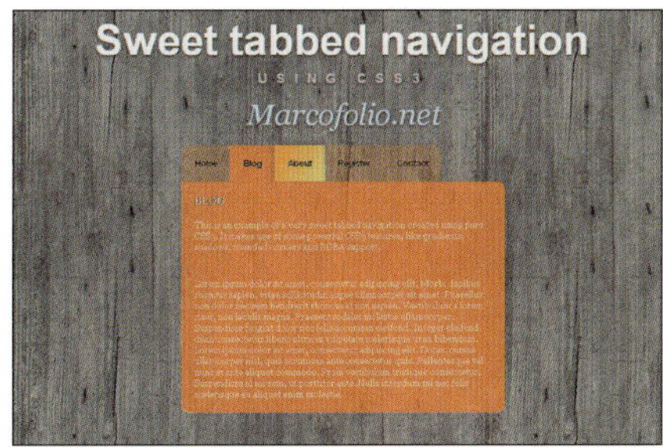

● CSS 3 color module test

CSS3でMac OS X Leopard style interfaceまでを再現したサンプルページ。
http://www.css3.info/wp-content/uploads/2007/08/colormoduletest.html

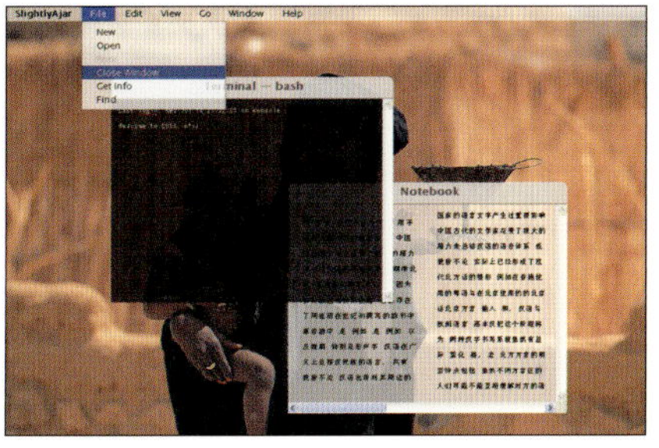

写真ギャラリー

CSS3を利用して作られた写真ギャラリーです。CSS3を利用すれば、JavaScriptを利用するよりも簡単にさまざまなことを実装できます。

● Creating Polaroid Style Images with Just CSS - ZURB Playground

有名なポラロイド写真風のCSS3を利用した写真ギャラリー。ギャラリーにある写真にマウスをのせると写真が拡大と回転をします。
http://www.zurb.com/playground/css3-polaroids/

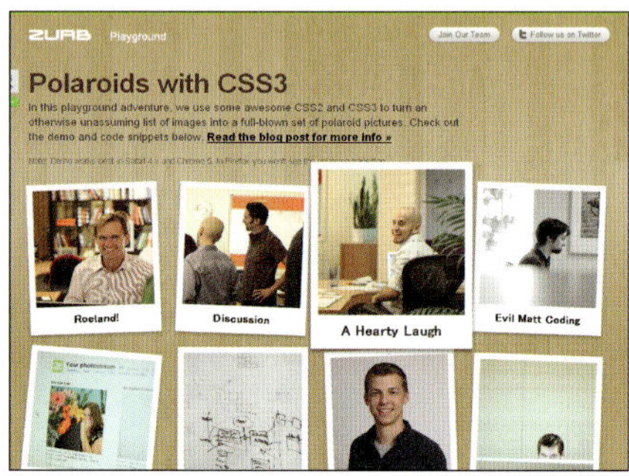

● CSS play - CSS3 Image Information Panels

左側のサムネールをクリックすると中央に写真が大きく表示され、さらにマウスをのせると説明文が写真上に表示されます。
http://www.cssplay.co.uk/menu/cssplay-information-panels.html

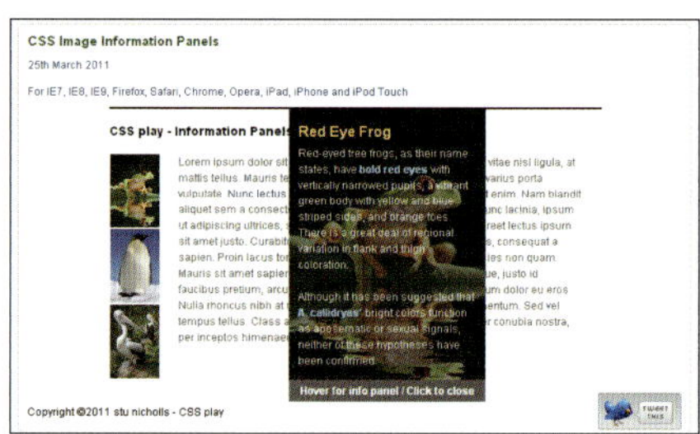

アニメーション

● CSS play - CSS3 Animation - Duff Roll

画面にマウスを載せるとビール缶が左から右へ移動して、シンプソンズのホーマーも顔や目が缶を追いかけるアニメーションです。
http://www.cssplay.co.uk/menu/css3-duff-roll.html

● CSS play - CSS3 Animation

マウスをクリックするアニメーションとマウスを載せると踊るアニメの２種類。
http://www.cssplay.co.uk/menu/css3-animation.html

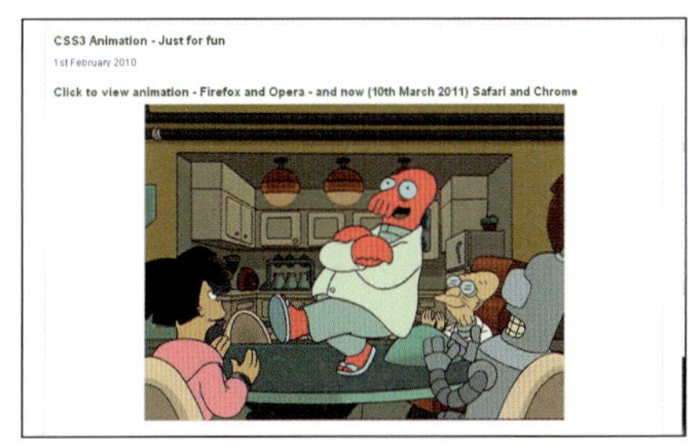

● Fun with CSS3 and mootools

CSS3とMootoolsを使ったアニメーション。マウスをのせると図形が不思議な動きをします。
http://demo.rickyh.co.uk/fun-with-CSS3-and-mootools/

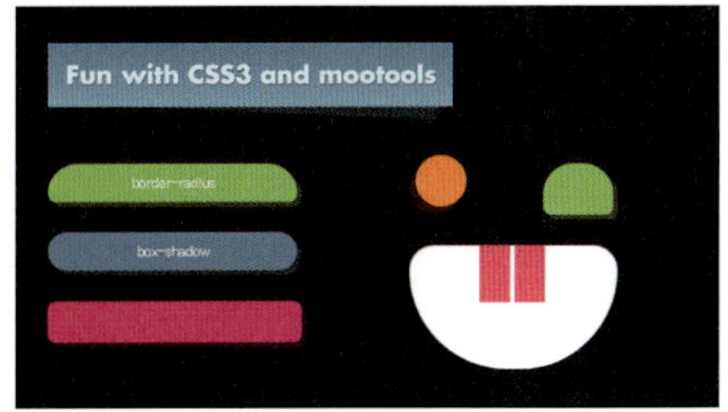

まとめ系+その他

画像を使わずにどこまで形を作れるかというサイトと、CSSのまとめサイトを紹介します。

● Pure CSS speech bubbles ? Nicolas Gallagher

Nicolas Gallagher氏による画像ソフトを使わずCSSだけで作った「吹き出し」のサンプル集です。ソースを見れば作り方がわかります。他にも著者はさまざまなCSSのサンプルを掲載してますので、Laboratoryを見るとおもしろいです。
http://nicolasgallagher.com/pure-css-speech-bubbles/

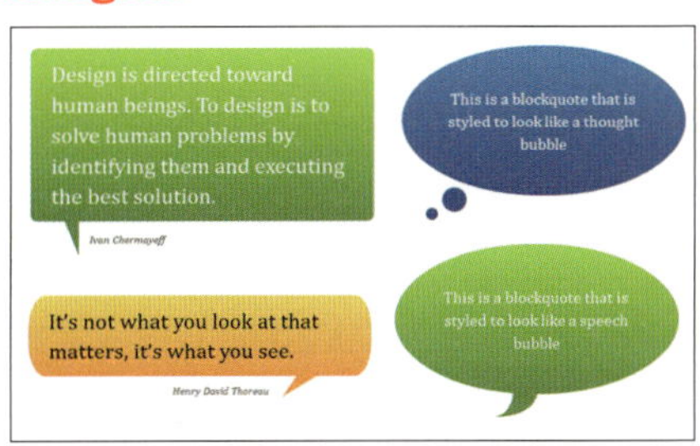

● 50 Brilliant CSS3/JavaScript Coding Techniques - Smashing Magazine

CSS3による50点のサンプルサイトをまとめているサイト。リンク先にはCSS3を使ったスーパーテクニックがコード付で解説してありますので、CSS3で何ができるのかを知るだけでなく学習にも役立ちます。
http://www.smashingmagazine.com/2010/02/01/50-brilliant-css3-javascript-coding-techniques/

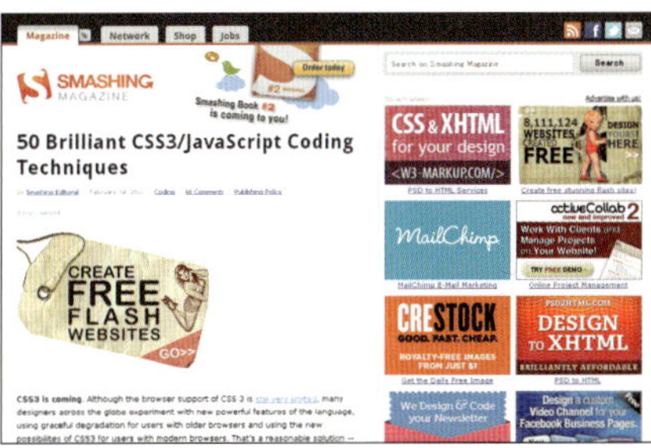

Section 3

CSS3を積極的に利用するために

Section3では積極的にCSS3を利用するために、3つの方法を解説します。

いわゆるスマートフォン専用Webサイトならばともかく、デスクトップ向けWebサイトの場合はブラウザを強制することはできません。商用サイトの場合、目的や顧客に応じてターゲットブラウザが決まりますが、特殊な場合を除いてIE6はともかくIE7、IE8を無視することはまずありえないでしょう。とはいえCSS3がまったく使えないというわけではありません。

1. 問題のないCSSプロパティ、値、仕組みのみ利用する
2. 非対応ブラウザでもきちんと見られるデザインをおこなう
3. スクリプトで対応する

以下、これらの方法を順に解説していきます。

問題のないCSS3のみを利用する

Webフォントを配布しているtypekitのサイトはデザインにも優れ、CSS3も一部実装されていますが、非対応ブラウザにおいてもデザイン上の違いはほとんど見られません。なぜならば、利用しているのはIE6も対応しているWebフォントと、適用されなくても見かけ上の差異の少ないテキストシャドウだけだからです。

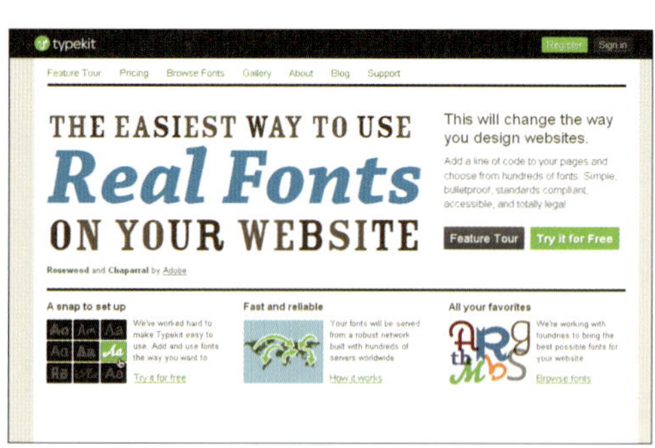

Typekit
http://typekit.com/

Webフォントやテキストシャドウの導入だけであれば、非対応ブラウザは以前のまま何も変わりなく、対応ブラウザでは大きく印象が向上しますのでメリットこそあれデメリットはありません。すでに海外ではWebフォントやテキストシャドウ等のCSS3の技術を使ったすぐれたデザインのサイトが多く見られ、国内でもテキストシャドウを利用したサイトをずいぶんと見かけるようになりました。CSS3の練習がてら導入してみませんか？

非対応ブラウザを考慮したデザインをおこなう

CSS3非対応ブラウザで見ても問題のないサイトデザインを行いましょう、というのが2番目の解決方法です。対応ブラウザはよりリッチに、非対応ブラウザでもそれなりに見ることのできる方法ならばさほど問題の出ることもないでしょう。

「How to Build a Kick-Butt CSS3 Mega Drop-Down Menu」というよい見本が見つかりましたのでこのサンプルを例に解説していきます。

・How to Build a Kick-Butt CSS3 Mega Drop-Down Menu
http://net.tutsplus.com/tutorials/html-css-techniques/how-to-build-a-kick-butt-css3-mega-drop-down-menu/

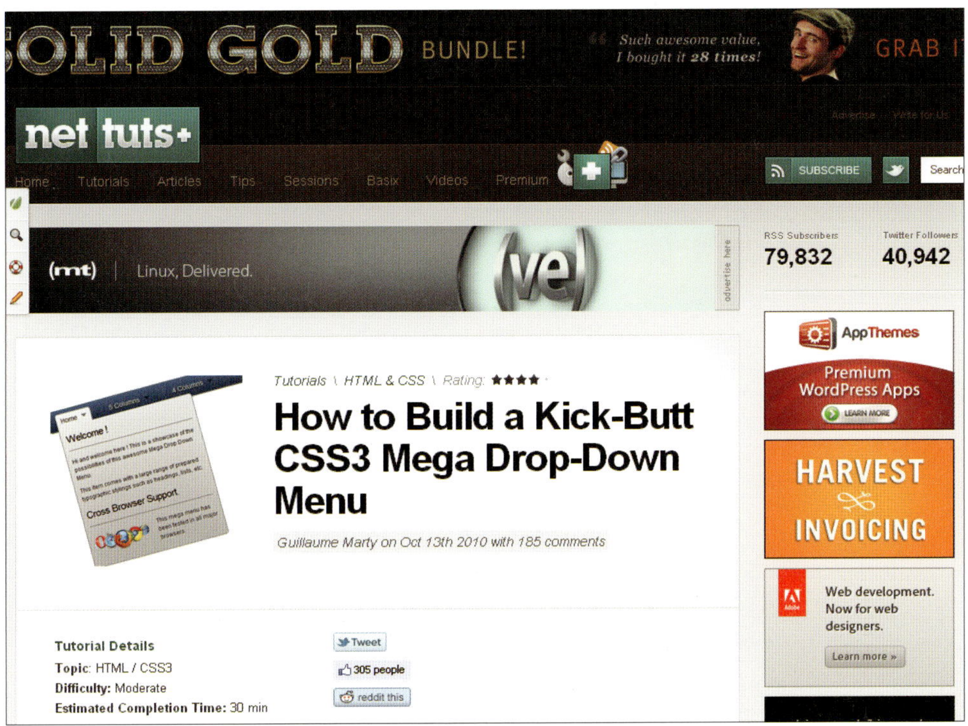

CSS3を利用する場合、CSS3ありきで基本デザインを行うのではなく、非対応ブラウザで表示したときに評価を得られるように基本デザインをきちんと作ることが大事なのではないかと考えます。How to Build a Kick-Butt CSS3 Mega Drop-Down Menuを開いて画像下中程にDEMOと書かれたボタンをクリックしてください。青いグラデーションのメニューが表示されると思います。

まずはInternet Explorerで見てください（下図上）。角丸やグラデーションが表示されないとはいえ、基本デザインの完成度が高いので何も問題ありません。
今度はFirefox 4で見てみます（下図下）。角丸、グラデーション、文字の影が対応されており、すぐれたデザインがさらに格調高くなりました。料理で言えばCSS3は素材を引き出す優れたスパイスのようなものですね。「How to Build a Kick-Butt CSS3 Mega Drop-Down Menu」ではソースのダウンロードもでき、ソースコードの解説も書いてありますので、よいチュートリアルになることと思います。自分自身のスキルにしてください。

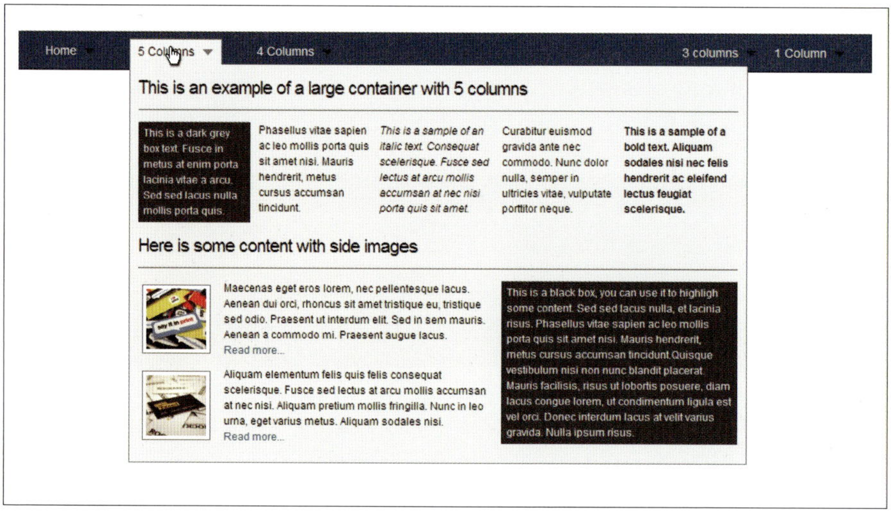

非対応ブラウザにおける表示。
Internet Explorer 8（Windows）

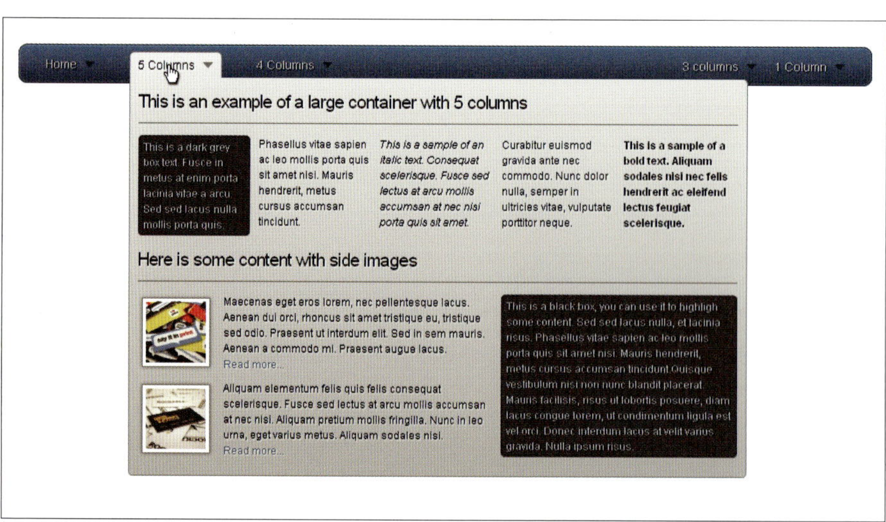

対応ブラウザにおける表示。
Firefox 4（Windows）

現状、非対応ブラウザで利用しても問題のおきにくいプロパティ

よく利用されているプロパティはこんなところですが、CSS3非対応ブラウザで見てあまりにもおかしい使い方は避けてください。

@font-face（Webフォント）
border-radius（角丸）
text-shadow（テキストシャドウ）
opacity（透過）
*-gradient()（グラデーション）

box-shadowプロパティ、transformプロパティもよく利用されていますが、利用する場合は位置関係やサイズが変わった場合でも、問題のないように配慮してください。

現時点の結論！　CSS3に頼り切らないコンテンツを作ればCSS3を利用しても問題はおこらず、CSS3でより高品質なコンテンツになる。

IE6〜8でCSS3を再現するスクリプト

実際に角丸等を設定しているサイトでは、JavaScriptやhtcを利用してIE6〜IE8に対応している例も見られます。たとえば角丸を表示させるスクリプトだけでも4種類見つかりました。スクリプトなどは複数ありますが、執筆時点で最も安定していると思われるスクリプトのCSS3PIEをご紹介します。
まずはIE6〜8とその他のブラウザでCSS3 PIEにアクセスしてDEMOを触って試してみてください。

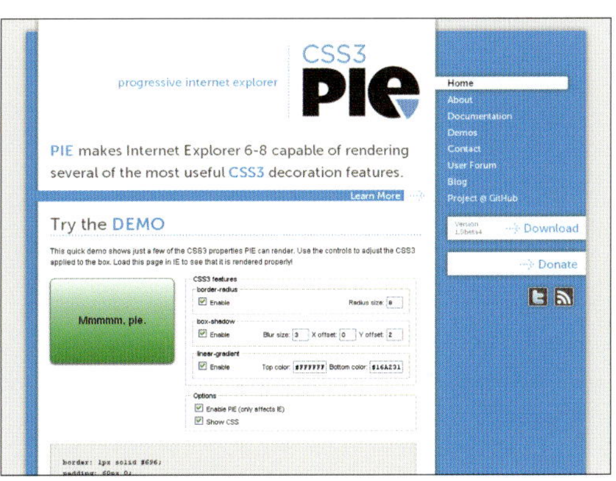

IE6-8をCSS3に擬似的に対応させるCSS3 PIE。

右サイドバーの「Download」をクリックしてダウンロードしたzipファイルを解凍します。解凍したファイルのうち、PIE.htcのみを利用します。角丸などを有効にしたいセレクタに対して、behaviorプロパティでこのPIE.htcを読み込みます。behaviorでの参照方法は特殊ですので、ファイル間の相対パスではなく、「/」または「http://」などから始まるパスにしておきましょう。

CSS3 PIEを利用したCSSコードの書き方例

CSS

```
.box1 {
  background-color: #ededed;
  width: 400px; margin: 0px 0px 30px;
  padding: 30px; border: 10px solid #cccccc;
  font-family: 'Expletus Sans', arial, serif;
  font-size: 200%;
  -webkit-border-radius: 20px;
  -moz-border-radius: 20px;
  border-radius: 20px;
  behavior: url(/common/PIE.htc);
}
```

パスはPIEを置く場所により書き換える

CSS3 is Cool!
CSS3 is Easy!
CSS3 is Happy!

非対応ブラウザにおける表示。
Internet Explorer 8（Windows）

CSS3 is Cool!
CSS3 is Easy!
CSS3 is Happy!

PIEを利用した場合の非対応ブラウザにおける表示。
Internet Explorer 8（Windows）

たった1行のコードを追記すれば、IE6、IE7、IE8においても、角丸、ボックスシャドウ、グラデーションを擬似的に表示できます。
CSS3全般に有効ではありませんが、デザインやサイズを左右する角丸、ボックスシャドウを利用する場合有効な手段といえるでしょう。

・CSS3でよく利用するプロパティサンプル
http://hippos.jp/css3/

Column CSS3PIEなどのスクリプトについて

CSS3PIEなどのスクリプトなどはあくまでも擬似的な再現であり、動作が重くなったり、問題を起こすこともあります。ご自身でも十分に検証した上で利用するといいでしょう。

・CSS3 PIE: CSS3 decorations for IE
http://css3pie.com/

CSS3書き方の基本

このSectionではCSS3の書き方の基本を書いています。ベンダープレフィックスについてはきちんと学習しておいてください。

サンプル1：CSS3で角丸を設定する

CSS3はよく利用する機能の多くは記述は実に簡単です。基本は従来のCSSに数行コードを追加するだけで設定は終わります。一気に理解するのは難しいですが、順番に憶えれば簡単です。一番簡単な角丸で説明します。

CSS

```
.box1 {
  background-color: #99CCFF;
  width: 500px;
  margin: 0px 0px 30px;
  padding: 30px;
  border: 10px solid #0099FF;
  color : #FFFF66;
  font-family: 'Expletus Sans', arial,
  serif;
  font-size: 300%;
  -webkit-border-radius: 10px;
  -moz-border-radius: 10px;
  border-radius: 10px;
}
```

HTML

```
<div class="box1">
  Border Radius
</div>
```

Border Radius

たった3行コードを追加するだけで、従来苦労した角丸が簡単に実現できます。
設定は簡単で角丸の半径を入れるだけです。4つの角別、あるいは楕円の設定もできます。詳しい解説はChapter2をご覧ください。

基本的な記法

```
border-radius: 10px;
```

角丸の半径（10px）

ベンダープレフィックス

ベンダープレフィックスとは、ブラウザベンダー（メーカー）が独自の拡張機能を実装したり、草案段階の仕様を先行実装する場合に拡張機能であることを明示するためにつける識別子です。ベンダープレフィックスでは、前後に「-」を付けたベンダー識別子でブラウザの種類を特定します。主なブラウザのベンダープレフィックスを下記にまとめました。

ベンダープレフィックス	メーカー	対応ブラウザ
-ms-	Microsoft	Internet Explorer
-moz-	Mozilla	Firefox
-o-	Opera	Opera
-webkit-	Appleなど	Safari、Google Chrome

ベンダープレフィックスは草案（Working Draft）が勧告候補（Candidate Recommendation）になったときには外すことが推奨されています。すでにいくつかのプロパティではベンダープレフィックス無しで動作するようになっています。
現状ではベンダープレフィックスを付けないと動作しないプロパティや値を指定する際にも、ベンダープレフィックス無しの指定を併記しておくほうがよいでしょう。
ベンダープレフックスの有無はブラウザや、プロパティや値により異なりますので注意してください。

サンプル2：オンマウスで大きさと角度の変わるイメージ

今までJavaScriptスクリプトを使用しなければできなかったことが、CSS3だけで簡単に実現できるようになりました。
Transformsモジュールを使って「24ways : Going Nuts with CSS Transitions」にあるチュートリアルを参考に、オンマウスでボックスの大きさと角度が変わるポラロイド風イメージサンプルを作ってみました。肩慣らしといった感じで気軽にチャレンジしてみてください。CSS3の楽しさがわかると思いますよ。

・CSS3で作るポラロイド写真風イメージ
http://hippos.jp/css3/transform.html

基本要素を作る

最初にポラロイド写真風のボックスを作ってみましょう。画像を1点用意してください。例では200×200ピクセルの画像になっています。
なお、ここのサンプルコードはHTML5で書いてますが、HTML5でなければならないということはありません。
また、このサンプルはIE6、IE7、IE8では動作しません。

HTML

```
<div class="album">
  <a href="http://www.dakiny.com/" class="polaroid"><img src="img/dakiny-tr.png"
  alt="Dakiny">Hello! This is Dakiny in Japan.</a>
</div>
```

a要素にスタイルを設定しておくのが、マウスを載せた時に動作させるための重要なポイントです。

CSS

```
.polaroid {
 width: 200px;
 padding: 13px 13px 26px 13px;
 border: 1px solid #BBBBBB;
 background-color: white;
 -webkit-box-shadow: 2px 2px 3px #AAAAAA;
 -moz-box-shadow: 2px 2px 3px #AAAAAA;
 box-shadow: 2px 2px 3px #AAAAAA;
}
```

box-shadowプロパティの説明をしましょう。box-shadowプロパティはボックスに影をつけるプロパティです。

基本的な記法

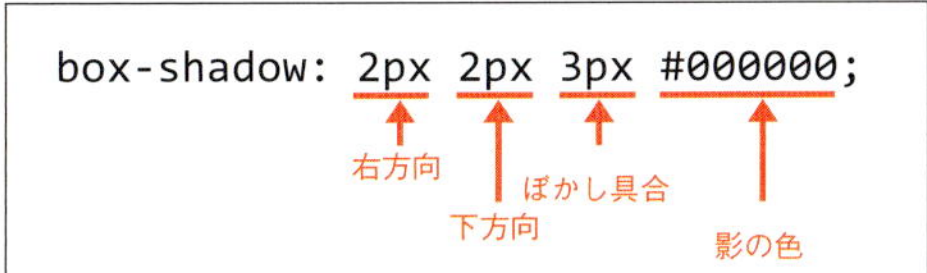

サンプルには登場しませんが、よく利用するプロパティですので、ついでにtext-shadowプロパティの設定方法も説明しておきます。このプロパティは文字に影をつけるプロパティです。

基本的な記法

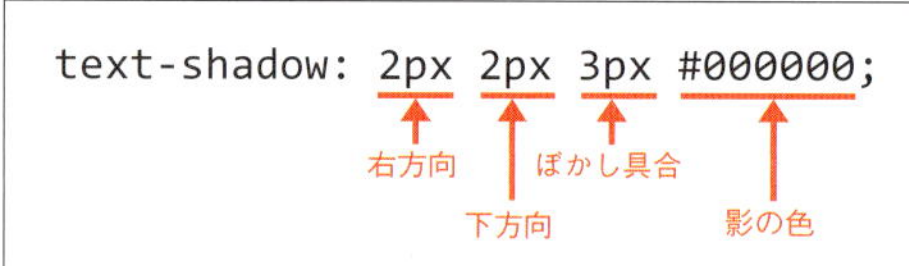

ボックスに回転を加える

ボックスを右に10度回転した表示をさせてみます。回転した表示を行う場合はtransform: rotateを使います。CSSに下記のコードを追加してください。

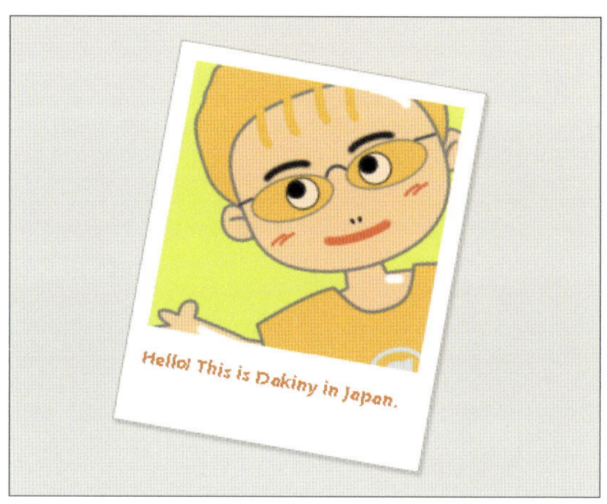

CSS

```
-webkit-transform: rotate(10deg) scale(1.0);
-moz-transform: rotate(10deg) scale(1.0);
-o-transform: rotate(10deg) scale(1.0);
transform: rotate(10deg) scale(1.0);
```

transform: rotateと、transform: scaleは同時に使うことが多いプロパティです。transform: rotateは要素を回転させるためのプロパティで、設定は正数であれば右に、負数であれば左に回転させます。scaleをつけると要素を拡大縮小させることができます。

基本的な記法

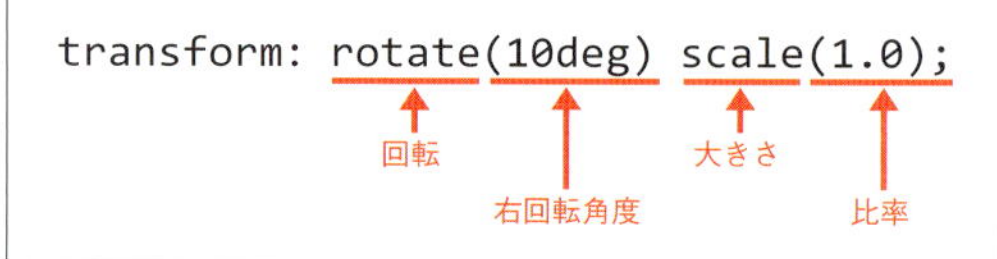

アニメーションを加える

オンマウスの表示を作ってみましょう。下記コードを加えることにより、ボックスにマウスが載ったときに、ボックスが左回転、拡大、浮き上がった表示になります。罫線や影をより暗くして、ぼかしの数値を大きくすることにより、効果がはっきりし、写真が大きく浮き上がったように見えます。

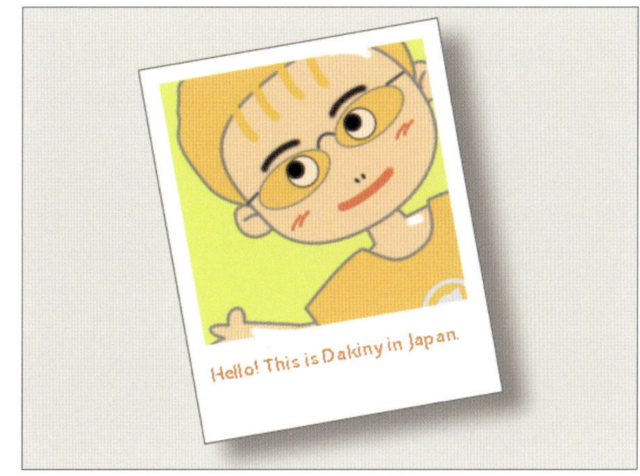

CSS

```
a.polaroid:hover,
a.polaroid:focus,
a.polaroid:active {
 z-index: 999;
 border-color: #6A6A6A;
 -webkit-box-shadow: 2px 2px #999999;
 -moz-box-shadow: 2px 2px 4px #999999;
 box-shadow: 2px 2px 4px #999999;
 -webkit-transform: rotate(-10deg) scale(1.2);
 -moz-transform: rotate(-10deg) scale(1.2);
 -o-transform: rotate(-10deg) scale(1.2);
 transform: rotate(-10deg) scale(1.2);
}
```

以上で完成です。画像の上にマウスを置いたり放して遊んでみてください。CSS3を利用することにより、スクリプトも使わずWebに簡単にダイナミックな効果をもたらすことが理解いただけたと思います。
参考にした「24 ways : Going Nuts with CSS Transitions」には、CSS3を使ったさらにおもしろい写真ギャラリーが紹介されていますので、参考にしてください。

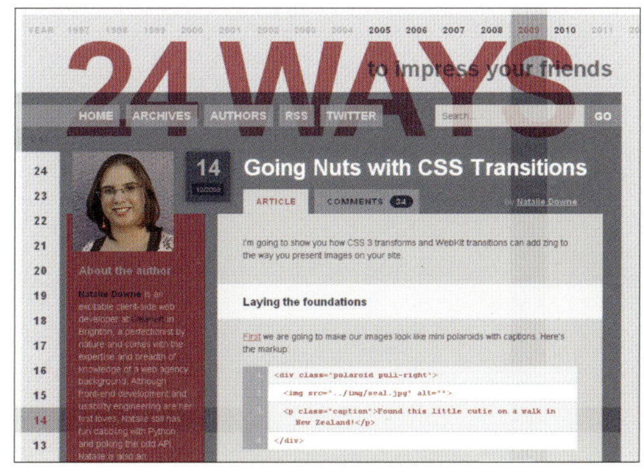

24 ways: Going Nuts with CSS Transitions
http://24ways.org/2009/going-nuts-with-css-transitions

CSS3はWeb制作工程を大きく変える

CSS3の理解度を深めるにつれ私は楽しくなってきました。今まで我慢していたことが可能になるのです。無駄な工程が減るのです。おまけにファイルも軽くなるのです。

古い話で申し訳ないですが、1990年代前半、印刷業界ではデジタル革命が起こりました。デザインの現場からスピードマーカーやパステルが消え、画材屋さんに行く必要も減り、写植や版下作業を行っていた人たちの多くは廃業するかDTPオペレーターになりました。その時と同じような時代の大きな波が来るだろうことを、CSS3を学習することで実感しました。
Webの世界では、従来画像でなければ表現できない部分が多く、レイアウトはPhotoshopやFireworksで作り、当たり前のようにそれらを出力しデザインチェックを請けてきました。
CSS3を利用すれば、画像を利用しなくてもHTML+CSSだけでかなりのことができます。近い将来、グラフィックツールでデザインチェックを請け、HTMLコーディングを行うという工程がなくなるのではと思います。
デザイナーがHTML＋CSSで意のままにWebデザインができる、そんな世界も近いのではないでしょうか。
CSS3の足音はすぐ間近です。IE8までのシェアが大きく下がるのは数年待たねばなりませんが、よく利用されるプロパティは、CSS3PIEのようなIE6～IE8に対応するJavaScriptやhtcが続々と公開されていくことにより身近に利用可能になると思います。
身近なところでは、夏から年末にかけてスマートフォンユーザーが携帯電話のシェア全体の30%を超えるのではと予測されています。このユーザー数はPC利用者全体と大差ない大きな数字であることを認識してください。
本書はCSS3をきちんと学習できるように書いてありますので、積極的にCSS3に取り組んでスキルとし、技術向上だけなく収益向上にも役立ててください。

Column　CSS3を自分のものにするには

なんといっても手を動かすことです。読むだけでは簡単さは理解できません。Chapter2にあるリファレンスを手を動かしてやってみれば基本はわかります。大事なのは値を小さくしたり大きくしたり変えてみること。値を極端に変えてみれば効果がよく理解できます。プロパティを憶えたら、Chapter3にあるサンプルや海外のサンプルサイトにあるサンプルを参考にして、そのまま真似するのではなく、自分なりに工夫してアレンジして作ってみましょう。真似するだけでなく、工夫をすることにより学習期間が短縮され、よりCSS3が自分のものになります。

Chapter 2

CSS3リファレンス

[TEXT] 小山田 晃浩、外村 和仁

Section 1 Values and Units

Section 2 Color

Section 3 Font

Section 4 Text

Section 5 CSS basic box model

Section 6 Backgrounds and Borders

Section 7 Multi-column Layout

Section 8 Flexible Box Layout

Section 9 Basic User Interface

Section 10 Image Values

Section 11 Transforms

Section 12 Transitions

Section 13 Animations

Section 14 Media Queries

Section 15 Selectors

Section 1 Values and Units

プロパティの値の種類、単位の種類

取り上げる値・単位 gd,rem,vw,vh,vm,ch,deg,grad,rad,turn,ms,s,attr(),calc()

該当spec **CSS3 Values and Units**
http://www.w3.org/TR/css3-values/

CSS2.1まで、さまざまなプロパティに対し、それに応じたさまざまな種類の値、単位を指定してきました。例えば、画面ドットにより長さを示す単位の「px」、文字サイズにより長さを示す単位の「em」などがあります。
CSS3では、回転させるプロパティの登場により、角度を示す単位が必要になったり、アニメーションさせるプロパティの登場により時間を示す単位が必要になり、これにより、日常的に利用する単位が大幅に増えます。また、新しい関数も登場します。なお、「色」に関してはSection2「Color」で紹介します。

長さ(length)

CSSで「長さ」を指定する値では、これまでpxやemなどいくつかの単位を利用することができました。CSS3ではさらに次の6種類の単位が利用可能になります。

単位	意味	例
gd	1文字分のグリッドを元にした大きさ(layout-gridプロパティにより定義された大きさ)	1グリッドが12px相当なら、2gdで24px相当
rem	ルート要素(HTMLではhtml要素)の文字サイズを元にした大きさ	html要素の文字サイズが16px相当なら、2remで32px相当
vw	ビューポートの幅を元にした大きさ	ビューポートが横800pxなら、2vwで1600px
vh	ビューポートの高さを元にした大きさ	ビューポートが縦600pxなら、2vhで1200px
vm	ビューポートの幅と高さのうち小さいほうを元にした大きさ	ビューポートが横800px縦600pxなら、2vmで1200px
ch	文字「0」(U+0030)の大きさを元にした大きさ	文字「0」の大きさが10px相当なら、2chで20px相当

角度（Angles）

「角度」はこれまでCSSの中でも特に音声スタイルシートで利用していました。
CSS3では変形プロパティなどが加わり、表示向けCSSでも利用することができるようになります。
「角度」は次の4種類があります。

種類	意味
deg	度（角度）
grad	グラード
rad	ラジアン
turn	回転

時間（Times）

「時間」はこれまでCSSの中でも特に音声スタイルシートで利用していました。
CSS3では遷移/アニメーションプロパティが加わり、表示向けCSSでも利用することができるようになります。
「時間」は次の2種類があります。

単位	意味
ms	ミリ秒
s	秒

関数

これまで、CSSでは関数としてurl()やattr()などを利用していました。CSS3では新たにcalc()が利用できるようになります。また、attr()には機能が追加されます。

● attr()関数

attr()関数は新たに第2引数にタイプ、第3引数に値を指定することができるようになります。第2引数を指定することで、戻り値は該当のタイプの値として利用できるようになります。詳しくは後述の例を参考にしてください。
ただし、残念ながら本書執筆時点ではattr()関数の第2引数、第3引数に対応しているブラウザはありません。そのため、本書では詳細な説明は割愛し概要のみを紹介します。

attr()関数の第2引数として利用できるタイプには次があります。

string, color, url, integer, number, length, angle, time, frequency, em, ex, px, gd, rem, vw, vh, vm, mm, cm, in, pt, pc, deg, grad, rad, ms, s, Hz, kHz, %

例えば、次のようなattr()関数の利用例であれば、div要素は横幅300pxで表示されることになります。第2引数には「px」を指定しています。

CSS

```
div{
  width:attr(title, px);
}
```

HTML

```
<div title="300"></div>
```

例えば、また、次のようなattr()関数の利用例であれば、div要素は横幅100pxで表示されることになります。第3引数には「100px」を指定しており、参照できる属性値がないため第3引数の内容が値として利用されます。

CSS

```
div{
  width:attr(title, px, '100px');
}
```

HTML

```
<div></div>
```

● calc()関数

calc()関数は計算式を引数として渡すと計算結果を返します。
例えば、1emが16px相当の場合、calc(10em * 2 - 10px)のような引数を渡すと、その結果は310px相当(16 * 10 * 2 - 10)となります。このように、値が同系列であれば異なる単位が混在されても計算結果を取得することができます。
本書執筆現在では、calc()関数はInternetExplorer9とFirefox4で実装されています。
InternetExplorer9は特にベンダープレフィックスは必要ありませんが、Firefoxは-moz-calc()のようにベンダープレフィックスが必要です。

CSS

```
div{
  width:-moz-calc(1em * 2 - 10px);
  width:calc(1em * 2 - 10px);
}
```

HTML

```
<div></div>
```

値として利用する色

取り上げるプロパティ・値　opacity,rgb(), rgba(), transparent, hsl(), hsla(), currentColor

該当spec　**CSS Color Module Level 3**
http://www.w3.org/TR/css3-color/

これまでCSSでは「#0000FF」や、「blue」キーワードなど、少ない種類での色指定が行われてきました。CSS3ではこれが拡張され、透明度つきの色などを指定できるようになります。これにより、テキスト色のみを半透明にしたりといった、これまでのCSSではできなかった表現が可能になります。

Opacity

基本的な記法

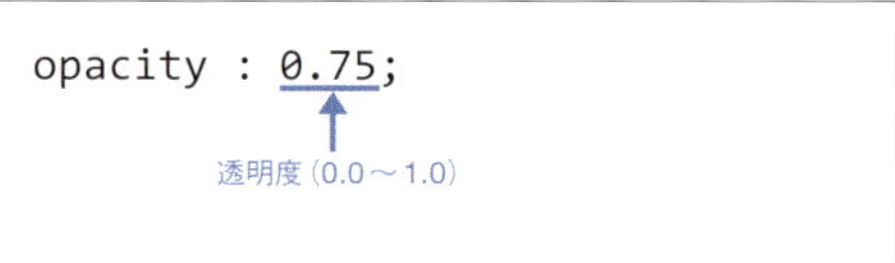

対応環境／ベンダープレフィックス

opacityプロパティは、ボックス全体の透明度を決めるためのプロパティです。これにより、ボックスの下にレイアウトされたものが透けて見えることになります。値には0.0～1.0の間で透明度を指定し、0.0で全透明、1.0で不透明で表示されることになります。
opacityプロパティはすでに多くのブラウザで古くから実装されており、現在のWebページデザインでは多くの場面で利用されているでしょうが、opacityプロパティはCSS3で正式に登場するプロパティです。
なお、Internet Explorer 7～8はopacityプロパティに対応していませんが、IE独自実装のfilterプロパティにより代替可能です。

例えば、透明度を0.65にして表示するには、以下のように記述します。結果、透けて重なった部分が混ざり合って表示されます。

CSS

```
.sample1{
  opacity:0.65;
  width:300px;
  background:#fff;
}
```

HTML

```
<div class="sample1">
  <img src="img.png" />
  Cascading Style...(略)
</div>
```

Cascading Style Sheets (CSS) is a simple mechanism for adding style (e.g., fonts, colors, spacing) to Web documents.

RGB

基本的な記法

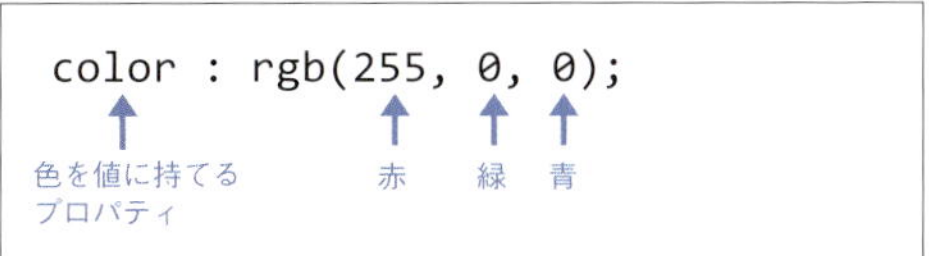

対応環境／ベンダープレフィックス

rgb()はCSS1から存在する色指定の値ですが、後述のrgba()を理解するためにここで解説します（InternetExplorer 6でも利用することができます）。

rgb()は色を示す値で、rgb(255,0,0)のように利用します。rgb()内の最初の値はRed、2番目の値はGreen、三番目の値はBlueです。

現在多くの場合は、色を指定する際、16進数で赤を指定するなら#FF0000の指定が利用されています。rgb()では、10進数またはパーセンテージで指定することができます。例えば、16進数のFFは10進数では255ということになるので、#FF0000はrgb(255,0,0)と置き換えることができます。また、FFは最大でありつまり100%を示すので、#FF0000はrgb(100%,0,0)と置き換えることもできるわけです。

CSS

```
.sample1{
  color:rgb(255,0,0);
}
```

HTML

```
<div class="sample1">
  CSS Color Value
</div>
```

RGBA

基本的な記法

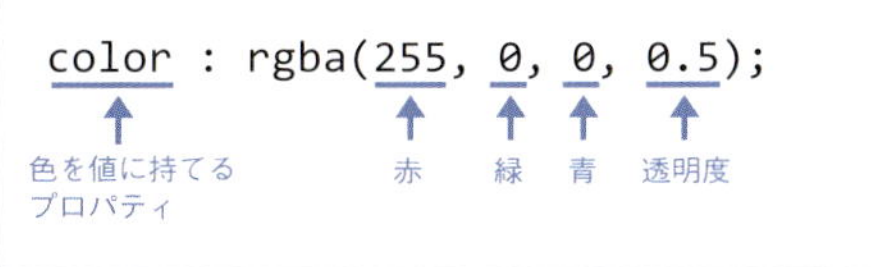

対応環境／ベンダープレフィックス

rgba()はrgb()に透明度を付与した状態で色を指定できる値です。例えば、rgba(255,0,0,0.5)のように利用します。1番目から3番目の値はrgb()と同じくRed、Green、Blueです。4番目の値は透明度を示し、透明度は0.0～1.0の間で指定します。

なお、Internet Explorer 7～8はrgba()に対応していません。

例えば、透明度0.5の赤を指定する場合は次のように記述します。

CSS

```css
.sample1{
  color:rgba(255,0,0,0.5);
}
```

HTML

```html
<div class="sample1">
  CSS Color Value
</div>
```

transparent

基本的な記法

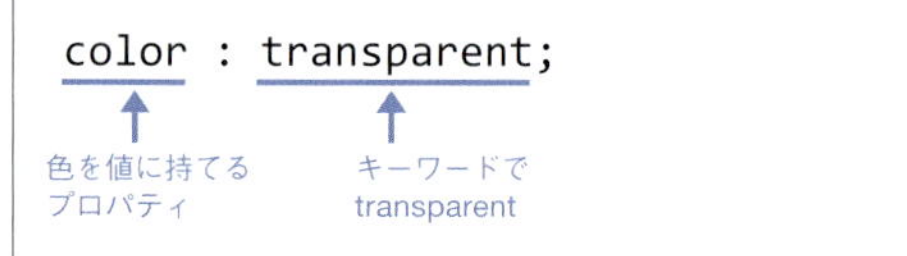

対応環境／ベンダープレフィックス

transparentはこれまでbackgroundプロパティなど一部のプロパティの値として利用されてきました。CSS3ではtransparentは全透明を示し、rgba(0,0,0,0)と同じ意味として利用できるようになります。つまり、colorプロパティ、outline-colorプロパティなど様々なプロパティの色として利用できることになります。

なお、Internet Explorer 7～8はtransparentに対応していません。

例えば、transparentを指定する場合は次のように記述します。全透明を示すため、文字は見えなくなります。なお、キャプチャでは、テキストの存在がわかるようテキストの一部を選択し、反転しています。

CSS

```css
.sample1{
  color:transparent;
}
```

HTML

```html
<div class="sample1">
  CSS Color Value
</div>
```

HSL

基本的な記法

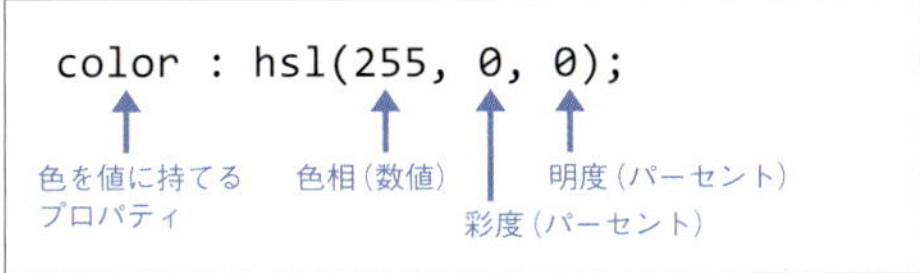

対応環境／ベンダープレフィックス

hsl()は色を示す値で、hsl(120,100%,50%)のように利用します。hsl()内の最初の値はHue（色相）、2番目の値はSaturation（彩度）、三番目の値はLightness（明度）です。
Hue（色相）は360までの数値で指定します。例えば、赤なら0、緑なら120、青なら240です。360を超えた場合には、例えば、480なら120（480-360）のように計算されます。
Saturation（彩度）はパーセンテージで指定します。0%なら鮮やかに、100%なら無彩（グレー）となります。
Lightness（明度）はパーセンテージで指定します。0%なら黒く、100%なら白くなります。50%で通常です。
なお、Internet Explorer 7～8はhsl()に対応していません。

例えば、色相を緑（120）、彩度を最大（100%）、明度を通常（50%）とするなら次のようになります。

CSS

```
.sample1{
  hsl(120,100%,50%);
}
```

HTML

```
<div class="sample1">
  CSS Color Value
</div>
```

HSLA

基本的な記法

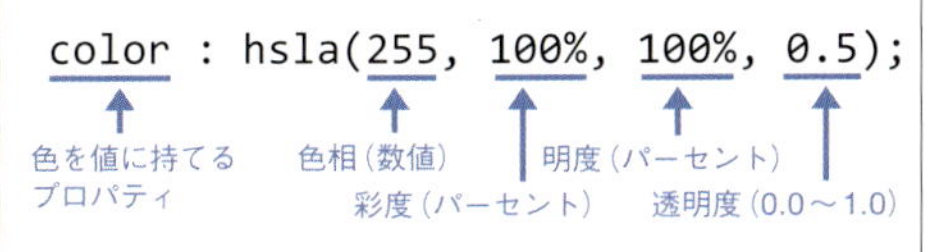

対応環境／ベンダープレフィックス

hsla()はhsl()に透明度を付与した状態で色を指定できる値です。例えば、hsl(255,100%,50%,0.5)のように利用します。1番目から3番目の値はhsl()と同じくHue（色相）、Saturation（彩度）、Lightness（明度）です。4番目の値は透明度を示し、透明度は0.0～1.0の間で指定します。
なお、Internet Explorer 7～8はhsla()に対応していません。

例えば、透明度0.55の青を指定する場合は次のように記述します。

CSS
```
.sample1{
  hsla(240,100%,50%,0.55);
}
```

HTML
```
<div class="sample1">
  CSS Color Value
</div>
```

currentColor

基本的な記法

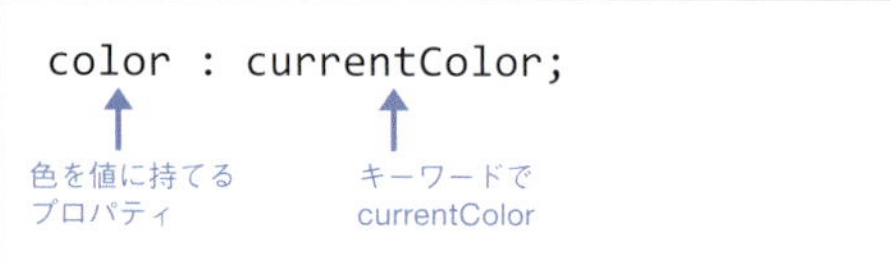

対応環境／ベンダープレフィックス

currentColorは、SVG由来のキーワードで、「現在の色」を示します。現在の色はcolorプロパティに指定された値を参照することになります。つまり、colorプロパティさえ決めれば、border-colorプロパティやoutline-colorプロパティでも同じ色を指定することができることになります。
なお、Internet Explorer 7～8はcurrentColorに対応していません。

例えば、colorの値がgreenの時にbackground-colorにcurrentColorを指定すると、背景色にもcolorの値と同じ色が適用されます。

CSS
```
.sample1{
  color:green;
  text-shadow:0 0 2px #fff;
  background-color:currentColor;
}
```

HTML
```
<div class="sample1">
  currentColor !
</div>
```

フォントト、文字の形

取り上げる規則など	@font-face,WebFonts
該当spec	**CSS Fonts Module Level 3** http://www.w3.org/TR/css3-fonts/

CSS Fonts Module Level 3には、文字の形に関する内容がまとめられています。CSS2.1の時点で存在したfont-sizeやfont-weightは、CSS Fonts Module Level 3に収められた上、CSS3では新たに、@font-face規則やfont-stretchが追加されています。このSectionでは、多くのブラウザでサポートされている@fomt-face規則について解説します。

@font-face、src、font-family

基本的な記法

```
@font-face {
  font-family: 'font1';  ← 記述子/名前を定義(❶)
  src: url('fontfile.woff');← 記述子/フォントファイルを参照
}
← @font-face規則

.sample{
  font-family: 'font1';  ← ❶で定義した名前を指定
}
```

対応環境/ベンダープレフィックス

※ただし、いずれのブラウザも一部の記述子は未実装

@font-face規則はフォントファイルを参照することができる規則です。@font-face規則を利用すると、環境に左右されずにさまざまなフォントで表示することができます。

@font-face規則によりフォントを定義するには、規則の中に、descriptor(記述子)とvalue(値)を次のように記述します。

CSS

```
@font-face {
  descriptor: value;
  descriptor: value;
  ...
}
```

各descriptor(記述子)については次のとおりです。

記述子	意味
font-family記述子	フォントファミリーの名前を指定
src記述子	フォントファイルとリンクさせる
font-style記述子	フォントのスタイルを指定
font-weight記述子	フォントの太さを指定
font-stretch記述子	フォントの横幅伸縮を指定
unicode-range記述子	フォントの有効範囲を文字コードで指定
font-variant記述子	スモールキャップを指定
font-feature-settings記述子	フォント(OpenType相当)の機能を利用する

descriptor（記述子）はいくつか用意されていますが、多くのブラウザでは主にfont-familyとsrcにのみ、対応しています。font-familyとsrcがあれば最低限の利用はできます。

もっとも単純に@font-face規則を利用するには、フォントファイルを用意した上で、

1. font-family記述子でフォントファミリー名を定義
2. src記述子でフォントファイルをリンク

するのみです。

例えば、「sample.ttf」というフォントに対して、「sampleFont」という名前をつけ、Webページ内で利用するには、次のように記述します。

CSS

```
@font-face {
  font-family: 'sampleFont';
  src: url('sample.ttf');
}
.sample1{
  font-family:'sampleFont';
}
```

HTML

```
<div class="sample1">sample!</div>
```

sample! → sample!

@font-face規則で定義したフォントを利用したテキストであっても、あくまでも一般のテキストの扱いなので、colorプロパティで色を変えたり、font-sizeプロパティで大きさを変えたりすることも可能です。また、画像ではありませんのでテキストの選択やコピーも可能です。

CSS

```
@font-face {
  font-family: 'sampleFont';
  src: url('sample.ttf');
}
.sample1{
  color:pink;
  font-family:'sampleFont';
}
```

HTML

```
<div class="sample1">sample!</div>
```

一方で、ブラウザにより、対応しているフォント形式が異なります。

ブラウザ	TTF	OTF	EOT	WOFF	SVG
Internet Explorer 4～8	×	×	○	×	×
Internet Explorer 9	×	×	○	○	×
Firefox 3.5	○	○	×	×	×
Firefox 3.6+	○	○	×	○	×
Opera 10+	○	○	×	×	○
Opera 11+	○	○	×	○	○
Chrome 4～5	○	○	×	×	○
Chrome 6+	○	○	×	○	○
Safari 3.1+	○	○	×	×	○

複数のブラウザに向け、異なるフォント形式に対応するには、複数のフォント形式を用意し、次のように「,」(カンマ)区切りで列挙します。この際、フォント形式に併せて、format()も指定します。

CSS

```
@font-face {
  font-family: 'sampleFont';
  src: url('sample.eot?') format('oldIE'),
       url('sample.woff') format('woff'),
       url('sample.ttf') format('truetype'),
       url('sample.svg#webfont') format('svg');
}
.sample1{
  font-family:'sampleFont';
}
```

format()に指定すべき値は次のとおりです。

フォントの形式	フォントの拡張子	format()に指定すべき文字列
WOFF (Web Open Font Format)	.woff	woff
TrueType	.ttf	truetype
OpenType	.ttf, .otf	opentype
EOT (Embedded OpenType)	.eot	embedded-opentype
SVG Font	.svg, .svgz	svg

src記述子の値を列挙する際、IE8以下向けのトリックとして、先頭でeot形式を参照し、.eotの末尾に「?」を、あわせてformatの値に「oldIE」など、本来不正な値を指定します。続けて、woffやttfなどを参照させます。この手法により、IE6を含む、ほぼすべてのブラウザでウェブフォントが有効になります。

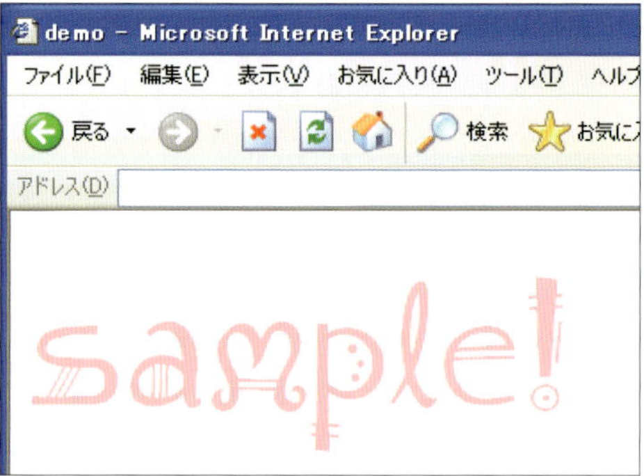

Column　フォント形式のコンバートとフォントファイルのダウンロード

フォント形式のコンバートについては、下記のWebサービスやオフラインツールを利用するといいでしょう。
@FONT-FACE GENERATOR　http://www.fontsquirrel.com/fontface/generator/
sfnt2woff　http://people.mozilla.org/~jkew/woff/
EOTFast　http://eotfast.com/
また、フォントファイルのダウンロードについては、下記などを参照するといいでしょう。
Fontsquirrel　http://www.fontsquirrel.com/fontface
WebFonts として利用できるフリーの和文フォント ¦ ヨモツネット　http://www.yomotsu.net/wp/?p=565

文字列や行の装飾、制御、制限

取り上げるプロパティ	text-shadow, word-wrap
該当spec	**CSS Text Level 3** http://www.w3.org/TR/css3-text/

CSS Text Level 3では、text-shadowプロパティなどといった文字列の装飾や、line-breakプロパティやword-wrapプロパティなど、行の制御に関する内容がまとめられています。中国語、韓国語、日本語は、欧米言語と異なる点が多く、InternetExplorerでは、古くからこれらの言語への独自実装プロパティが存在していました。これらの多くがCSS3では正式な仕組みとなり、InternetExplorer由来のプロパティ/値が多く標準化される予定です。また、CSS3ではtext-shadowプロパティも魅力的なプロパティのひとつで、このプロパティもCSS Text Level 3に含まれています。
このSectionでは多くのブラウザによる実装が進んでいるtext-shadowプロパティとword-wrapプロパティについて解説します。

text-shadow
text-shadow
text-shadow

▼

text-shadow

基本的な記法

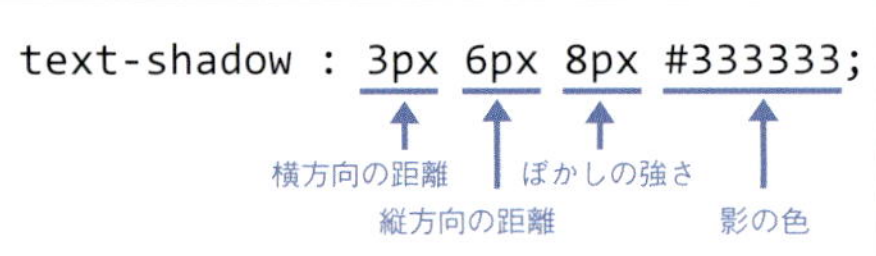

対応環境／ベンダープレフィックス

text-shadowプロパティはテキストに対して陰影効果を適用することができるプロパティです。値には、<shadow>（後述）を指定します。<shadow>は「,」（カンマ）で区切ることで複数指定することもできます。「,」（カンマ）区切りで複数の値が列挙された場合、先に指定された値が上に、後に指定された値が下に重なって表示されます。text-shadowプロパティにより表示された影の部分は、レイアウトに影響を及ぼさず、また、スクロールバーも発生させません。

<shadow>はtext-shadowプロパティの場合、2つ～4つの長さと色が1組となります。例えば「5px 8px 10px #000」で1組の<shadow>となります。ただし、text-shadowプロパティでの<shadow>はbox-shadowプロパティでの<shadow>と一部異なり、「inset」は指定できません。

- 1つ目の長さは影の縦位置（正の値で右、負の値で左）
- 2つ目の長さは影の横位置（正の値で下、負の値で上）
- 3つ目の長さはぼかし幅
- 4つ目の長さは影の広がり幅

ただし、本書執筆時点では多くのブラウザでは、4つ目の長さ（影の広がり幅）には対応していないなど、完全に対応している環境ばかりではないため、基本的には必ず長さを3つ指定しておくといいでしょう。例えば、text-shadowプロパティにより、ひとつの影を表示するなら、次のように記述します。

CSS

```
.sample1{
  text-shadow : 3px 6px 8px #333333;
}
```

HTML

```
<div class="sample1">CSS text effect</div>
```

CSS text effect

また、複数の影を適用するには次のように「,」(カンマ)区切りで<shadow>を列挙します。

CSS

```
.sample1{
  text-shadow: 0     0    4px white,
               0    -5px  4px #FFFF33,
               2px -10px  6px #FFDD33,
              -2px -15px 11px #FF8800,
               2px -25px 18px #FF2200;
}
```

HTML

```
<div class="sample1">CSS text effect
</div>
```

CSS text effect

そのほかにも、複数の影指定を応用することにより、本来の「影」としての効果だけではなく、さまざまな応用が可能です。

word-wrap

基本的な記法

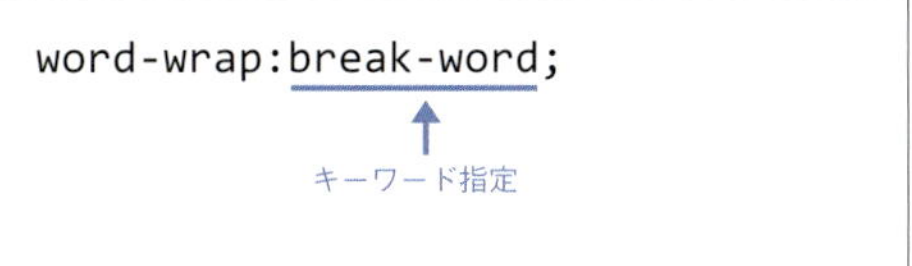

対応環境／ベンダープレフィックス

word-wrapプロパティはURLや文字数の多い単語がボックス内に収まりきらないとき、文字列の途中で改行されるかを指定するためのプロパティです。値には2つのキーワードのうちの、いずれかを指定することができ、これによりURLや文字数が多い単語の振る舞いを決めることができます。

キーワード	意味
normal	単語内で本来文節が許された部分でのみ改行されます。
break-word	分節が許された箇所がなければ、必要に応じて文節されます。

例えば、分節可能箇所がない長い単語がある場合に、word-wrapが特に何も指定されていなければ、次のように表示されます。

CSS

```
.sample1{
  /* word-wrap は指定なし */
  width:200px;
  padding:20px;
  border:1px solid #000000;
}
```

HTML

```
<div class="sample1">LongLongLongLongLongLongLongLongLongLongLongWord</div>
```

LongLongLongLongLongLongLongLongLongLongLongWord

word-wrapプロパティの値にbreak-wordを指定すれば、長い単語やURL、ソースコードなども必要に応じて改行されます。

CSS

```
.sample1{
  word-wrap:break-word;
  width:200px;
  padding:20px;
  border:1px solid #000000;
}
```

HTML

```
<div class="sample1">LongLongLongLongLongLongLongLongLongLongLongWord</div>
```

LongLongLongLongLong
LongLongLongLongLong
LongWord

Section 5 CSS basic box model

ボックスの大きさ、基本的なレイアウトフロー

取り上げるプロパティ	overflow-x, overflow-y, overflow
該当spec	**CSS basic box model** http://www.w3.org/TR/css3-box/

CSS basic box modelには、widthプロパティ、heightプロパティ、floatプロパティなどといった、ボックスの大きさや基本的なレイアウトに関する内容がまとめられています。ほとんどの内容はCSS2.1相当で利用可能ですが、overflow関連やmarquee関連など新たなプロパティや構文が加わる予定です。なかでも新しいoverflowについては、すでに多くのブラウザでサポートされており、このSectionではCSS basic box modelの中でも特にCSS3より加わる新しいoverflow関連プロパティについて解説します。

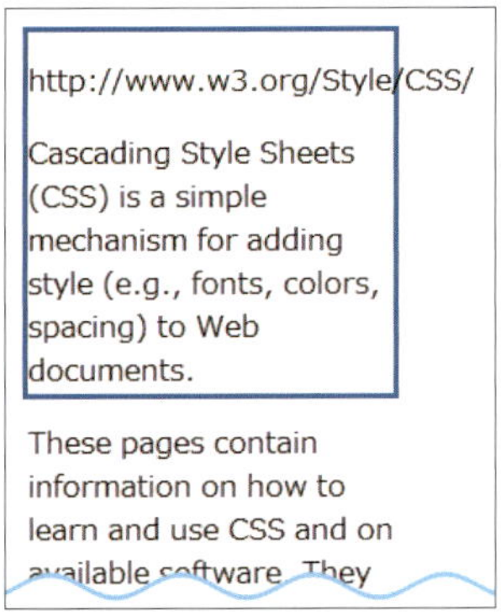

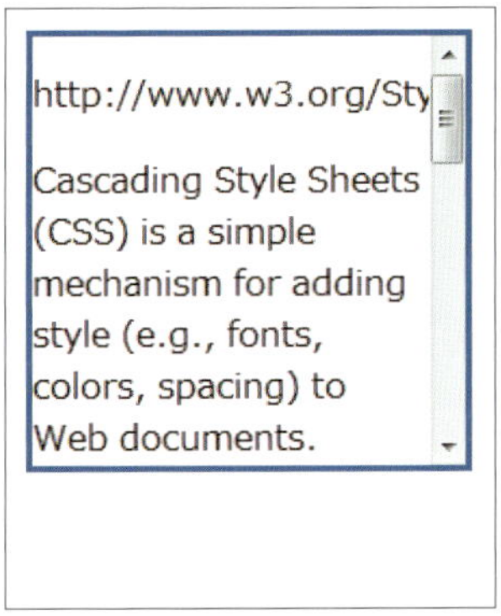

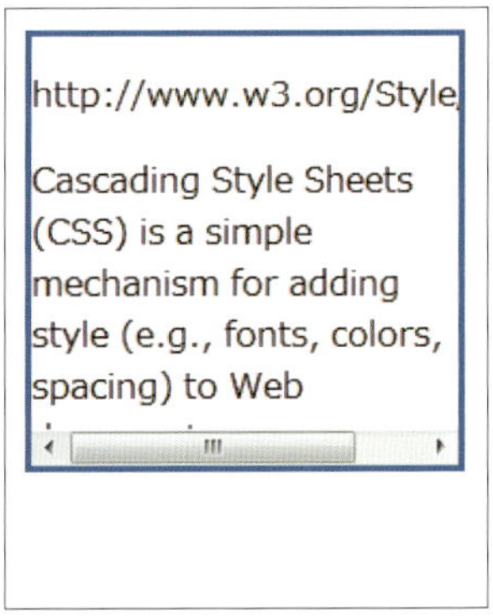

overflow-x、overflow-y

基本的な記法

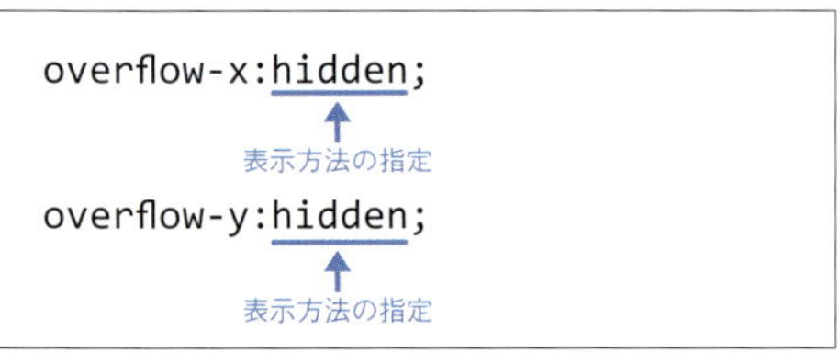

対応環境／ベンダープレフィックス

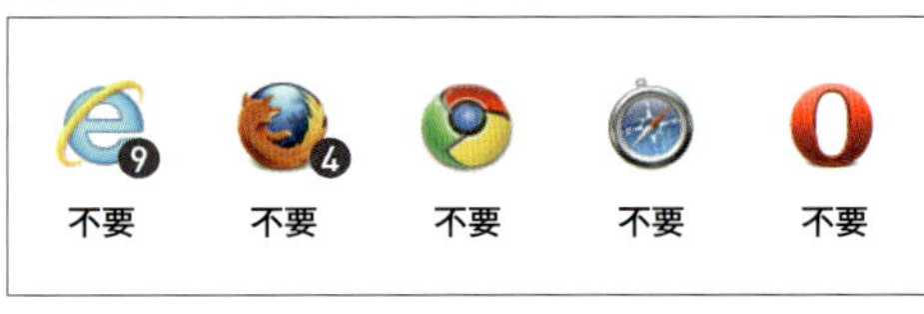

overflow-x、overflow-yプロパティは内容があふれたときそれぞれ、横方向のみ、縦方向のみの振る舞いを決めることができます。値には、既存のoverflowプロパティと同じキーワードに加え、CSS3で追加されるno-displayとno-contentのいずれかを1つ指定しますが、no-displayとno-contentについては現在どのブラウザでもサポートされていません。それぞれ値については以下のとおりです。

値	意味
visible	収まらない内容を切り抜かず、ボックスからはみ出して描画する
hidden	収まらない内容は切り抜かれ、スクロールも提供されない
scroll	収まらない内容は切り抜かれ、スクロールにより切り抜かれた部分を見ることができる
auto	内容があふれた場合のみ、スクロールにより切り抜かれた部分を見ることができる
no-display	内容がボックスに収まらない場合に限り、ボックスごと削除される。display:none;と同様の効果
no-content	内容がボックスに収まらない場合に限り、ボックスが非表示になる。visibility: hidden;と同様の効果

overflow-x、overflow-yプロパティをそれぞれ指定すると、以下のサンプルのように表示されます。overflow-xにscroll、overflow-yにhiddenを指定した場合、横方向にあふれた箇所はスクロール、縦方向にあふれた箇所は消すといったことができます。

CSS

```
.sample1{
  width:200px;
  height:200px;
  border:3px solid #0066aa;
  overflow-x:scroll;
  overflow-y:hidden;
}
```

HTML

```
<div class="sample1"></div>
```

http://www.w3.org/Style

Cascading Style Sheets (CSS) is a simple mechanism for adding style (e.g., fonts, colors, spacing) to Web

overflow

基本的な記法

```
overflow:hidden;
```
縦方向、横方向両方の表示方法の指定（hidden）

```
overflow:scroll visible;
```
縦方向の表示方法の指定（scroll）　横方向の表示方法の指定（visible）

対応環境／ベンダープレフィックス

overflowプロパティは内容があふれたとき横方向、縦方向の両方について、その振る舞いを決めることができるプロパティです。overflowプロパティはCSS2.1でも存在していましたが、overflow-xプロパティ、overflow-yプロパティの登場に伴い、構文が拡張されました。overflowプロパティの値には、1つあるいは2つのキーワードを指定します。

キーワードを1つ指定した場合には、CSS2.1までの振る舞いと同様に、縦方向、横方向についての振る舞いが同時に定義されます。

キーワードを2つ指定した場合には、先に指定した値がoverflow-xプロパティの値、後に指定した値がoverflow-yプロパティの値に相当します。

このようにoverflowプロパティはoverflow-xプロパティ、overflow-yプロパティの一括指定用のプロパティとなるわけです。しかし、本書執筆段階では、どのブラウザも値を2つ持つ構文には対応していません。

縦方向、横方向を個別に指定するには、overflowプロパティによる一括指定が利用できないため、overflow-x、overflow-yプロパティをそれぞれ指定する必要があります。

overflow-xにscrollを指定した例

CSS

```
.sample1{
  width:200px;
  height:200px;
  overflow:scroll visible;
}
```

HTML

```
<div class="sample1"></div>
```

Section 6 Backgrounds and Borders

Backgrounds 背景色、背景画像とその複数指定

取り上げるプロパティ	background-image, background-repeat, background-attachment, background-position, background-clip, background-origin, background-size, background
該当spec	**CSS Backgrounds and Borders Module Level 3** http://www.w3.org/TR/css3-background/

背景に関するbackground系のプロパティは、CSS2.1の時点でも存在していました。CSS3ではその内容がさらに拡張され、より細かな設定ができるようになったり、背景画像のサイズなどさまざまな設定を行うため新たな機能がプロパティとして追加されます。さらに、重要なポイントとして、ひとつの要素に対して複数の背景画像をレイヤー状に指定できるようになる仕組みも追加されます。
CSS3で拡張されたbackground系のプロパティ、値のほとんどはChrome、Safari、Firefoxだけでなく IE9やOperaでも実装されており、これらブラウザ全てでベンダープレフィックスも必要としません。CSS3の中でも安定している仕組みであるため、backgroundの新しい仕組みに対応している環境では積極的に利用していきたい仕組みです。

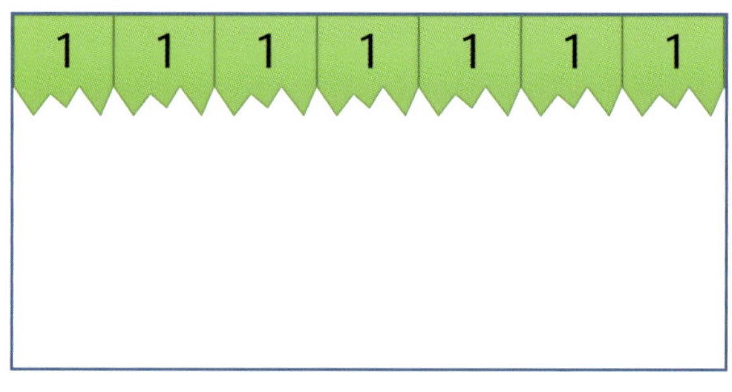

▼

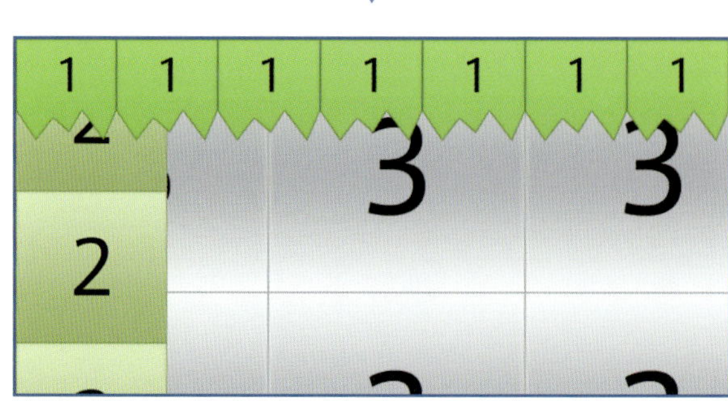

なお、このSection全体で、右図の画像ファイルをサンプルの背景画像として利用しています。ここで紹介する画像ファイルをこのSectionで紹介するサンプルと照らし合わせることでより理解が深まるでしょう。

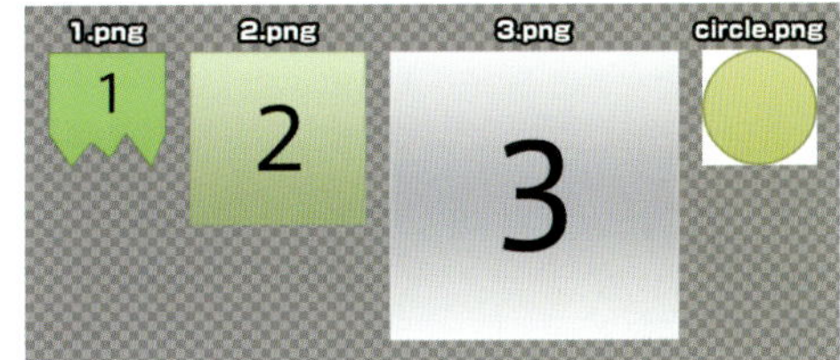

background-image

基本的な記法

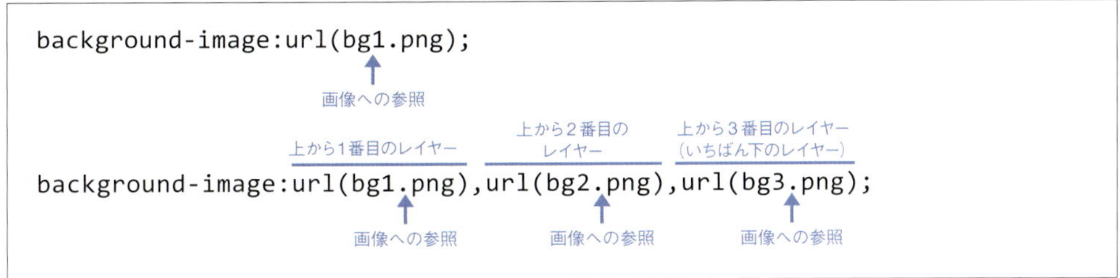

対応環境／ベンダープレフィックス

background-imageは背景画像を指定するためのプロパティです。このbackground-imageプロパティは、これまでひとつの要素に対してひとつの背景画像しか適用することができませんでした。CSS3では、値を「,」(カンマ) 区切りにすることで、複数の画像をレイヤー上に重ねて背景とすることができるようになります。このとき、先に指定した画像が上のレイヤーに配置されます。
なお、Internet Explorer 7～8はbackground-imageプロパティにおける複数の背景画像指定に対応していません。

CSS

```
.sample1{
  background-image:url(1.png),
  url(2.png), url(3.png);
  background-repeat:no-repeat;
}
```

HTML

```
<div class="sample1"></div>
```

Section 6～10

background-imageの複数指定に合わせて、その他のbackground関連のプロパティについても複数指定することができます。例えば、次のようなコードを記述すれば「背景1を横のみリピート、背景2を縦のみリピート、背景3を通常にリピート」することができます。

CSS

```
.sample1{
  height:350px;
  border:3px solid #0066aa;
  background-image: url(1.png), url(2.png), url(3.png);
  background-repeat: repeat-x, repeat-y, repeat;
}
```

HTML

```
<div class="sample1"></div>
```

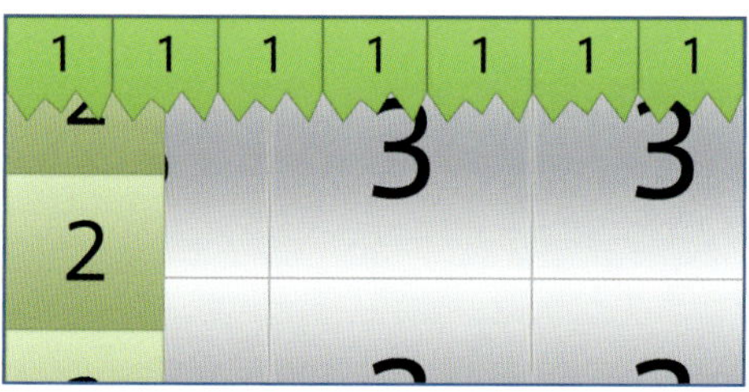

一方、background-imageの数に対して、その他のbackground関連プロパティの値の数が不足している場合には、background-imageの数に合わせて、その他のbackground関連プロパティの値が補完されます。例えば次のコードを見てみましょう。

CSS

```
.sample1{
  background-image: url(1.png), url(2.png), url(3.png), url(4.png);
  background-repeat: no-repeat, repeat-x;
}
```

ここで示したコードのように、background-imageプロパティの値に対して、background-repeatプロパティの値が不足している場合には、

- background-imageは1.png, 2.png, 3.png, 4.pngとして解釈される
- background-repeatはno-repeat, repeat-x, no-repeat, repeat-xとして解釈される

という流れで、不足分の値については、既に指定された値が繰り返されて利用されます。この仕組みは、background-repeat以外のbackgroud関連のプロパティについても同様です。
一方、background-imageの数に対して、その他のbackground関連プロパティの値の数が多い場合には、background-imageの数に合わせて、その他のbackground関連プロパティの値は削除されます。例えば次のコードを見てみましょう。

CSS

```
.sample1{
  background-image:url(1.png), url(2.png);
  background-repeat:no-repeat, repeat-x, repeat, repeat-y;
}
```

ここで示したコードのように、background-imageプロパティの値に対して、background-repeatプロパティの値が多い場合には、

・background-imageは1.png, 2.pngとして解釈される
・background-repeatはno-repeat, repeat-xとして解釈される

という流れで、多い分の値については利用されません。この仕組みについても、background-repeat以外のbackgroud関連のプロパティについても同様です。

background-repeat

基本的な記法

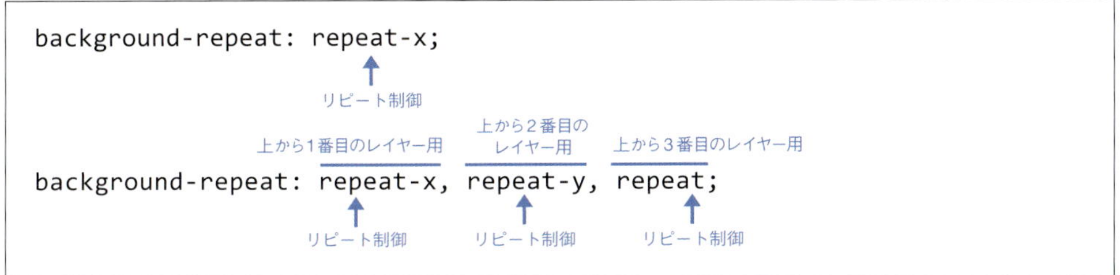

対応環境／ベンダープレフィックス

background-repeatは背景画像の繰り返しを決定するためのプロパティです。
このbackground-repeatプロパティは、この前の「background-image」の項で解説したように「,」(カンマ)区切りで値を複数指定することができます。

CSS3ではbackground-repeatプロパティの値として新たにroundとspaceが加わります。
roundは繰り返して表示し、領域が余るようなら自動で繰り返し背景画像全体を伸縮し、繰り返しの最後の画像は画像途中で途切れることなく収まります。一方、spaceは繰り返して表示し、領域が余るようなら自動で画像間に余白を設け、繰り返しの最後の画像は画像途中で途切れることなく収まります。
この2つの値については、執筆時点ではInternet Explorer9とOperaのみが対応しています。

● round

roundを指定した場合は、収まりよく敷き詰められるよう、画像がわずかに変形されます。このサンプルでは、もともと正円の背景が楕円になり変形されていることで、その動作を確認できるでしょう。

CSS

```
.sample1{
  height:350px;
  border:3px solid #086dab;
  background-image:url(1.png);
  background-repeat: round;
}
```

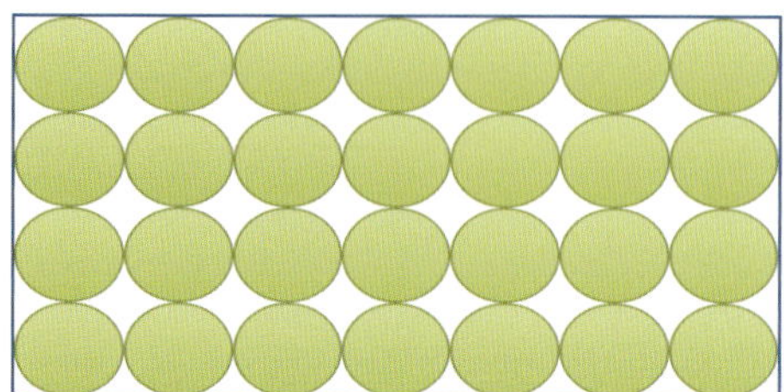

HTML

```
<div class="sample1"></div>
```

● space

spaceを指定した場合には、収まりよく敷き詰められるよう、画像間に空白が設けられます。このサンプルでは、余白が自動で生成されていることにより、その動作を確認できるでしょう。

CSS

```
.sample1{
  height:350px;
  border:3px solid #086dab;
  background-image: url(circle.png);
  background-repeat: space;
}
```

HTML

```
<div class="sample1"></div>
```

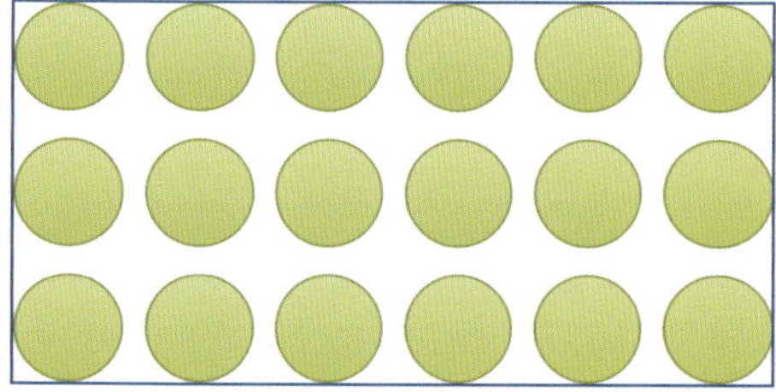

background-attachment

基本的な記法

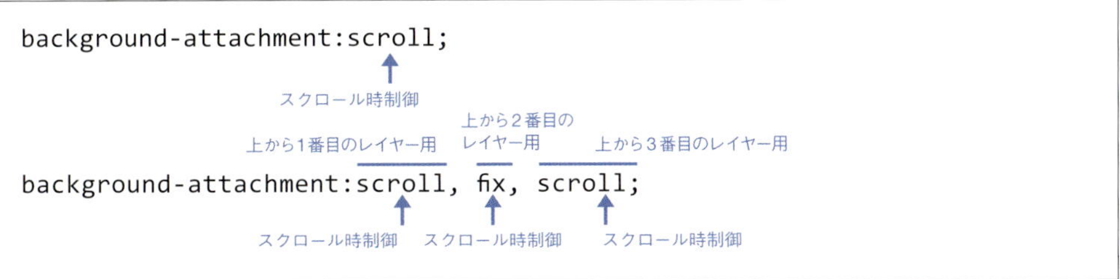

対応環境／ベンダープレフィックス

background-attachmentプロパティはスクロール時の背景画像の振る舞いを決定するためのプロパティであり、その他のbackground系プロパティと同様に「,」(カンマ) 区切りによる複数指定が有効です。
background-attachmentプロパティの値として新たにlocalを指定できるようになります。

値	意味
fix	ページ全体にスクロールが発生したとき、背景画像はそのスクロールに追従する
local	要素自身にスクロールが発生したとき、背景画像はそのスクロールに追従する
scroll	要素自身にスクロールが発生したとき、背景画像はそのスクロールに追従しない

例としてこれらの値を利用し、複数の背景画像に対して異なるbackground-attachment値を指定すると、スクロールによってそれぞれの動作が異なることがわかります。次に示すサンプルでは、背景1にlocalを、背景2にscrollを割り当てています。画面キャプチャでのスクロールバーと背景の動きに注目してみてください。

CSS

```
.sample1{
  text-align:center;
  height:200px;
  border:3px solid #0066aa;
  background-image: url(1.png),  url(2.png);
  background-repeat:no-repeat;
  background-attachment:local, scroll;
  overflow:scroll;
}
```

Section 6～10

HTML

```
<div class="sample1">
  line1 line1 line1 line1 line1<br />
  line2 line2 line2 line2 line2<br />
  ...(略)
</div>
```

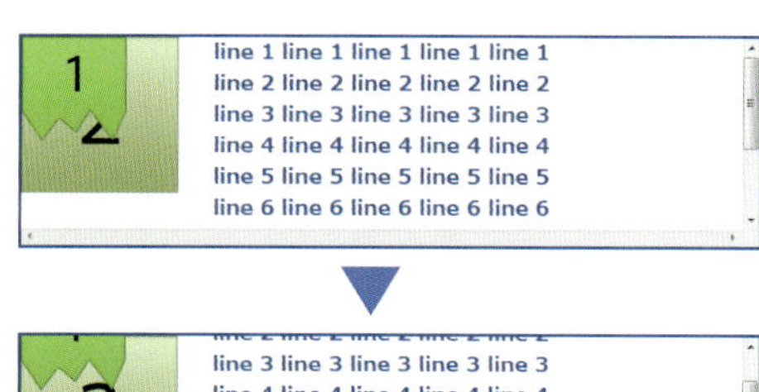

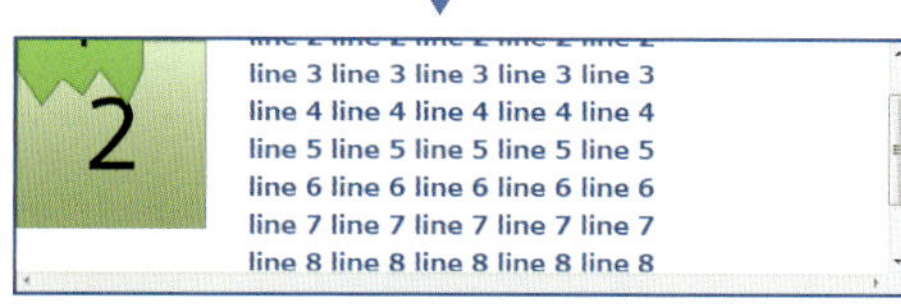

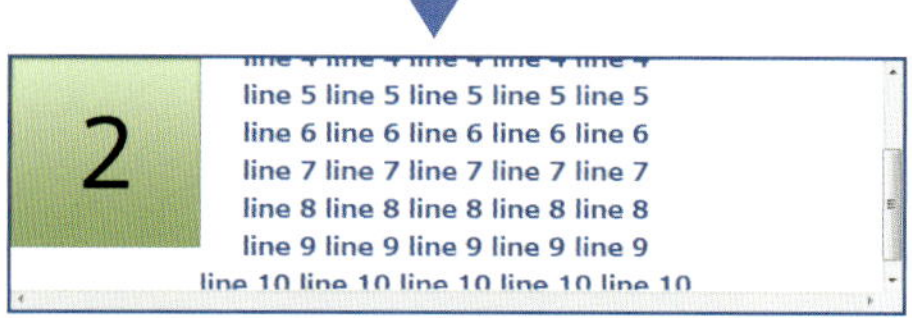

背景1にlocal、背景2にscrollを割り当てているので、画面のスクロールにしたがって背景1は一緒にスクロールするが、背景2はスクロールしない。

background-position

基本的な記法

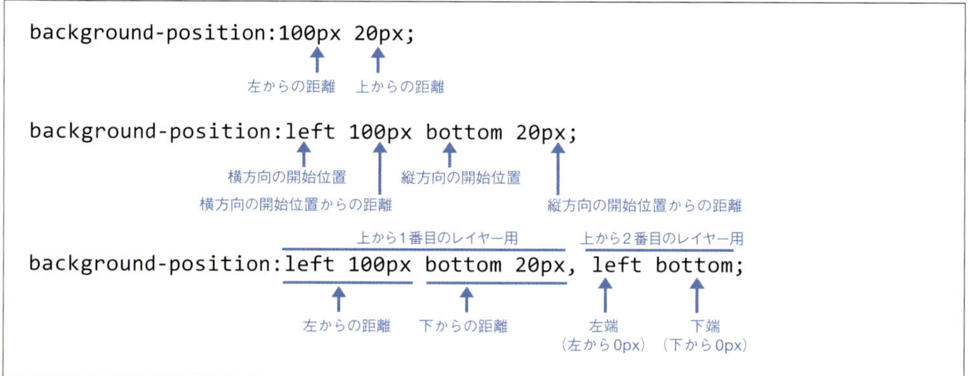

対応環境／ベンダープレフィックス

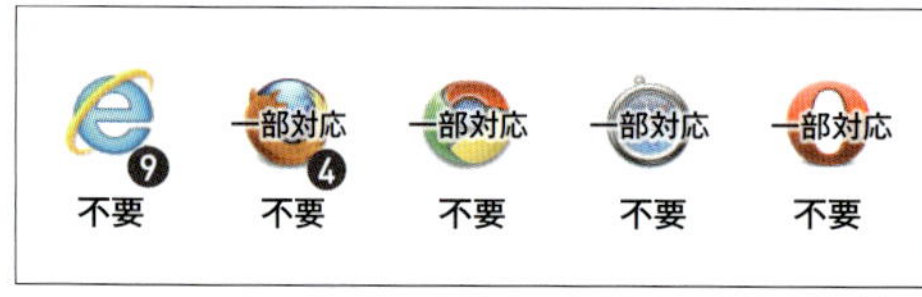

background-positionプロパティは背景画像が配置される基点を決定するためのプロパティです。他のbackground系プロパティと同様に「,」(カンマ)区切りによる複数指定が有効です。
Internet Explorer 7〜8はbackground-positionプロパティの新しい構文には対応していません。

background-positionの値には新しい設定方法が追加され、「bottom 10px right 20px」のように値を設定することで、下から10px、右から20pxの位置に配置するといったことができるようになります。つまり、background-positionプロパティの値は、従来のように2つで一組あるいは、4つで一組のどちらかを指定することになります。

次に示す例は、
背景1は従来の方法での場所指定をし、左から100px、上から20pxの位置に配置される
背景2は新たな方法で場所指定をし、右から20px、下から10pxの位置に配置される
背景2は新たな方法で場所指定をし、右から20%、上から10pxの位置に配置される
としたものです。

CSS

```
.sample1{
  height:350px;
  border:3px solid #0066aa;
  background-image: url(1.png), url(2.png), url(3.png);
  background-position: 100px 20px,
                       right 20px  bottom  10px,
                       right 20%   top     10px;
  background-repeat:no-repeat;
}
```

HTML

```
<div class="sample1"></div>
```

background-clip

基本的な記法

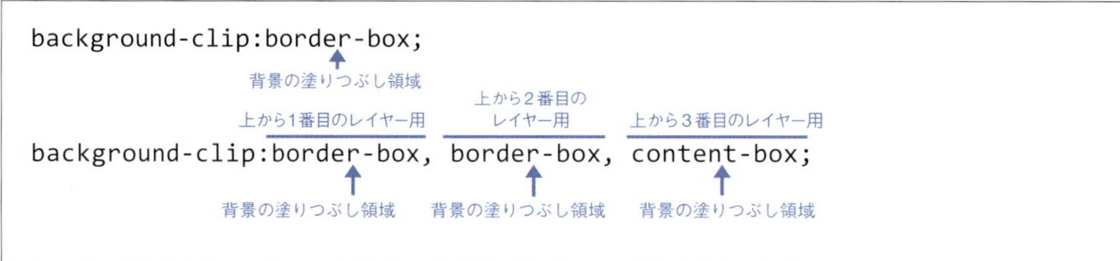

対応環境／ベンダープレフィックス

background-clipプロパティは背景として塗りつぶす領域を設定するためのプロパティです。値には塗りつぶす領域の種類を指定します。他のbackground系プロパティと同様に「,」(カンマ) 区切りによる複数指定が有効です。

Internet Explorer 7～8はbackground-clipプロパティに対応していません。

指定できる値は次の3種類です。

値	意味
border-box	ボーダーとその内側の領域が背景で塗りつぶされる
padding-box	パディング領域とその内側の領域が背景で塗りつぶされ、ボーダーの領域は塗りつぶされない
content-box	コンテント領域が背景で塗りつぶされ、パディング領域とその外側の領域は塗りつぶされない

これらの値を指定した場合に背景が塗りつぶされる領域を次にそれぞれ示します。

border-boxを指定した場合

CSS

```
.sample1{
  height:250px;
  padding:50px;
  border:30px solid rgba(200,0,30,0.3);
  background-image:url(circle.png);
  background-clip:border-box;
}
```

HTML

```
<div class="sample1"></div>
```

padding-boxを指定した場合

CSS

```
.sample1{
  height:250px;
  padding:50px;
  border:30px solid rgba(200,0,30,0.3);
  background-image:url(circle.png);
  background-clip:padding-box;
}
```

HTML

```
<div class="sample1"></div>
```

content-boxを指定した場合

CSS

```
.sample1{
  height:250px;
  padding:50px;
  border:30px solid rgba(200,0,30,0.3);
  background-image:url(circle.png);
  background-clip:content-box;
}
```

HTML

```
<div class="sample1"></div>
```

background-origin

基本的な記法

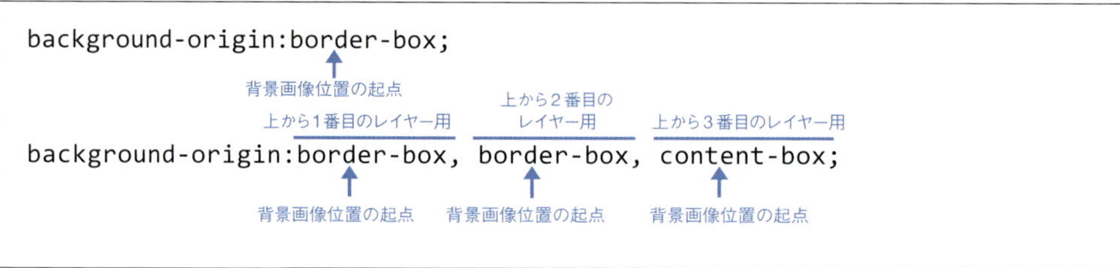

対応環境／ベンダープレフィックス

background-originプロパティは背景画像位置の起点を設定するためのプロパティです。この起点はbackground-positionで0px, 0pxの時の位置を意味します。他のbackground系プロパティと同様に「,」(カンマ)区切りによる複数指定が有効です。
Internet Explorer 7〜8はbackground-originプロパティに対応していません。

指定できる値は、background-clipプロパティと同様に、3種類のキーワードがあります。

値	意味
border-box	ボーダーの縁を起点とする
padding-box	パディング領域の縁を起点とする
content-box	コンテント領域の縁を起点とする

これらの値を指定した場合に背景の起点位置を次にそれぞれ示します(なお、背景のリピートにより開始位置が分かりづらくなってしまうため、background-repeat:no-repeat;を指定しています)。

border-boxを指定した場合

CSS

```
.sample1{
  height:250px;
  padding:50px;
  border:30px solid rgba(200,0,30,0.3);
  background-image:url(circle.png);
  background-origin:border-box;
  background-repeat:no-repeat;
}
```

HTML

```
<div class="sample1"></div>
```

padding-boxを指定した場合

CSS

```
.sample1{
  height:250px;
  padding:50px;
  border:30px solid rgba(200,0,30,0.3);
  background-image:url(circle.png);
  background-origin:padding-box;
  background-:no-repeat;
}
```

HTML

```
<div class="sample1"></div>
```

content-boxを指定した場合

CSS

```
.sample1{
  height:250px;
  padding:50px;
  border:30px solid rgba(200,0,30,0.3);
  background-image:url(circle.png);
  background-origin:content-box;
  background-repeat:no-repeat;
}
```

HTML

```
<div class="sample1"></div>
```

background-size

基本的な記法

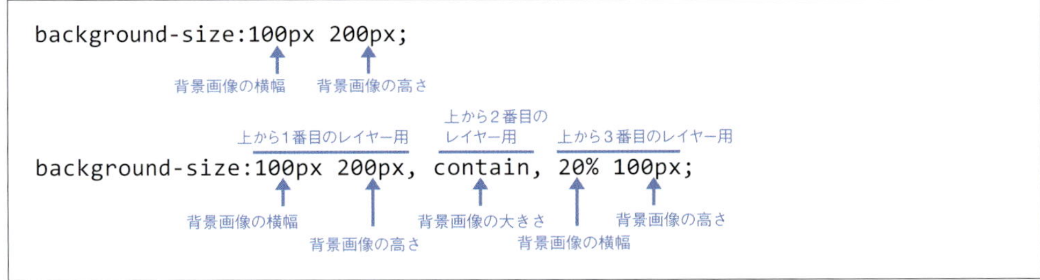

対応環境／ベンダープレフィックス

background-sizeプロパティは、背景画像の大きさを設定するためのプロパティです。他のbackground系プロパティと同様に「,」(カンマ)区切りによる複数指定が有効です。
値は、長さ、パーセンテージ、キーワードのいずれかで指定し、それにより背景画像の大きさが決定されます。

値	意味
長さ	指定した長さに変形する。例えば、50pxが指定されると、画像は50pxで表示される
パーセンテージ	要素の大きさに対する割合の大きさに変形する。例えば、100%が指定されると、画像は要素いっぱいに表示される(background-clipによる)

長さまたはパーセンテージで背景画像の大きさを指定する場合には、二組の長さをひとつの値とします。例えば、「background-size:100px 200px」と指定すれば、背景画像は横100px縦200pxで表示されます。

CSS

```
.sample1{
  height:350px;
  background-image:url(circle.png);
  background-size:100px 200px;
}
```

HTML

```
<div class="sample1"></div>
```

値の指定は長さとパーセントを混在させることもできます。パーセンテージで指定された場合は要素の大きさに対する割合となるので、「background-size:100px 100%」と指定すれば、背景画像は横は100px、縦は要素と同じ高さで表示されます。

CSS

```
.sample1{
  height:350px;
  background-image:url(circle.png);
  background-size: 100px 100%;
}
```

HTML

```
<div class="sample1"></div>
```

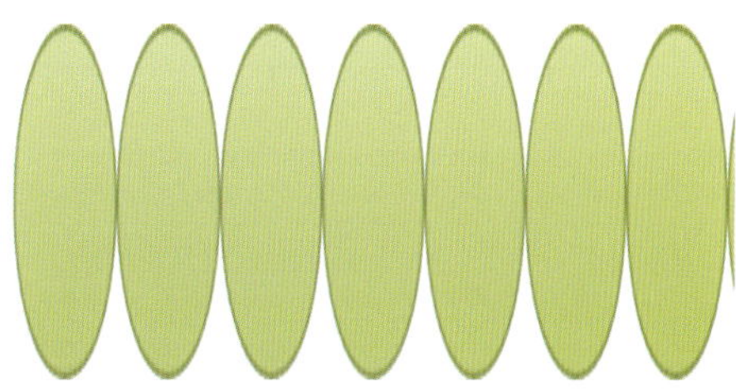

なお、二組の値のうち、一方が省略されている場合には、autoが指定されたとして処理されます。つまり「background-repeat: 100px;」は「background-repeat: 100px auto;」とされるわけです。

一方、キーワードで背景画像の大きさを指定する場合には、containまたはcoverのどちらかを指定します。各キーワードの振る舞いは次のとおりです。

値	意味
contain	背景画像は、塗りつぶし可能な領域内で縦横どちらかが最大となるように表示される
cover	背景画像は、塗りつぶし可能な領域内で縦横どちらかが最小となるように表示される

実際にそれぞれを指定した場合には、次のように描画されます。

CSS

```
.sample1{
  height:350px;
  background-image:url(circle.png);
  background-size: contain;
}
```

HTML

```
<div class="sample1"></div>
```

CSS

```
.sample1{
  height:350px;
  background-image:url(circle.png);
  background-repeat: cover;
}
```

HTML

```
<div class="sample1"></div>
```

background

基本的な記法

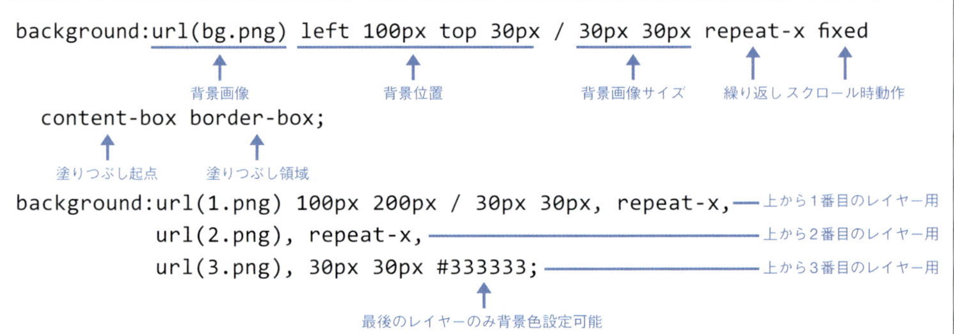

対応環境／ベンダープレフィックス

backgroundプロパティは、background関連の内容を一括で指定するプロパティです。CSS3でbackgroundに関連するプロパティが増えたことに伴い、backgroundプロパティの値に指定できる内容が増えます。

また、他のbackground系プロパティと同様に「,」(カンマ)区切りによる複数指定が有効です。複数指定の際、背景色についてのみ"最後の背景に1回だけ"指定できます。

Opera11は、単体のプロパティでの複数背景指定は未対応ですが、backgroundプロパティによる一括での複数背景指定には対応しています。

backgroundプロパティの値には、基本的に

- 背景画像 (bg-image)
- 背景位置 (bg-position)
- 背景画像サイズ (bg-size)
- 繰り返し (repeat-style)
- スクロール時動作 (attachment)
- 塗りつぶし起点 (box)
- 塗りつぶし領域 (box)
- 背景色 (background-color)

を指定できることになり、それぞれの指定方法は

通常の背景 <bg-image> || <bg-position> [/ <bg-size>] || <repeat-style> || <attachment> || <box>{1,2}

最後の背景 <bg-image> || <bg-position> [/ <bg-size>]? || <repeat-style> || <attachment> || <box>{1,2} || <'background-color'>

のような内容で指定します。ここでの注意点としては、

- background-sizeを設定する際には、background-positionの後に指定し、background-sizeの「/」を先頭に付ける
- <box>(background-origin, background-clip)は1回のみ指定されているときはbackground-origin、background-clip両方同じ値として解釈され、2回指定されているときにはbackground-origin、background-clipの順に指定されていることになる
- 背景色は最後の背景のみにしか指定できない

という3点です。これまでのbackgroundの指定に比べてやや複雑になってしまいますが、上記の3点にさえ気をつければ問題ないでしょう。
いくつかの例を実際に挙げてみます。

2つの背景を指定した例。background-colorは最後の背景のみに記述します。

CSS

```
.sample1{
  height:350px;
  background:url(1.png) repeat-x,
             url(2.png) no-repeat,
             url(3.png) repeat-y #333333;
}
```

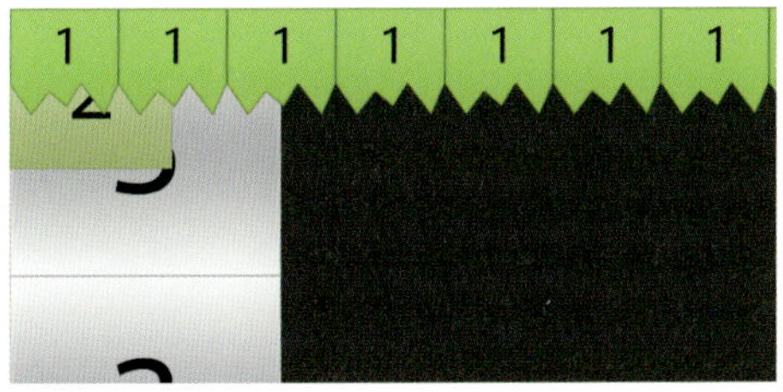

1つの背景にいくつかの内容を指定した例。ここでは「100px 100%」は<bg-size>ではなく、background-positionとして利用されます。そのため背景画像は左から100px、上から100%の位置に表示されます。

CSS

```
.sample1{
  height:350px;
  background:url(1.png) no-repeat 100px
  100% #333333;
}
```

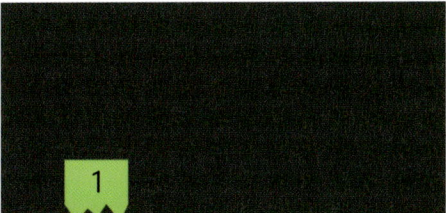

1つの背景にいくつかの内容を指定した例。ここでは「100px 100%」は<bg-position>として利用されます。一方、「50px 50px」は「/」を先行しているためbg-sizeとして利用されます。そのため背景画像は左から100px、上から100%の位置に、横50px 縦50pxで表示されます。なお、この「/」を混在した記法について、本書執筆時点ではInternet Explorer9とOpera11のみが対応しています。

CSS

```
.sample1{
  height:350px;
  background:url(1.png) no-repeat 100px 100% / 50px 50px #333333;
}
```

1つの背景にいくつかの内容を指定した例。コード中の「50px 50px」は「/」を先行しているため、<bg-size>として利用されるのですが、「/」の前に<bg-position>に該当する内容がないため、"エラーとなり背景は表示されません"。

CSS

```
.sample1{
  height:250px;
  padding:50px;
  border:1px solid #000;
  background:url(1.png) no-repeat / 50px 50px #333333;
}
```

この例では、何も表示されない。

<box>1つ（border-box）を指定した例。<box>の指定がひとつの場合にはbackground-originの値として解釈されます。
これにより、次の例では、border-boxの縁が背景の起点（0, 0）であり、かつ、border-boxの縁までが描画領域となります。

CSS

```css
.sample1{
  height:350px;
  border:30px solid rgba(255,0,30,0.5);
  background:url(1.png) no-repeat border-box;
}
```

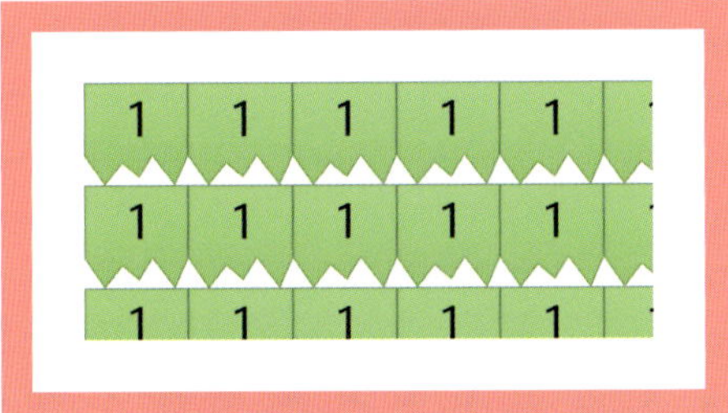

<box>2つ（border-box, content-box）を指定した例。boxの指定がふたつの場合には先に記述した内容（例ではborder-box）がbackground-originの値として解釈され、後に記述した内容（例ではcontent-box）がbackground-clipの値として解釈されます。
これにより、次の例では、content-boxの縁が背景の起点（0, 0）となりborder-boxまでが描画領域となります。

CSS

```css
.sample1{
  height:250px;
  padding:50px;
  border:30px solid rgba(255,0,30,0.5);
  background:url(1.png) content-box border-box;
}
```

Section 6 Backgrounds and Borders

Rounded Corners
角丸を適用する

取り上げるプロパティ	border-top-left-radius, border-top-right-radius, border-bottom-right-radius, border-bottom-left-radius, border-radius
該当spec	**CSS Backgrounds and Borders Module Level 3** http://www.w3.org/TR/css3-background/

border-radius関連のプロパティは要素の角に対して角丸を適用することができます。1～3行程度のCSSコードを記述するだけでいいので、容易に角丸を実現することができます。また、ほとんどのブラウザがベンダープレフィックスなしで実装しており、border-radiusはCSS3の中でも特に安定している仕組みといえます。

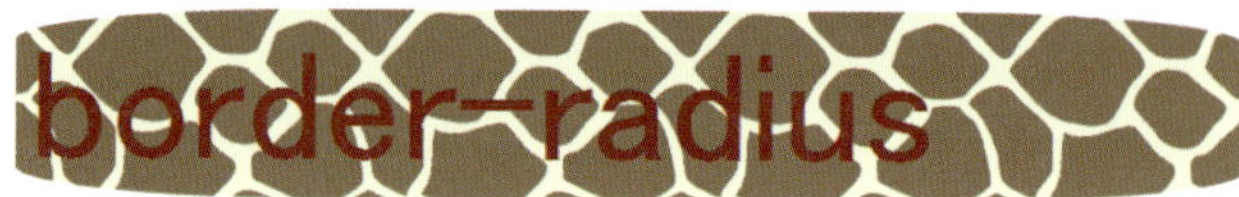

border-top-left-radius、border-top-right-radius、border-bottom-right-radius、border-bottom-left-radius

基本的な記法

```
border-top-left-radius : 20px 30px;
                         ↑     ↑
                     角丸の横幅 角丸の縦幅

border-top-left-radius : 20px;
                          ↑
                      角丸の横幅
```

対応環境／ベンダープレフィックス

CSS3では新たに、次のような角丸に関するプロパティが登場します。

・border-top-left-radiusプロパティ
　左上の角に角丸を適用する
・border-top-right-radiusプロパティ
　右上の角に角丸を適用する
・border-bottom-right-radiusプロパティ
　右下の角に角丸を適用する
・border-bottom-left-radiusプロパティ
　左下の角に角丸を適用する

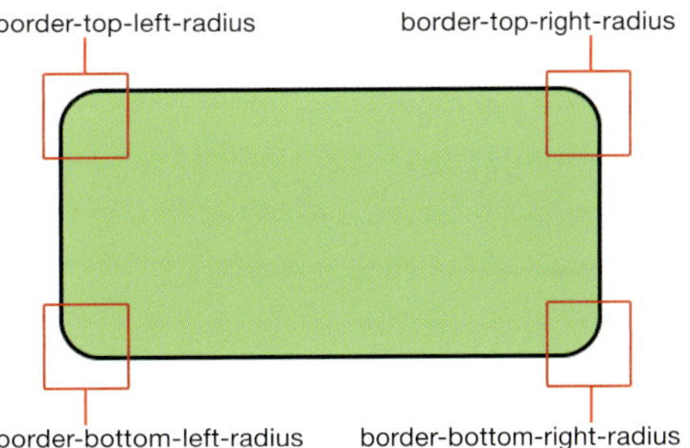

このSectionでは、border-top-left-radius、border-top-right-radius、border-bottom-right-radius、border-bottom-left-radiusの４つのプロパティをまとめて仮にborder-*-radiusと呼ぶことにします。
border-*-radiusは要素ボックスの４つの角をそれぞれの角丸にすることができるプロパティです。
Internet Explorer 7～8はborder-*-radiusに対応していません。
また、iOSのSafariでは、接頭辞として-webkit-が必要ですので、必要に応じて併記する必要があります。

border-*-radiusの値には長さ、またはパーセンテージを2つ設定します。2つの値のうち一つ目は角丸となる円の横幅を、二つ目は角丸となる円の縦幅を示します。「border-top-left-radius : 40px 20px;」を適用した例を見てみましょう。

CSS

```
.sample1{
  padding:10px;
  border-top-left-radius : 40px 20px;
  background:#0CF;
}
```

HTML

```
<div class="sample1">border-radius
</div>
```

この例では一つ目の値に40px、二つ目の値に20pxが設定されているので、右図のような楕円が角部分に適用されていることになります。

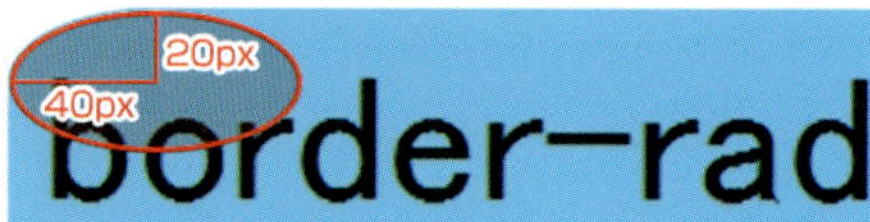

もし、border-*-radiusの値を1つしか記述しなかった場合には、2つ目にも同じ値を設定したこととして解析されます。例えば「border-bottom-right-radius:30px;」は「border-bottom-right-radius:30px 30px;」として解析され、その結果、角部分には正円が適用されることになります。

CSS

```
.sample1{
  padding:10px;
  border-top-left-radius : 30px;
  background:#0CF;
}
```

HTML

```
<div class="sample1">border-radius
</div>
```

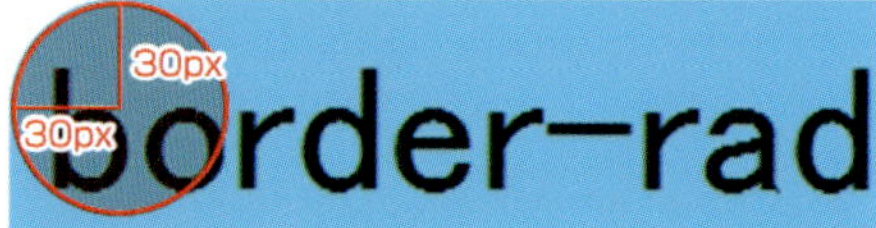

パーセンテージによる角丸の指定についても知っておきましょう。値を%で指定した場合は、角丸の半径は要素の辺に対する割合となります(図は次ページ)。

CSS

```
.sample1{
  padding:10px;
  border-top-right-radius : 50% 20%;
  background:#0CF;
}
```

HTML

```
<div class="sample1">border-radius
</div>
```

border-radius

また、パーセンテージと長さを混在させてborder-*-radiusの値とすることもできます。

CSS

```
.sample1{
  border-top-right-radius : 30px 50%;
}
```

HTML

```
<div class="sample1">border-radius
</div>
```

border-radius

border-radius

基本的な記法

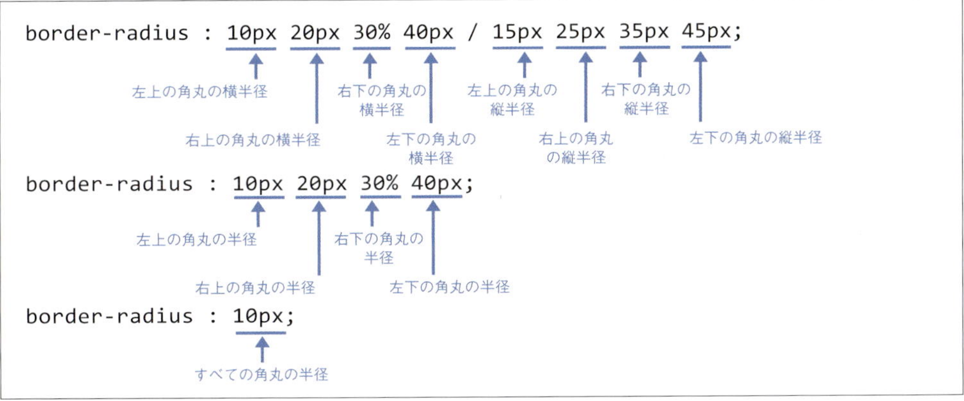

対応環境／ベンダープレフィックス

border-radiusプロパティは4つのborder-*-radiusを一括で指定することができるプロパティです。
Internet Explorer 7～8はborder-radiusに対応していません。
また、iOSのSafariでは、接頭辞として-webkit-が必要ですので、必要に応じて併記する必要があります。

4つのborder-*-radiusを指定するとなると、8つ（2つ＊4角）の値が必要になります。そのため、border-radiusプロパティの値をすべて省略せずに記述すると次のようになります。

CSS

```
.sample1{
  padding:30px;
  border-radius : 10px 20px 30px 40px / 15px 25px 35px 45px;
  background:#0CF;
}
```

HTML

```
<div class="sample1">border-radius</div>
```

border-radius

「border-radius : 10px 20px 30px 40px / 15px 25px 35px 45px;」での値は「/」を堺に、
前半が[左上の角丸の横]、[右上の角丸の横]、[右下の角丸の横]、[左下の角丸の横]
後半が[左上の角丸の縦]、[右上の角丸の縦]、[右下の角丸の縦]、[左下の角丸の縦]
を示します。

ここまで解説したとおり、8つの値を記述しないといけませんが、「/」の後半部分（円の縦の指定）を省略することもできます。この場合、border-*-radiusと同様に、「/」の前半部分が「/」の後半部分にも適用されます。例えば、「border-radius : 10px 20px 30px 40px」は「border-radius : 10px 20px 30px 40px / 10px 20px 30px 40px」と同じというわけです。

CSS

```
.sample1{
  padding:30px;
  border-radius : 10px 20px 30px 40px;
  background:#0CF;
}
```

HTML

```
<div class="sample1">border-radius</div>
```

border-radius

border-radiusプロパティの値はさらに省略することもできます。値を省略したときの適用のされ方は次のとおりです。

	左上の角丸	右上の角丸	右下の角丸	左下の角丸
border-radius:10px 20px 30px;	10px	20px	30px	20px
border-radius:10px 20px;	10px	20px	10px	20px
border-radius:10px;	10px	10px	10px	10px

例えば、border-radiusプロパティの値を30pxとだけした場合、すべての角が30pxの半径を持つ正円となります。

CSS

```
.sample1{
  padding:30px;
  border-radius : 30px;
  background:#0CF;
}
```

border-radius

HTML

```
<div class="sample1">border-radius
</div>
```

ここで紹介した、値の省略による適用部分の変化は、marginプロパティやpaddingプロパティでの値の省略と似た考え方と理解しておけばよいでしょう。例えば「margin:40px 20px 40px 20px」は「margin:40px 20px 40px」および「margin:40px 20px」と同じです。border-radiusプロパティにおける値の省略もこれと同じなのです。

Column　ブラウザごとに異なる実装

borderプロパティが同時に指定されている場合、枠線はborder-radiusの内容に合わせて変形します。しかし、border-styleプロパティの値がsolid以外の場合には、右図のようにブラウザによりその見え方が異なるため注意が必要です。
また、IE8以下ではborder-radiusプロパティに未対応ですが、これらの環境でborder-radiusプロパティを擬似的にエミュレートすることができるライブラリもいくつか公開されています。

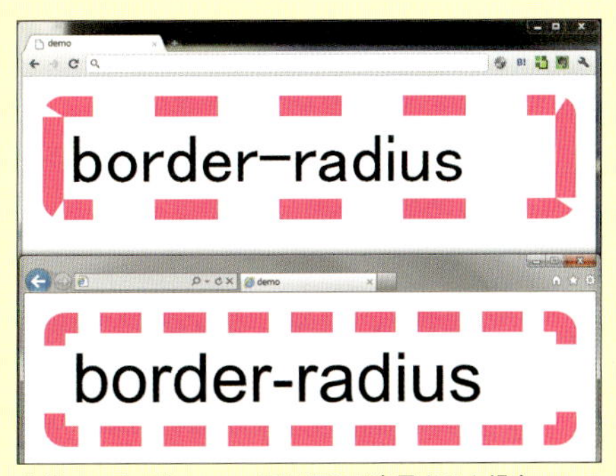

上はgoogle Chrome、下はIE9で表示させた場合。

Section 6 Backgrounds and Borders

Border-Images
枠線に画像を適用する

取り上げるプロパティ	border-image-source, border-image-slice, border-image-width, border-image-outset, border-image-repeat, border-image
該当spec	**CSS Backgrounds and Borders Module Level 3** http://www.w3.org/TR/css3-background/

border-image関連のプロパティは、border部分に対して、画像を適用することができるプロパティです。border-imageにより適用された枠線画像には、ボックスの大きさに合わせて伸縮または繰り返しで適用されます。

IE9はborder-image関連のプロパティに対応していません。またChrome、Firefox、Operaも「border-image-source」などの個別のプロパティに対応しておらず「border-image」のみにしか対応していません。そのため、まだしばらくの間は利用する機会が限定されてしまうでしょう。

このように、ほとんどのブラウザで「border-image-source」などの個別のプロパティは対応されていませんが、border-imageプロパティを解説するにあたり、その前提として各個別のプロパティについても解説し、進めていきます。

カレーライスのことをつい「カリーライス」と言ってしまう僕ってお洒落。カレーライスのことをつい「カリーライス」と言ってしまう僕ってお洒落。カレーライスのことをつい「カリーライス」と言ってしまう僕ってお洒落。カレーライスのことをつい「カリーライス」と言ってしまう僕ってお洒落。カレーライスのことをつい「カリーライス」と言ってしまう僕ってお洒落。カレーライスのことをつい「カリーライス」と言ってしまう僕ってお洒落。

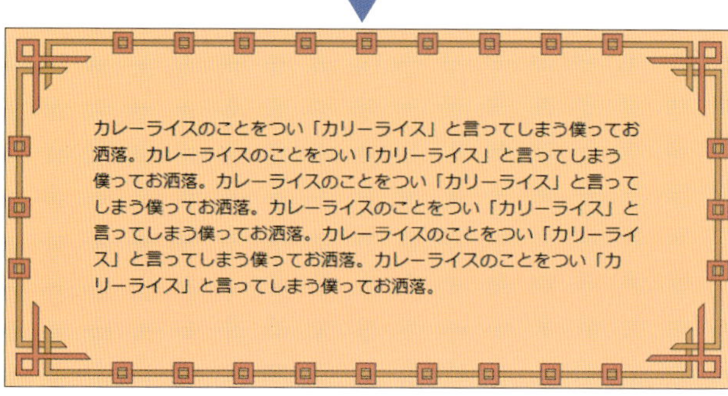

なお、このSection全体で、右の画像ファイルをサンプルの枠線に適用する画像として利用しています。ここで紹介する画像ファイルをこのSectionで紹介するサンプルと照らし合わせることでより理解が深まるでしょう。border.pngは180×180ピクセルの画像です。

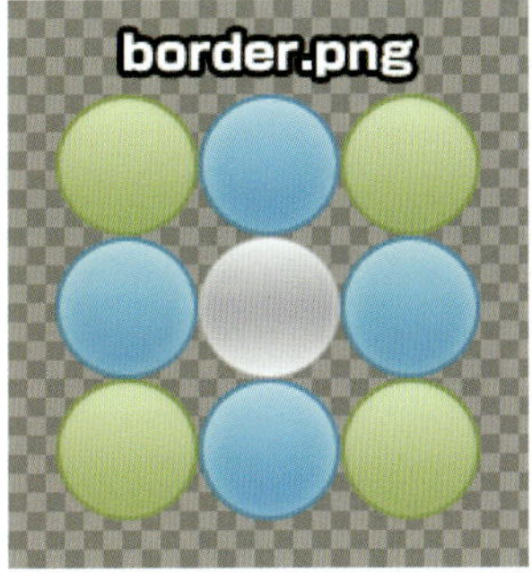

border-image-source

基本的な記法

```
border-image-source : url(border.png);
```

（border.png：枠線に使う画像）

対応環境／ベンダープレフィックス

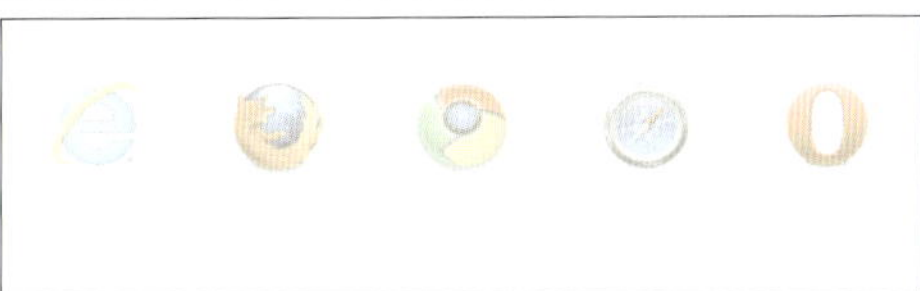

border-image-sourceプロパティは、枠線に画像を適用するためのプロパティの中でも最も基本となるプロパティです。border-image-sourceプロパティは画像を参照するためのプロパティであり、これにより参照された画像が枠線へと適用されます。
border-image系のプロパティは従来のCSSから存在するborderを画像に変更するプロパティですので、border-imageを適用する際には、準備としてborderプロパティも適用しておく必要があります。

まずは、準備として、幅30pxのborderを適用します。

CSS

```
.sample1{
  height:300px;
  border:30px solid #000;
}
```

HTML

```
<div class="sample1">border-image
</div>
```

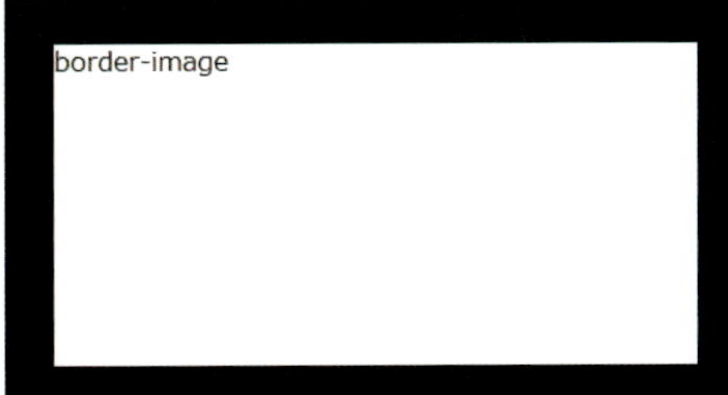

borderを適用した上で、border-image-sourceプロパティに値を設定します。すると、値として参照された画像が枠線に適用されます。もしborder-image-sourceプロパティに対応している環境があれば、次のように、30pxのボーダーに対して、参照した画像が表示されるでしょう。

CSS

```
.sample1{
  height:300px;
  border:30px solid #000;
  border-image-source:url(border.png);
}
```

HTML

```
<div class="sample1">border-image
</div>
```

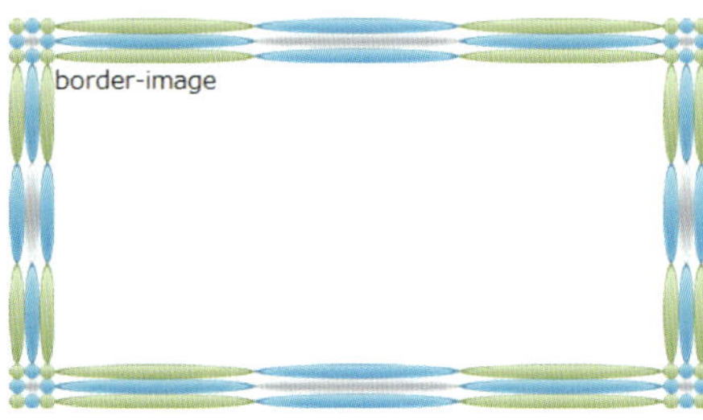

border-image-slice

基本的な記法

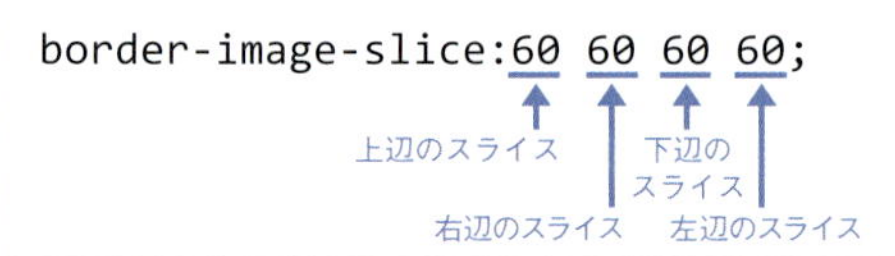

対応環境／ベンダープレフィックス

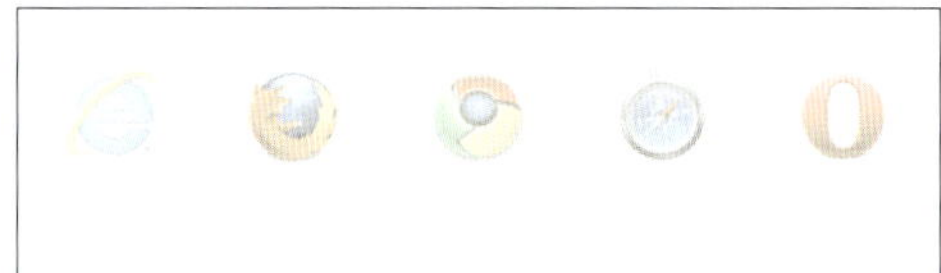

border-image-sliceプロパティは、border-image-sourceにより適用された画像を9箇所に分割し、この分割がそれぞれ、角4つ、辺4つ、そして中央に適用されます。

border-image-sliceプロパティの値には数値またはパーセンテージを4つ指定します。数値を指定する場合には、pxなどといった単位はつかないので注意してください。数値である理由は、JPEGやPNGなどの画像のほか、SVGなどのベクター画像でも利用できるためです。

指定された4つの値はそれぞれ、右の図のように、[上辺、右辺、下辺、左辺]の順番で適用されます。なお、この時の指定する値はそれぞれ、外側からの距離です。

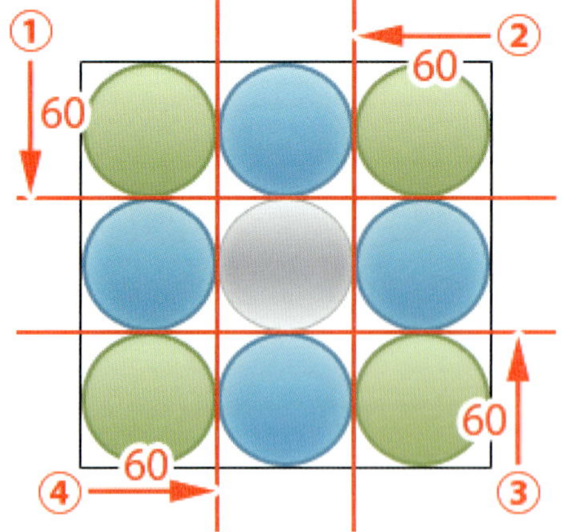

もしborder-image-sliceプロパティに対応している環境があれば、次のように分割されて画像が表示されるでしょう。

CSS

```
.sample1{
  border:30px solid #000;
  border-image-source:url(border.png);
  border-image-slice:60 60 60 60;
}
```

HTML

```
<div class="sample1">border-image
</div>
```

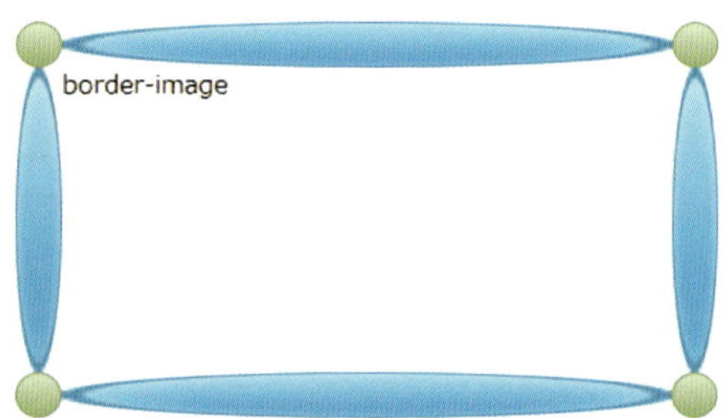

border-image-sliceプロパティの4つの値は一部を省略することもでき、その場合は次のように適用されます。

	上辺	右辺	下辺	左辺
border-image-slice:10 20 30 40;	10	20	30	40
border-image-slice:10 20 30;	10	20	30	20
border-image-slice:10 20;	10	20	10	20
border-image-slice:10;	10	10	10	10

また、border-image-sliceプロパティの値にはオプションで「fill」を追加することもできます。fillが追加された場合には、中央部分も描画に利用されます。もしborder-image-sliceプロパティに対応している環境があれば、次のように表示されるでしょう。

CSS

```
.sample1{
  border:30px solid #000;
  border-image-source:url(border.png);
  border-image-slice:60 60 60 60 fill;
}
```

HTML

```
<div class="sample1">border-image
</div>
```

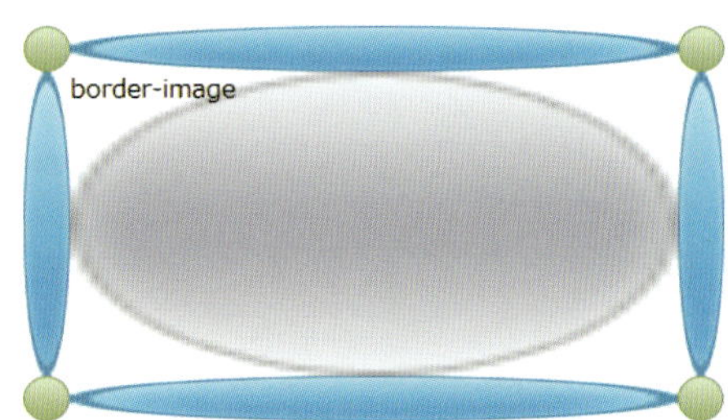

border-image-width

基本的な記法

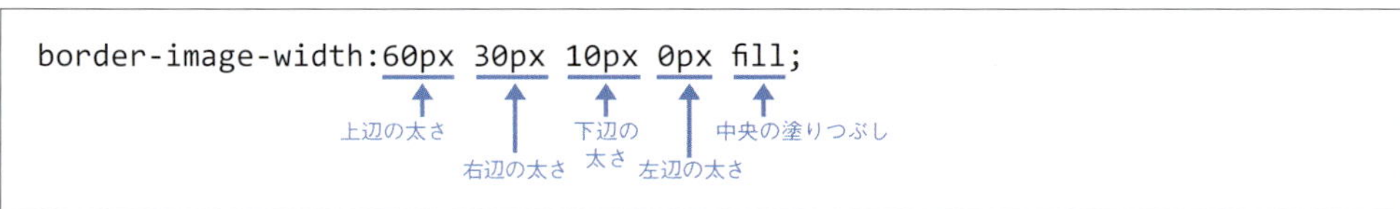

対応環境／ベンダープレフィックス

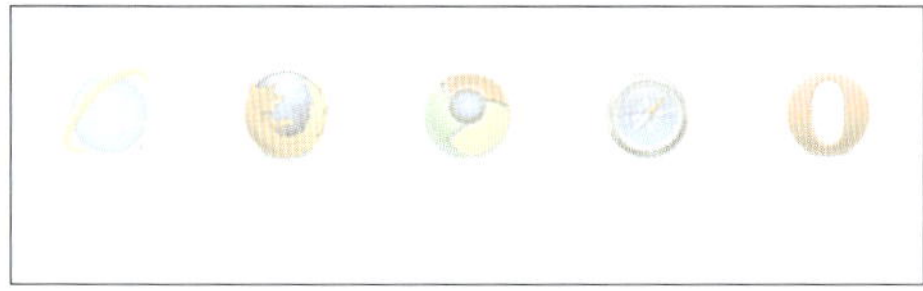

border-image-widthプロパティは、border-imageの幅を指定するためのプロパティです。もともとボックスにはborder-widthがボーダーの幅として適用されていますが、これとは別にborder-imageが幅を持つことになります。border-image-widthプロパティの値には長さ、パーセンテージ、数値、autoのいずれかを4つ指定します。

値	意味
長さ	指定した内容で適用される
パーセンテージ	枠線に適用した画像に対する割合
数値	もとのborder-widthに対する倍数。例えば「border-width:10px」の時に「2」を指定すればborder-image-widthは20pxとなる

もしborder-image-widthプロパティに対応している環境があれば、本来のborderの太さではなく、border-image-widthプロパティにより、上辺60px、右辺30px、下辺10px、左辺0pxで次のように表示されるでしょう。

CSS

```
.sample1{
  border:30px solid #000;
  border-image-source:url(border.png);
  border-image-slice:60;
  border-image-width:60px 30px
 10px 0px;
}
```

HTML

```
<div class="sample1">border-image
</div>
```

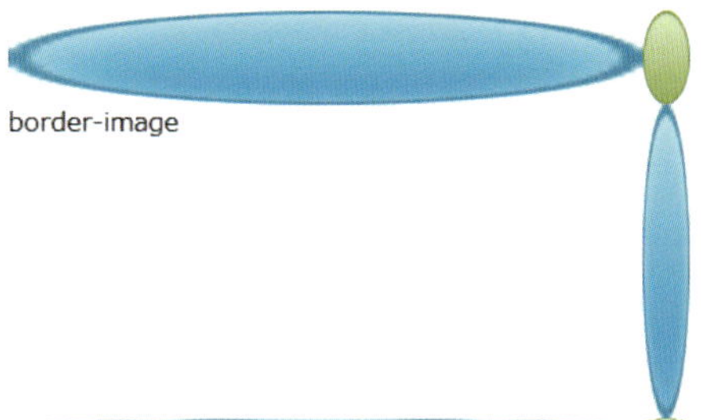

border-image-widthプロパティの4つの値は、border-widthと同じ要領で一部を省略することもでき、その場合は例えば次のように適用されます。

	上辺	右辺	下辺	左辺
border-image-width:10px 20px 30px 40px;	10px	20px	30px	40px
border-image-width:10px 20px 30px;	10px	20px	30px	20px
border-image-width:10px 20px;	10px	20px	10px	20px
border-image-width:10px;	10px	10px	10px	10px

➔ border-image-outset

基本的な記法

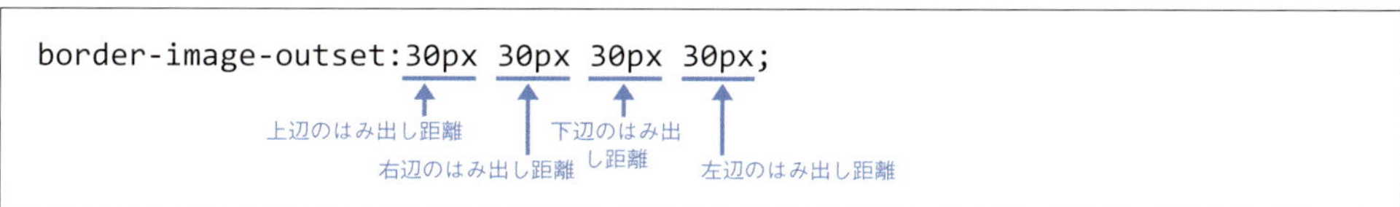

対応環境／ベンダープレフィックス

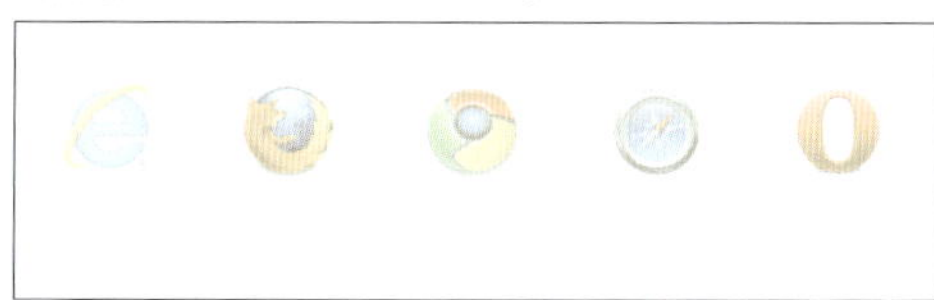

border-image-outsetプロパティは、本来のボックスからはみ出させる距離を設定します。border-image-outsetプロパティの値には長さ、数値のいずれかを4つ指定します。

値	意味
長さ	指定した内容で適用される
数値	もとのborder-widthに対する倍数。例えば「border-width:10px」の時に「2」を指定すればborder-image-widthは20pxとなる

なお、border-image-outsetプロパティによりはみ出した領域は、周辺のレイアウトには影響しません。例えばはみ出した領域によりスクロールバーが表示されることもありませんし、はみ出した領域はクリックなどの対象にもなりません。

もしborder-image-outsetプロパティに対応している環境があれば、次のように表示されるでしょう。

CSS

```
.sample1{
  border:30px solid #000;
  border-image-source:url(border.png);
  border-image-slice:60;
  border-image-width:60px;
  border-image-outset:30px
}
```

HTML

```
<div class="sample1">border-image
</div>
```

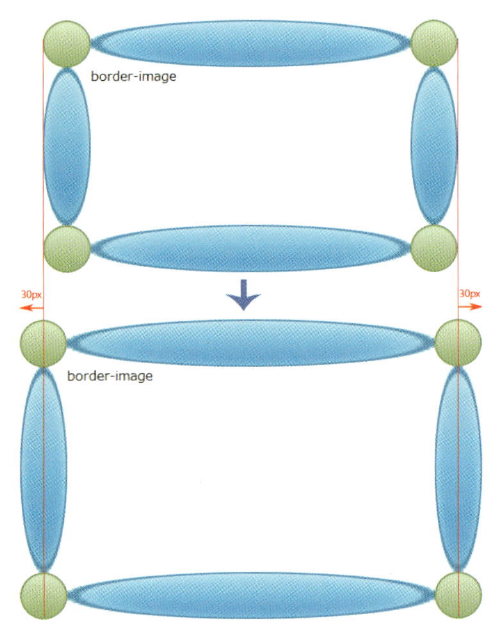

border-image-outsetプロパティの4つの値は、border-widthと同じ要領で一部を省略することもでき、その場合は例えば次のように適用されます。

	上辺はみ出し	右辺はみ出し	下辺はみ出し	左辺はみ出し
border-image-outset:10px 20px 30px 40px;	10px	20px	30px	40px
border-image-outset:10px 20px 30px;	10px	20px	30px	20px
border-image-outset:10px 20px;	10px	20px	10px	20px
border-image-outset:10px;	10px	10px	10px	10px

border-image-repeat

基本的な記法

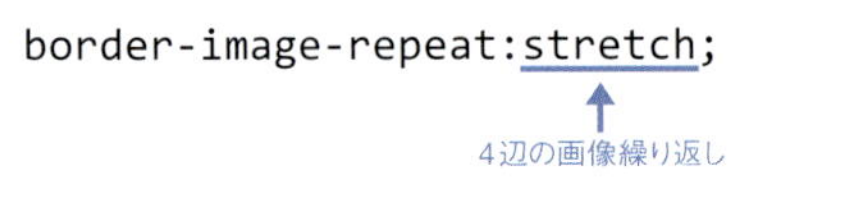

```
border-image-repeat:stretch;
```

4辺の画像繰り返し

対応環境／ベンダープレフィックス

border-image-repeatプロパティは、border-imageの［上、右、下、左］の4辺の繰り返しと、［中央部分］の繰り返しを設定します。border-image-repeatプロパティの値には「stretch」、「repeat」、「round」、「space」の4種のキーワードのいずれかを2つ指定します。1つ目の値は、[上、右、下、左]の4辺の繰り返し方法として、2つ目の値は[中央部分]の繰り返し方法として適用されます。border-image-repeatプロパティに指定する値を1つに省略することもでき、その場合は［上、右、下、左］の4辺の繰り返し方法と［中央部分］の繰り返し方法に一括で同じ内容が指定されます。

値	意味
stretch	画像が伸びる。この場合繰り返しはしない
repeat	画像が単純に繰り返される
round	画像が繰り返され、領域が余るようなら自動で画像を伸縮し、繰り返しの最後の画像は画像途中で途切れることなく収まる
space	画像が繰り返され、領域が余るようなら自動で画像間に余白を設け、繰り返しの最後の画像は画像途中で途切れることなく収まる

それぞれを指定すると以下のような表示結果となります。

stretchを指定した場合

CSS

```
.sample1{
  border:30px solid #000;
  border-image-source:url(border.png);
  border-image-slice:60;
  border-image-repeat:stretch;
}
```

HTML

```
<div class="sample1">border-image
</div>
```

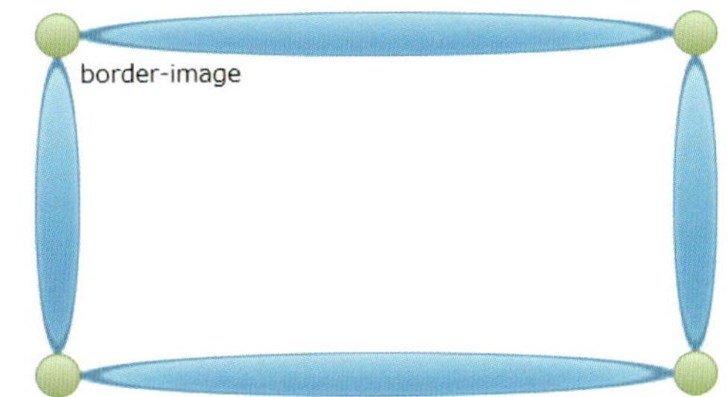

repeatを指定した場合

CSS

```
.sample1{
  border:30px solid #000;
  border-image-source:url(border.png);
  border-image-slice:60;
  border-image-repeat:repeat;
}
```

HTML

```
<div class="sample1">border-image
</div>
```

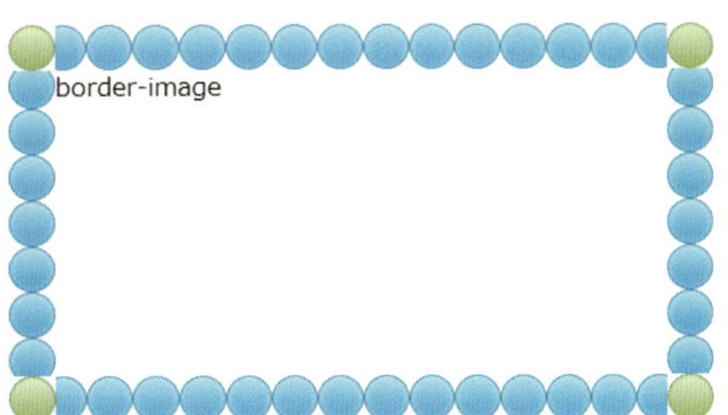

roundを指定した場合

CSS

```
.sample1{
  border:30px solid #000;
  border-image-source:url(border.png);
  border-image-slice:60;
  border-image-repeat:round;
}
```

HTML

```
<div class="sample1">border-image
</div>
```

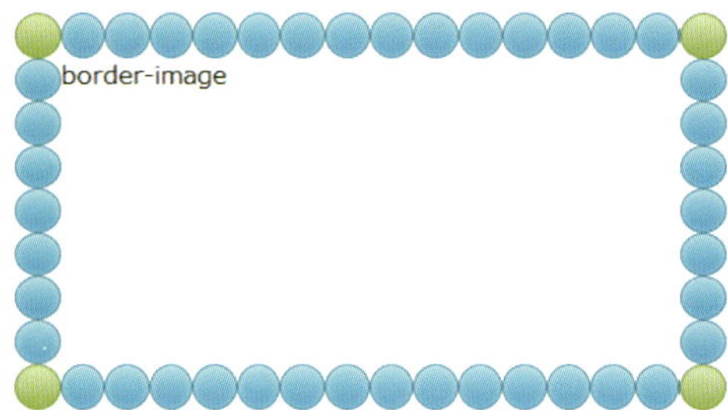

border-image

基本的な記法

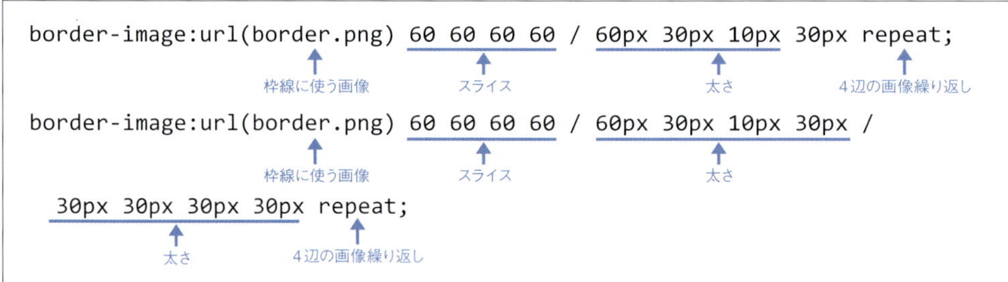

多くのブラウザでははみ出し距離に非対応なので、後者の指定では無効になってしまう。現段階では前者を利用しておく。

対応環境／ベンダープレフィックス

border-imageプロパティはborder-imageに関連する内容を一括で指定するプロパティです。border-imageに関連する内容は、ここまで解説したとおり、下記の5つがそれぞれ存在し、border-imageプロパティの値にこれら5つを指定します。

- 画像を参照するborder-image-source
- 分割を指定するborder-image-slice
- 幅を指定するborder-image-width
- はみ出し距離を指定するborder-image-outset
- 繰り返し方法を指定するborder-image-repeat

border-image-slice、border-image-width、border-image-outsetの3つについては、3つをかならず一組とし「/」で区切って、順序固定で値を指定します。

border-image-slice、border-image-width、border-image-outsetの組の順序は以下の通りです。
1番目がborder-image-slice
2番目がborder-image-width
3番目がborder-image-outset

border-imageプロパティの値指定の例を示します。
「border-image : 10 10 / 20 20 / 30 30」なら
- 「10 10」はborder-image-slice
- 「20 20」はborder-image-width
- 「30 30」はborder-image-outset

「border-image : 10 10 / 20 20」なら
- 「10 10」はborder-image-slice
- 「20 20」はborder-image-width
- border-image-outsetは初期値

「border-image : 10 10」なら
- 「10 10」はborder-image-slice
- border-image-widthは初期値
- border-image-outsetは初期値

ただし、これらの値のうちFirefox4、Opera11、Safari5、Chrome10はoutsetに対応していません。ですので、現時点でborder-imageプロパティを利用するにはoutsetを除いて利用することになります。

実際にborder-imageを利用した例を見てみましょう。
border-imageに関連する内容全てを指定すると、次のように記述することになるでしょう。

CSS

```
.sample1{
  height:300px;
  border:30px solid #000;
  -webkit-border-image:url(border.png) 60 60 60 60 / 60px 30px 10px 30px repeat;
  -moz-border-image:url(border.png) 60 60 60 60 / 60px 30px 10px 30px repeat;
  -o-border-image:url(border.png) 60 60 60 60 / 60px 30px 10px 30px repeat;
  border-image:url(border.png) 60 60 60 60 / 60px 30px 10px 30px repeat;
}
```

HTML

```
<div class="sample1">border-image </div>
```

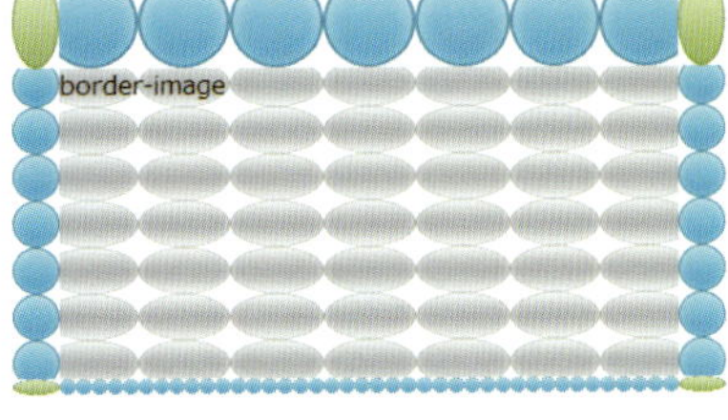

この例では、border-image-source、border-image-slice、border-image-widthの順に指定していることになります。実際にFirefox4、Opera11、Safari5、Chrome10で表示可能です。なお、Firefox4、Opera11、Safari5、Chrome10ではborder-image-sliceに自動でfill相当の内容効果が適用されてしまいます。そのため、現時点ではあらかじめ中央部を透明にくり抜いた画像を枠線として適用するといいでしょう。

Section 6 Backgrounds and Borders

Miscellaneous Effects 背景、ボーダー以外のボックスへの効果

取り上げるプロパティ	box-shadow
該当spec	**CSS Backgrounds and Borders Module Level 3** http://www.w3.org/TR/css3-background/

CSS Backgrounds and Borders Module Level 3 のMiscellaneous Effectsの章にはBackgroundにBordersにも属さないbox-decoration-breakプロパティとbox-shadowプロパティについて触れられています。この内box-shadowプロパティはほとんどのブラウザですでに実装されており、安定度も高いと言えます。このSectionでは、box-shadowプロパティの解説をします。

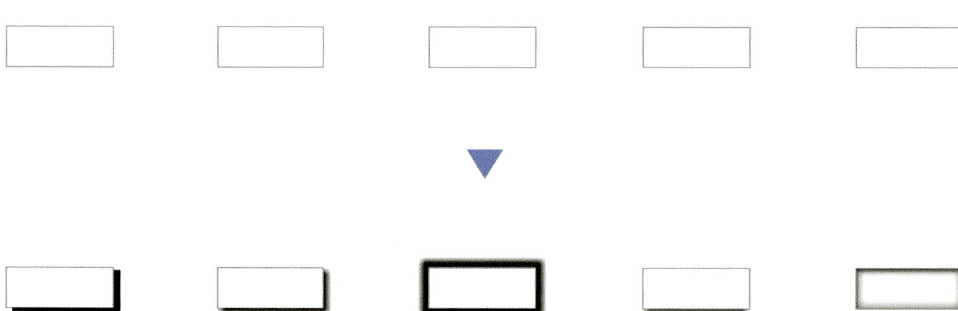

box-shadow

基本的な記法

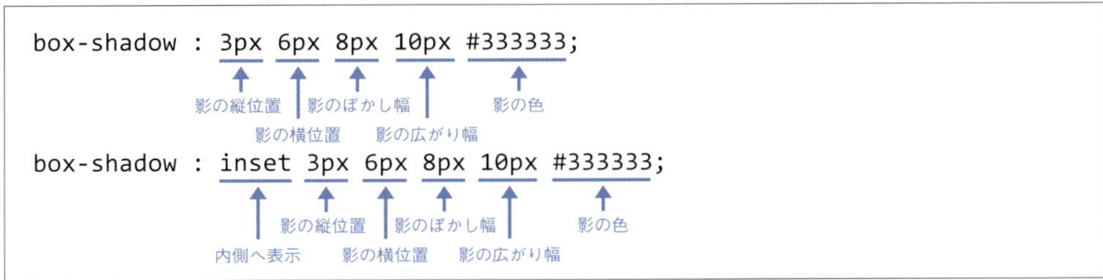

対応環境／ベンダープレフィックス

box-shadowプロパティは、ボックスに対して陰影効果を適用することができるプロパティです。IE7およびIE8では対応していません。
値には、<shadow>（後述）を指定します。<shadow>は「,」（カンマ）で区切ることで複数指定することもできます。「,」（カンマ）区切りで複数の値が列挙された場合、先に指定された値が上に、後に指定された値が下に重なって表示されます。box-shadowプロパティにより表示された影の部分は、レイアウトに影響を及ぼさず、また、スクロールバーも発生させません。

<shadow>はbox-shadowプロパティの場合、0または1つのinsetと2つ～4つの長さ、色が1組となります。例えば「5px 8px 10px #000」や「inset 5px 8px 10px #000」で1組の<shadow>となります。text-shadowプロパティと同様に、各長さは次のように意味を持ちます。

- 1つ目の長さは影の縦位置（正の値で右、負の値で左）
- 2つ目の長さは影の横位置（正の値で下、負の値で上）
- 3つ目の長さはぼかし幅
- 4つ目の長さは影の広がり幅

また、長さの指定が4つに満たない場合は次のように処理されます。

	縦位置	横位置	ぼかし幅	広がり幅	例
長さの指定が2つの場合	1つ目の値	2つ目の値	0	0	「5px 8px #000」→ 「5px 8px 0 0 #000」
長さの指定が3つの場合	1つ目の値	2つ目の値	3つ目の値	0	「5px 8px 10px #000」→ 「5px 8px 10px 0 #000」
長さの指定が4つの場合	1つ目の値	2つ目の値	3つ目の値	4つ目の値	-

「inset」は指定しても指定しなくてもよく、指定していない場合は、ボックスの外側に影が広がります。影にはそのほかに横位置「5px」、縦位置「5px」、ぼかし幅「10px」、広がり幅「10px」、色「#F00」を指定しています。

CSS

```
.sample1{
  width:400px;
  height:200px;
  border:3px solid #333;
  -webkit-box-shadow:5px 5px 10px 10px #F00;
  -moz-box-shadow:5px 5px 10px 10px #F00;
  box-shadow:5px 5px 10px 10px #F00;
}
```

HTML

```
<div class="sample1"></div>
```

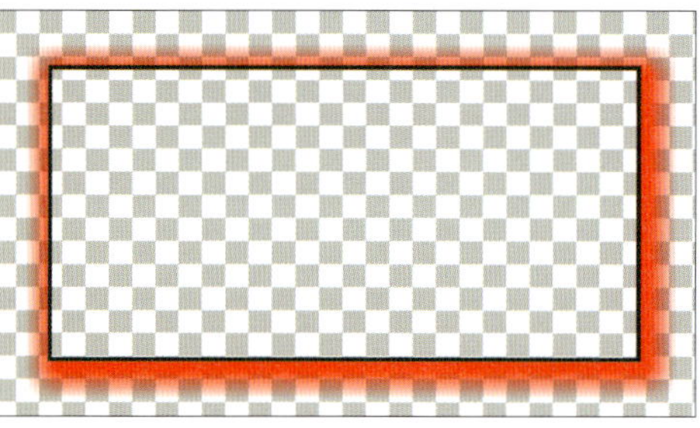

「inset」を指定した場合には、ボックスの内側に影が広がります。影にはそのほかに横位置「0」、縦位置「0」、ぼかし幅「30px」、広がり幅「10px」、色「rgba(40,120,212,0.8)」を指定しています。

CSS

```
.sample1{
  width:400px;
  height:200px;
  border:3px solid #333;
  -webkit-box-shadow:inset 0 0 30px 10px rgba(40, 120, 212, 0.8);
  -moz-box-shadow:inset 0 0 30px 10px rgba(40, 120, 212, 0.8);
  box-shadow:inset 0 0 30px 10px rgba(40, 120, 212, 0.8);
}
```

HTML

```
<div class="sample1"></div>
```

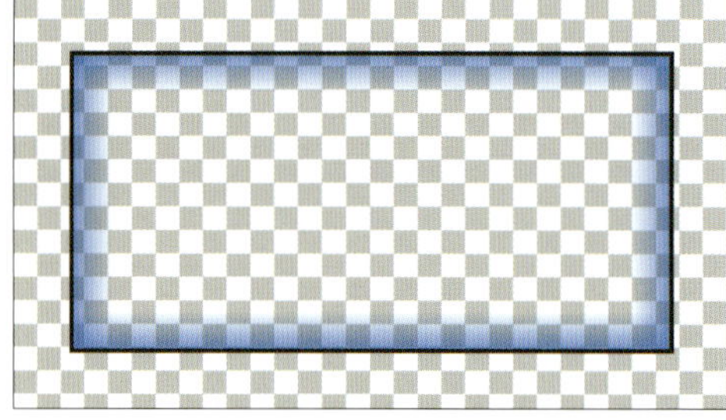

<shadow>は、「,」（カンマ）区切りにすることで複数指定することもできます。

CSS

```
.sample1{
  width:400px;
  height:200px;
  border:3px solid #333;
  -webkit-box-shadow:0     0   20px black,
                    20px  15px 30px yellow,
                   -20px  15px 30px lime,
                   -20px -15px 30px blue,
                    20px -15px 30px red;

  -moz-box-shadow:0     0   20px black,
                 20px  15px 30px yellow,
                -20px  15px 30px lime,
                -20px -15px 30px blue,
                 20px -15px 30px red;

  box-shadow:0     0   20px black,
            20px  15px 30px yellow,
           -20px  15px 30px lime,
           -20px -15px 30px blue,
            20px -15px 30px red;
}
```

HTML

```
<div class="sample1"></div>
```

その他の注意点として、box-shadowとborder-radiusを併用している場合には、角丸に応じて影の形も変化しますが、box-shadowとborder-imageを併用している場合には、枠線画像に応じた影は適用されません。

/w border-radius

/w border-image

Section 7 Multi-column Layout

段組とそれに関する設定

取り上げるプロパティ column-width, column-count, columns, column-gap, column-rule-color, column-rule-style, column-rule-width, column-rule, break-after, break-before, break-inside, column-span

該当spec **CSS Multi-column Layout Module**
http://www.w3.org/TR/css3-multicol/

Multi-columnに関するプロパティを利用すれば、テキストの段組を行うことができます。テキスト中に画像などが含まれている場合、それらも段組に合わせてレイアウトされます。Multi-columnに関するプロパティはさまざまあり、段組の数、段組の幅、段組間の幅やカラム境界の色など、細かに調整することができます。
ただし、2011年4月時点では先行実装を行っているブラウザが少なく、またそれらのブラウザでも部分的に不具合が存在しています。

たこ焼き

たこ焼きを買ったが、何個かたこが入っていない。たこ焼きを買ったが、何個かたこが入っていない。たこ焼きを買ったが、何個かたこが入っていない。たこ焼きを買ったが、何個かたこが入っていない。たこ焼きを買ったが、何個かたこが入っていない。たこ焼きを買ったが、何個かたこが入っていない。たこ焼きを買ったが、何個かたこが入っていない。たこ焼きを買ったが、何個かたこが入っていない。

たこ焼きを買ったが、何個かたこが入っていない。たこ焼きを買ったが、何個かたこが入っていない。たこ焼きを買ったが、何個かたこが入っていない。たこ焼きを買ったが、何個かたこが入っていない。たこ焼きを買ったが、何個かたこが入っていない。たこ焼きを買ったが、何個かたこが入っていない。たこ焼きを買ったが、何個かたこが入っていない。たこ焼きを買ったが、何個かたこが入っていない。たこ焼きを買ったが、何個かたこが入っていない。

たこ焼き

たこ焼きを買ったが、何個かたこが入っていない。たこ焼きを買ったが、何個かたこが入っていない。たこ焼きを買ったが、何個かたこが入っていない。たこ焼きを買ったが、何個かたこが入っていない。たこ焼きを買ったが、何個かたこが入っていない。たこ焼きを買ったが、何個かたこが入っていない。たこ焼きを買ったが、何個かたこが入っていない。たこ焼きを買ったが、何個かたこが入っていない。

たこ焼きを買ったが、何個かたこが入っていない。たこ焼きを買ったが、何個かたこが入っていない。たこ焼きを買ったが、何個かたこが入っていない。たこ焼きを買ったが、何個かたこが入っていない。たこ焼きを買ったが、何個かたこが入っていない。たこ焼きを買ったが、何個かたこが入っていない。たこ焼きを買ったが、何個かたこが入っていない。たこ焼きを買ったが、何個かたこが入っていない。たこ焼きを買ったが、何個かたこが入っていない。

column-width

基本的な記法

```
column-width: 200px:
```

カラムの幅

対応環境／ベンダープレフィックス

	-moz-	-webkit-	-webkit-	不要

column-widthプロパティを利用すると、その内容は自動で段組へと整形されます。値には長さを指定し、それによりカラムの幅が決定されます。カラムの数は自動で決定されます。

CSS

```
.sample1{
  -webkit-column-width: 200px;
  -moz-column-width: 200px;
  column-width: 200px;
}
```

HTML

```
<div class="sample1">たこ焼きを買ったが…
(略)</div>
```

200px	200px	200px
たこ焼きを買ったが、何個かたこが入っていない。たこ焼きを買ったが、何個かたこが入っていない。たこ焼きを買ったが、何個かたこが	入っていない。たこ焼きを買ったが、何個かたこが入っていない。たこ焼きを買ったが、何個かたこが入っていない。たこ焼きを買った	が、何個かたこが入っていない。たこ焼きを買ったが、何個かたこが入っていない。

段組の高さは、内容のテキストにより自動で調整されます。強制で改段組することもできます（後述）。また、column-widthプロパティとwidthプロパティに矛盾がある場合、widthプロパティが優先されてカラムの幅は調整されます。ただし、Webkitはバージョンによりこのとおりに動作しない不具合があるため注意が必要です。

CSS

```
.container{
  width:150px;
}
.sample1{
  -webkit-column-width: 200px;
  -moz-column-width: 200px;
  column-width: 200px;
}
```

HTML

```
<div class="container">
  <div class="sample1">たこ焼きを買ったが
… (略)</div>
</div>
```

200px(カラムに指定した幅)

150px(親枠の幅)

たこ焼きを買った
が、何個かたこが
入っていない。たこ
焼きを買ったが、何
個かたこが入ってい
ない。たこ焼きを
買ったが、何個かた
こが入っていない。
たこ焼きを買った
が、何個かたこが

column-count

基本的な記法

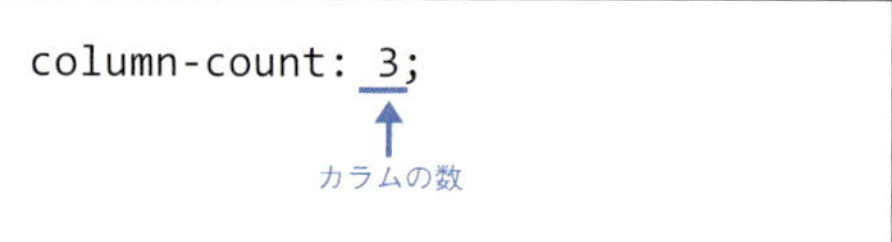

対応環境／ベンダープレフィックス

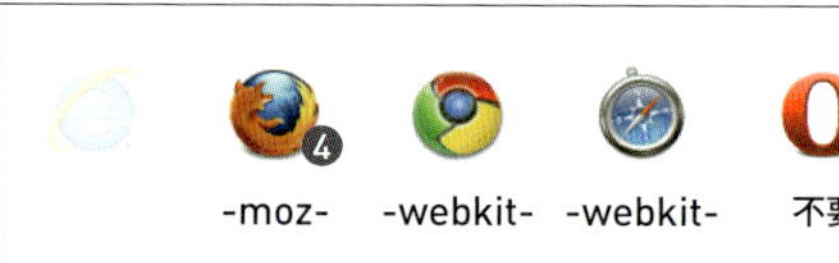

column-widthプロパティではなく、column-countプロパティを指定することでも段組を自動で形成することができます。column-countプロパティの値には、数値を指定します。それにより、カラムの数が決定されます。column-widthプロパティが指定されていない場合には、カラム幅も自動で決定されます。

CSS

```
.sample1{
  -webkit-column-count: 3;
  -moz-column-count: 3;
  column-count: 3;
}
```

HTML

```
<div class="sample1">たこ焼きを買ったが
…（略）</div>
```

3カラム

たこ焼きを買ったが、何個かたこが入っていない。たこ焼きを買ったが、何個かたこが入っていない。たこ焼きを買ったが、何個か | たこが入っていない。たこ焼きを買ったが、何個かたこが入っていない。たこ焼きを買ったが、何個かたこが入っていない。たこ焼き | を買ったが、何個かたこが入っていない。たこ焼きを買ったが、何個かたこが入っていない。

column-widthプロパティとcolumn-countプロパティが同時に適用されている場合には、ブラウザによって挙動が異なるため、注意が必要です。

CSS

```
.sample1{
  -webkit-column-width: 100px;
  -webkit-column-count: 3;

  -moz-column-width: 100px;
  -moz-column-count: 3;

  column-width: 100px;
  column-count: 3;
}
```

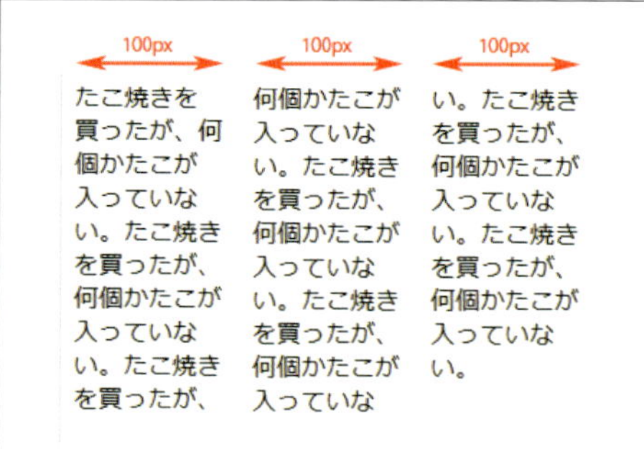

HTML

```
<div class="sample1">たこ焼きを買ったが…
（略）</div>
```

columns

基本的な記法

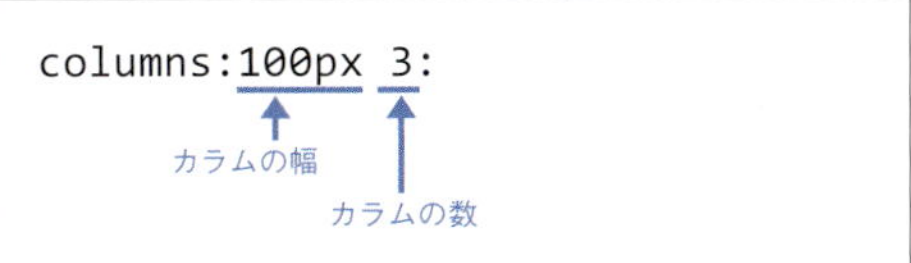

対応環境／ベンダープレフィックス

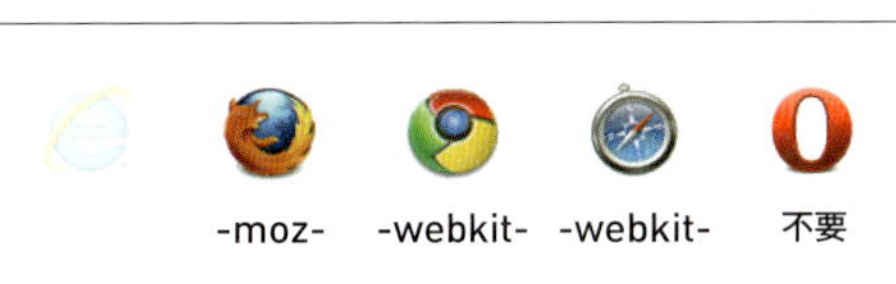

columnsプロパティを利用すると、column-widthとcolumn-countを同時に指定することができます。どちらかを省略することもできますが、省略した場合にはその値がautoとして解釈されます。プロパティはcolumn「s」ですので、末尾の「s」を忘れないように気をつけましょう。

CSS

```
.sample1{
  -webkit-columns:100px 3;
  columns:100px 3;
}
```

HTML

```
<div class="sample1">たこ焼きを買ったが…(略)</div>
```

たこ焼きを買ったが、何個かたこが入っていない。たこ焼きを買ったが、何個かたこが入っていない。たこ焼きを買ったが、何個かたこが入っていない。たこ焼きを買ったが、何個かたこが入っていない。たこ焼きを買ったが、何個かたこが入っていない。たこ焼きを買ったが、何個かたこが入っていない。たこ焼きを買ったが、何個かたこが入っていない。

column-gap

基本的な記法

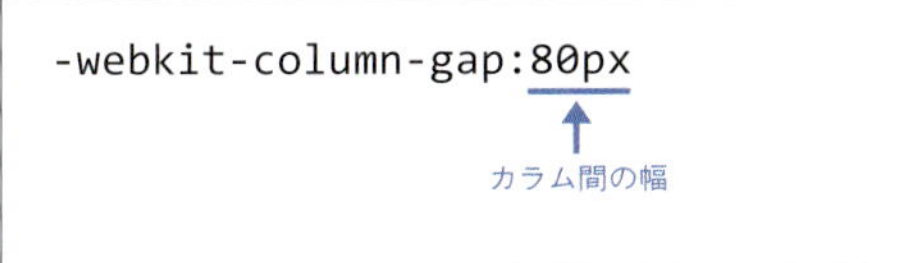

対応環境／ベンダープレフィックス

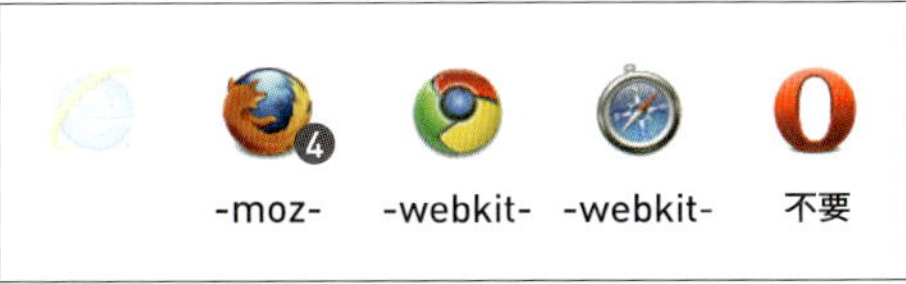

column-gapプロパティにより、カラム間の幅を決定することができます。column-gapプロパティの値には長さまたは「normal」を指定します。

CSS

```
.sample1{
  -webkit-column-width:200px;
  -webkit-column-gap:80px;

  -moz-column-width:200px;
  -moz-column-gap:80px;

  column-width:200px;
  column-gap:80px;
}
```

HTML

```
<div class="sample1">たこ焼きを買ったが…
(略)</div>
```

たこ焼きを買ったが、何個かたこが入っていない。たこ焼きを買ったが、何個かたこが入っていない。たこ焼きを買ったが、何個かたこが

80px

入っていない。たこ焼きを買ったが、何個かたこが入っていない。たこ焼きを買ったが、何個かたこが入っていない。たこ焼きを買った

80px

が、何個かたこが入っていない。たこ焼きを買ったが、何個かたこが入っていない。

なお、column-gapプロパティを指定されていない場合にはnormalとして解釈されます。

column-rule-color、column-rule-style、column-rule-width

基本的な記法

```
column-rule-color : #0066FF;
                    ↑境界線の色
column-rule-style : solid;
                    ↑境界線の線種
column-rule-width : 3px;
                    ↑境界線の幅
```

対応環境／ベンダープレフィックス

column-rule関連のプロパティを利用すると、カラム間に任意の色の境界線を引くことができます。column-ruleに関するプロパティにはcolumn-rule-color、column-rule-style、column-rule-widthの3種があります。

column-rule-colorプロパティは境界線の色を決定し、プロパティの値には、色を指定します。

column-rule-styleプロパティは境界線の線種を決定し、プロパティの値として適用できる内容は、border-styleと同じ値です。つまり、solidやdotted、dashed、doubleなどを指定することができます。

column-rule-widthプロパティは境界線の幅を決定し、値には長さを指定します。

なお、この境界線はcolumn-gapの中心に引かれます。

CSS

```
.sample1{
  -webkit-column-width:200px;
  -webkit-column-rule-color:#06F;
  -webkit-column-rule-style:solid;
  -webkit-column-rule-width:3px;

  -moz-column-width:200px;
  -moz-column-rule-color:#06F;
  -moz-column-rule-style:solid;
  -moz-column-rule-width:3px;

  column-width:200px;
  column-rule-color:#06F;
  column-rule-style:solid;
  column-rule-width:3px;
}
```

HTML

```
<div class="sample1">たこ焼きを買ったが…
(略)</div>
```

たこ焼きを買ったが、何個かたこが入っていない。たこ焼きを買ったが、何個かたこが入っていない。たこ焼きを買ったが、何個かたこが入っていない。たこ焼きを買ったが、何個かたこが入っていない。たこ焼きを買ったが、何個かたこが入っていない。たこ焼きを買ったが、何個かたこが入っていない。

column-rule

基本的な記法

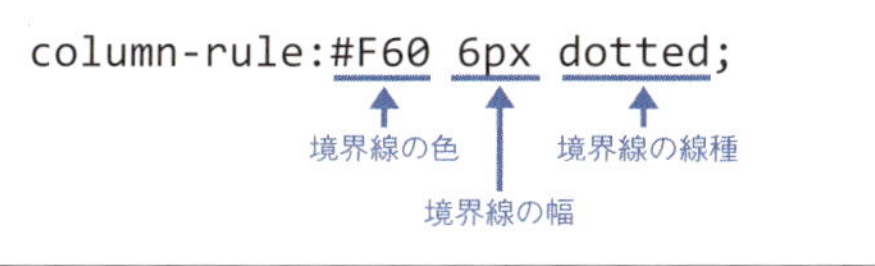

対応環境／ベンダープレフィックス

column-ruleプロパティを利用すると、column-rule-color、column-rule-style、column-rule-widthを一括で指定することができます。column-ruleプロパティの値には、半角スペース区切りで、各プロパティの値を指定します。指定方法はborderプロパティと同じなのでわかりやすいでしょう。

CSS

```
.sample1{
  -webkit-column-width:200px;
  -webkit-column-rule:#F60 6px dotted;

  -moz-column-width:200px;
  -moz-column-rule:#F60 6px dotted;

  column-width:200px;
  column-rule:#F60 6px dotted;
}
```

HTML

```
<div class="sample1">たこ焼きを買ったが…(略)</div>
```

たこ焼きを買ったが、何個かたこが入っていない。たこ焼きを買ったが、何個かたこが入っていない。たこ焼きを買ったが、何個かたこが入っていない。たこ焼きを買ったが、何個かたこが入っていない。たこ焼きを買ったが、何個かたこが入っていない。たこ焼きを買ったが、何個かたこが入っていない。たこ焼きを買ったが、何個かたこが入っていない。

Column breaks

基本的な記法

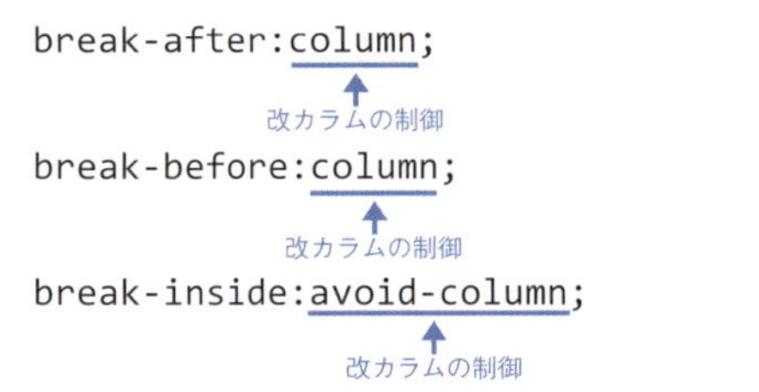

```
break-after:column;
break-before:column;
break-inside:avoid-column;
```


対応環境／ベンダープレフィックス

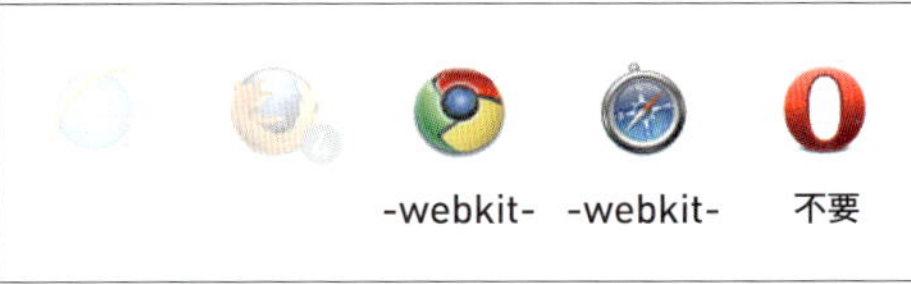

break-after、break-before、break-insideのいずれかを利用すると、強制的に改段組をすることができます。

値として指定できる内容は、改ページ制御（印刷メディア向け）と共通の内容です。そのため、値として段組制御には向かない内容も存在します。

プロパティ名	プロパティの意味	指定できる値
break-after	自分(要素)の後で改段組するかの指定	auto | always | avoid | left | right | page | column | avoid-page | avoid-column
break-before	自分(要素)の前で改段組するかの指定	auto | always | avoid | left | right | page | column | avoid-page | avoid-column
break-inside	自分(要素)の途中で改段組するかの指定	auto | avoid | avoid-page | avoid-column

指定できる値	意味
auto	自動調整
always	常に改ページする
avoid	改ページを避ける
left	主に印刷プロパティ向けでColumn breaksには不向き(左ページとして始まるように、改ページする)
right	主に印刷プロパティ向け。Column breaksには不向き(右ページとして始まるように改ページする)
page	主に印刷プロパティ向け。Column breaksには不向き(改ページする)
column	常に改段組する
avoid-page	主に印刷プロパティ向け。Column breaksには不向き(改ページを避ける)
avoid-column	改段組を避ける

例えば、要素前で改段組を行うbreak-beforeプロパティを利用すると次のようになります。Webkitではbreak-***系のプロパティを-webkit-column-break-***として実装しており、またバージョンにより意図しない表示となることがあるので注意が必要です。

CSS

```
.sample1{
  column-width:200px;
}
.sample1 h1{
  -webkit-column-break-before:always;
  break-before:column;
}
```

HTML

```
<div class="sample1">
  <h1>たこ焼き</h1>
  <p>たこ焼きを買ったが…（略）</p>
  <h1>カレー</h1>
  <p>カレーを注文したが…（略）</p>
</div>
```

たこ焼き

たこ焼きを買ったが、何個かたこが入っていない。たこ焼きを買ったが、何個かたこが入っていない。たこ焼きを買ったが、何個かたこが入っていない。たこ焼きを買ったが、何個かたこが入っていない。

カレー

カレーを注文したが、具が入っていない。カレーを注文したが、具が入っていない。カレーを注文したが、具が入っていない。カレーを注文したが、具が入っていない。カレーを注文したが、具が入っていない。カレーを注文したが、具が入っていない。

column-span

基本的な記法

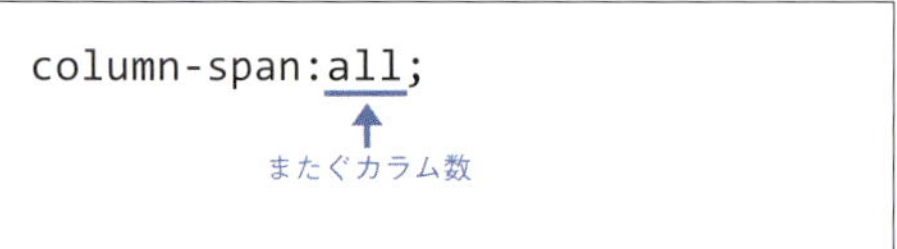

対応環境／ベンダープレフィックス

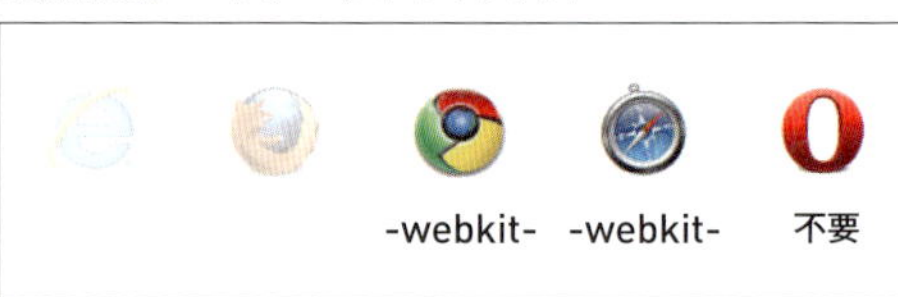

column-spanプロパティを利用すると、複数のカラムをまたぐブロックを形成することができます。column-spanプロパティの値には数値または「all」を指定することができます。数値が指定されている場合には、その数値分のカラムをまたぐブロックに、「all」が指定されている場合には、全カラムをまたぐブロックを形成することができます。

なお、Firefox4はcolumn-spanプロパティに対応していません。また、Chrome10では、column-spanプロパティの値はallのみしか対応していません。

CSS

```
.sample1{
  column-width:200px;
}
.sample1 h1{
  -webkit-column-span:all;
  column-span:all;
}
```

HTML

```
<div class="sample1">
  <h1>たこ焼き</h1>
  <p>たこ焼きを買ったが…（略）</p>
</div>
```

たこ焼き

たこ焼きを買ったが、何個かたこが入っていない。たこ焼きを買ったが、何個かたこが入っていない。たこ焼きを買ったが、何個かたこが入っていない。たこ焼きを買ったが、何個かたこが入っていない。たこ焼きを買ったが、何個かたこが入っていない。

柔軟に制御可能な横並び/縦並びレイアウト

取り上げるプロパティ・値	display:flexbox | inline-flexbox, flex-direction, flex-order, flex-pack, flex-align
該当spec	Flexible Box Layout Module http://www.w3.org/TR/css3-flexbox/

CSS3では、ブロックの横並び、縦並びレイアウトを細かく制御することができるフレキシブルボックスレイアウトという仕組みが登場する予定です。フレキシブルボックスレイアウトを利用すれば、これまでfloatプロパティにより実現していたようなレイアウトをより単純に行うことができます。また、その際、各要素の高さは、一番高い要素に合わせて自動で伸縮させる設定を行うこともできます。

なお、執筆時点ではフレキシブルボックスレイアウトの草案全体が不安定で、今後プロパティ名の変更や追加削除が起こる可能性があります。FirefoxとWebkitでは既に同等のプロパティ/値が先行実装されていますが、古い草案に沿っているため、執筆時点でのFlexible Box Layout Module の内容と一部が異なっています。

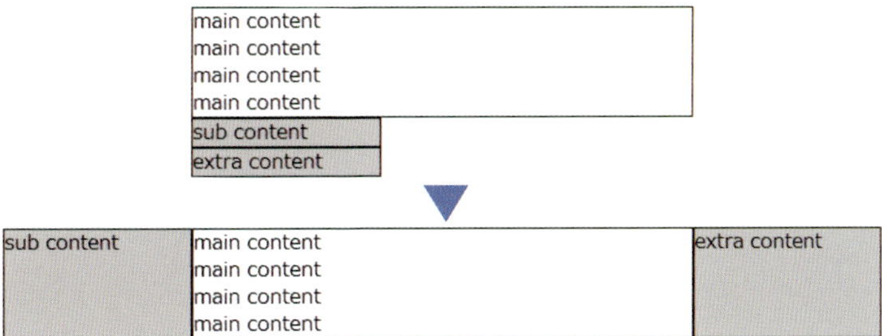

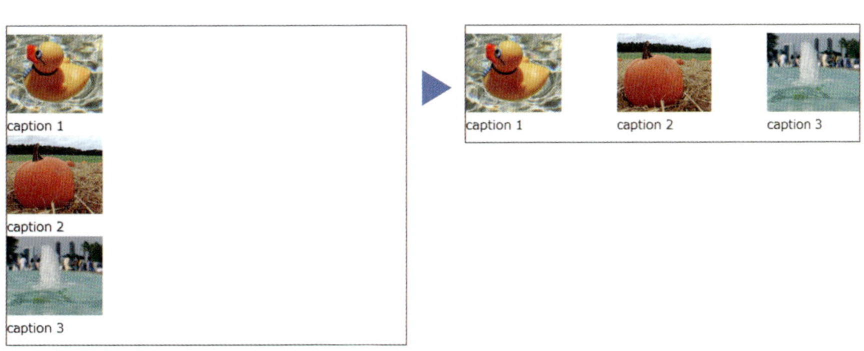

display:flexbox | inline-flexbox

基本的な記法

対応環境／ベンダープレフィックス

フレキシブルボックスレイアウトを利用するには、displayプロパティの値に、flexboxまたはinline-flexboxを適用します。コンテナとなる要素にこの内容を指定することで、その子要素はフレキシブルボックスレイアウトによってレイアウトされます。

なお、Firefox、Webkitは古い草案に沿ってflexboxを-moz-box、-webkit-boxとして実装しているため、注意が必要です。また、IE9では、ベータ版の段階で試験的に実装されていましたが、製品版では削除されているため対応していません。

CSS

```
.sample1{
  display:-webkit-box;
  display:-moz-box;
  display:flexbox;
  padding:10px;
  background:#999;
}
.sample1 div.inner{
  border:1px solid #000;
  width:198px;
  padding:10px;
}
.sample1 div.inner:nth-child(1){background:HotPink;}
.sample1 div.inner:nth-child(2){background:GreenYellow;}
.sample1 div.inner:nth-child(3){background:DeepSkyBlue;}
```

HTML

```
<div class="sample1">
  <div class="inner">div1</div>
  <div class="inner">div2<br />div2</div>
  <div class="inner">div3<br />div3<br />div3</div>
</div>
```

div1	div2 div2	div3 div3 div3

flex-direction

基本的な記法

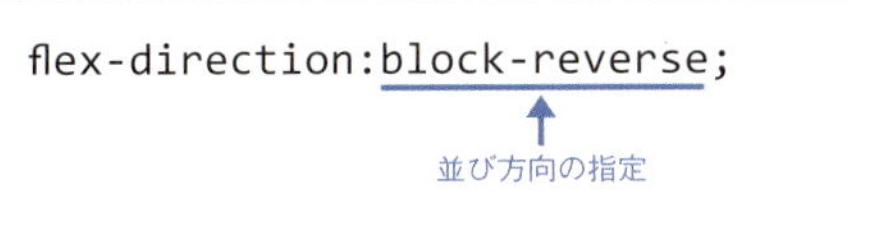

対応環境／ベンダープレフィックス

flex-directionプロパティを利用すると、フレキシブルボックスによりレイアウトされたボックスの並び方向を制御することができます。flex-directionプロパティの値には、いくつかの並び方向を指定することができます。通常のレイアウトを行う場合にはflex-directionプロパティをあまり利用しないすることはないでしょう。
なお、Firefox、Webkitはほぼ同等の内容を古い草案に沿ってflex-directionを-moz-box-direction、-webkit-box-directionとして実装しています。利用できる値も異なり、normalとreverseのみですので注意が必要です。

値	意味	値	意味
lr	左から右へ並ぶ	inline	通常の流れに沿って並ぶ
rl	右から左へ並ぶ	inline-reverse	通常の逆の流れに沿って並ぶ
tb	上から下へ並ぶ	block	通常の流れに沿って並ぶ
bt	下から上へ並ぶ	block-reverse	通常の逆の流れに沿って並ぶ

CSS

```
.sample1{
  display:-webkit-box;
  display:-moz-box;
  display:flexbox;
  -webkit-box-direction:reverse;
  -moz-box-direction:reverse;
  flex-direction:block-reverse;
  padding:10px;
  background:#999;
}
.sample1 div.inner{
  border:1px solid #000;
  width:198px;
  padding:10px;
}
.sample1 div.inner:nth-child(1){background:HotPink;}
.sample1 div.inner:nth-child(2){background:GreenYellow;}
.sample1 div.inner:nth-child(3){background:DeepSkyBlue;}
```

HTML

```
<div class="sample1">
  <div class="inner">div1</div>
  <div class="inner">div2<br />div2</div>
  <div class="inner">div3<br />div3<br />div3</div>
</div>
```

div3
div3
div3

div2
div2

div1

flex-order

基本的な記法

対応環境／ベンダープレフィックス

flex-orderプロパティを利用すると、フレキシブルボックスによりレイアウトされた各ブロックの並び順を制御することができます。flex-orderプロパティの値には数値を指定し、数値の低いボックスから順に並びます。レイアウトの並べ替えが容易なため、活躍するプロパティとなるでしょう。
Firefox、Webkitは古い草案に沿ってflex-orderを-moz-box-ordinal-group、-webkit-box-ordinal-groupとして実装しているため注意が必要です。
また、flex-orderの内容が不安定でプロパティ名がflex-indexに変更される可能性もあります（仕組みがz-indexに似ているため）。

CSS

```
.sample1{
  display:-webkit-box;
  display:-moz-box;
  display:flexbox;
  padding:10px;
  background:#999;
}
.sample1 div.inner{
  border:1px solid #000;
  width:198px;
  padding:10px;
}
.sample1 div.inner:nth-child(1){
  -webkit-box-ordinal-group:3;
  -moz-box-ordinal-group:3;
  flex-order:3;
```

```
  background:HotPink;
}
.sample1 div.inner:nth-child(2){
  -webkit-box-ordinal-group:1;
  -moz-box-ordinal-group:1;
  flex-order:1;
  background:GreenYellow;
}
.sample1 div.inner:nth-child(3){
  -webkit-box-ordinal-group:2;
  -moz-box-ordinal-group:2;
  flex-order:2;
  background:DeepSkyBlue;
}
```


HTML

```
<div class="sample1">
  <div class="inner">div1</div>
  <div class="inner">div2<br />div2</div>
  <div class="inner">div3<br />div3<br />div3</div>
</div>
```

div2
div2
div3
div3
div3
div1

flex-pack

基本的な記法

対応環境／ベンダープレフィックス

flex-packプロパティを利用すると、フレキシブルボックスによりレイアウトされた各ブロックの横揃えを制御することができます。flex-packプロパティの値には4種類のキーワードのうちのいずれかを指定します。
Firefox、Webkitは古い草案に沿ってflex-packを-moz-box-pack、-webkit-box-packとして実装しているため注意が必要です。

値	意味
start	レイアウトの開始方向（通常では左）の端に揃えて並びがスタートする
end	レイアウトの終了方向（通常なら右）の端に揃えて並びがスタートする
center	センタリングされる
justify	均等割付される

CSS

```
.sample1{
  display:-webkit-box;
  display:-moz-box;
  display:flexbox;
  -webkit-box-pack:justify;
  -moz-box-pack:justify;
  flex-pack:justify;
  padding:10px;
  background:#999;
}
.sample1 div.inner{
  border:1px solid #000;
  width:198px;
  padding:10px;
}
.sample1 div.inner:nth-child(1){background:HotPink;}
.sample1 div.inner:nth-child(2){background:GreenYellow;}
.sample1 div.inner:nth-child(3){background:DeepSkyBlue;}
```

HTML

```
<div class="sample1">
  <div class="inner">div1</div>
  <div class="inner">div2<br />div2</div>
  <div class="inner">div3<br />div3<br>div3</div>
</div>
```

flex-align

基本的な記法

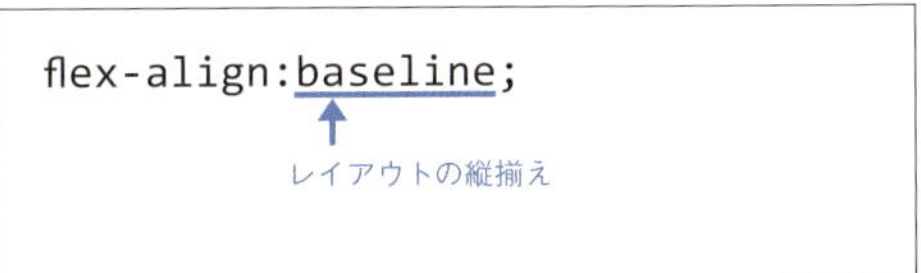

対応環境／ベンダープレフィックス

flex-alignプロパティを利用すると、フレキシブルボックスによりレイアウトされた各ブロックの高さの自動伸縮を制御することができます。flex-alignプロパティの値には、auto、baselineの2種類が適用できます。autoが指定された場合は高さが自動で伸び、baselineが指定された場合には高さが調整されずスペースが残ります。

Firefox、Webkitは古い草案に沿ってflex-alignを-moz-box-align、-webkit-box-alignとして実装しているため注意が必要です。

CSS

```
.sample1{
  display:-webkit-box;
  display:-moz-box;
  display:flexbox;
  -webkit-box-align:baseline;
  -moz-box-align:baseline;
  flex-align:baseline;
  padding:10px;
  background:#999;
}
.sample1 div.inner{
  border:1px solid #000;
  width:198px;
  padding:10px;
}
.sample1 div.inner:nth-child(1){background:HotPink;}
.sample1 div.inner:nth-child(2){background:GreenYellow;}
.sample1 div.inner:nth-child(3){background:DeepSkyBlue;}
```

HTML

```
<div class="sample1">
  <div class="inner">div1</div>
  <div class="inner">div2<br />div2</div>
  <div class="inner">div3<br />div3<br />div3</div>
</div>
```

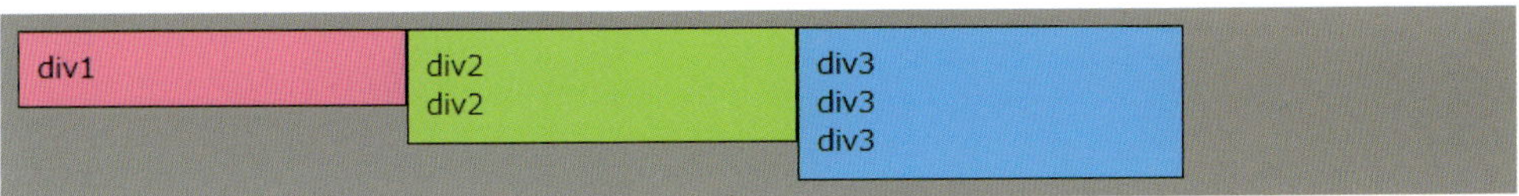

Section 9 Basic User Interface

ユーザーの動作や入力に関して スタイルを適用

取り上げるセレクタなど :default,:valid,:invalid,:in-range,:out-of-range,:required,:optional,:read-only,:read-write,::selection,appearance,box-sizing,outline-offset,resize

該当spec CSS3 Basic User Interface Module
http://www.w3.org/TR/css3-ui/

CSSではユーザーの動作や入力に関してもスタイルを適用することができます。例えば、マウスオーバーなどがされたことを示す:hover擬似クラスや、マウスダウン中などを示す:activeなどがこれまでのCSSに存在していました。特にXFormsやHTML5でさまざまなフォームパーツが存在することもあり、それに伴いCSS3ではたくさんの機能が追加される予定です。

ユーザーインターフェイスセレクタ

基本的な記法

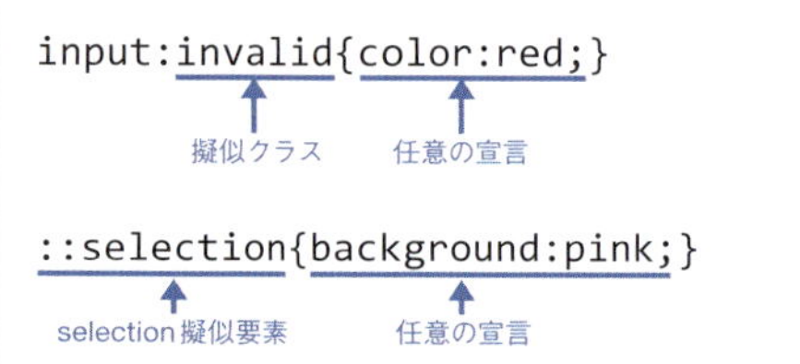

対応環境／ベンダープレフィックス

「Selectors Level 3」モジュールとは別に、「CSS3 Basic User Interface」モジュールでもいくつかの擬似クラス、擬似要素が定義されており、Webkit系ブラウザ、Firefox、Operaが一部に対応しています。ユーザーインターフェイスセレクタとして定義されているのは右表のとおりです。なお、擬似クラス、擬似要素によって対応状況が異なります。

擬似クラス/擬似要素	意味
:default	選択肢があるうちの初期値の項目
:valid	値が妥当な項目
:invalid	値が妥当でない項目
:in-range	値が範囲内の項目
:out-of-range	値が範囲外の項目
:required	入力必須の項目
:optional	入力必須でない項目
:read-only	編集不可能な項目
:read-write	編集可能な項目
::selection	選択中の領域

● :default

:defaultは、例えば、select要素の項目のうち、selected属性がついた初期選択項目が該当します。

CSS

```
option:default{
  color:red; border:1px solid red;
}
```

HTML

```
<select>
  <option>項目1</option>
  <option>項目2</option>
  <option selected>初期値</option>
  <option>項目4</option>
</select>
```

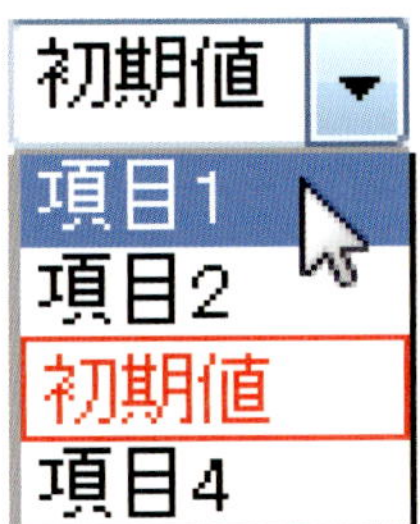

● :valid

:validは、例えば、<input type="email" /> で、入力値がEmailアドレスの形式になっている状態が該当します。

CSS

```
option:default{
  color:red; border:1px solid red;
}
```

HTML

```
<input type="email" />
```

name@example.com  invalid mail format

● :invalid

:invalidは:validの逆の意味で、例えば、<input type="email" />で、入力値がEmailアドレスの形式になっていない状態が該当します。

CSS

```
input:invalid {
  color:red;
  border:1px
  solid red;
}
```

HTML

```
<input type="email" />
```

name@example.com  invalid mail format

● :in-range

:in-rangeは、例えば、<input type="number" max="100" />で、入力値が100以内である状態が該当します。

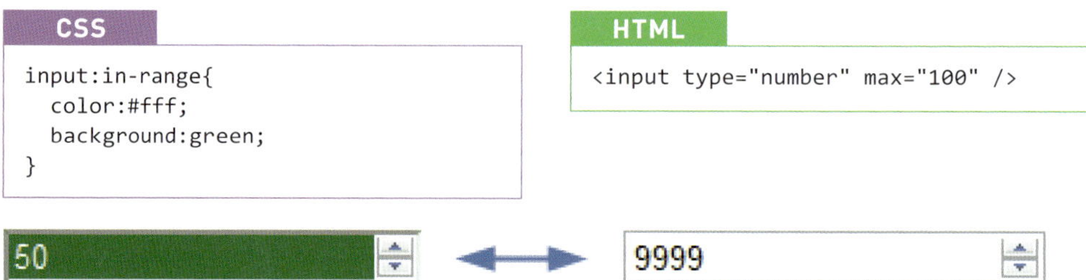

CSS

```
input:in-range{
  color:#fff;
  background:green;
}
```

HTML

```
<input type="number" max="100" />
```


● :out-of-range

:out-of-rangeは:in-rangeの逆の意味で、<input type="number" max="100" />で、入力値が100を超えた状態が該当します。

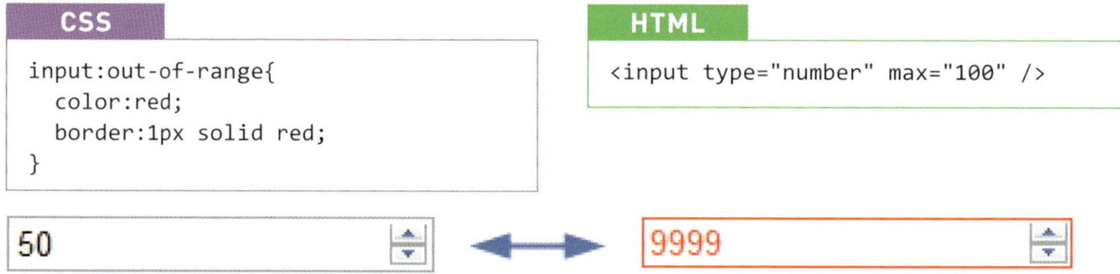

CSS

```
input:out-of-range{
  color:red;
  border:1px solid red;
}
```

HTML

```
<input type="number" max="100" />
```


● :required

:requiredは、例えば、<input type="text" required /> のように、required属性が設定された項目が該当します。

CSS

```
input:required{
  color:red;
  border:1px solid red;
}
```

HTML

```
<input type="text" required />
```

required

● :optional

:optionalは:requiredの逆の意味で、例えば、<input type="text" /> のように、required属性が設定されていない項目が該当します。

CSS

```
input:optional{
  color:#fff;
    background:green;
}
```

HTML

```
<input type="text" />
```

optional

● :read-only

:read-onlyは、例えば、<input type="text" readonly="readonly" /> のように、readonly属性が設定された項目が該当します。

CSS

```
input:read-only{
  color:red;
  border:1px
  solid red;
}
```

HTML

```
<input type="text" value="value"
 readonly="readonly" />
```

value

● :read-write

:read-writeは:read-onlyの逆の意味で、例えば、<input type="text" /> のように、readonly属性が設定されていない項目が該当します。

CSS

```
input:read-write{
  color:#fff;
  background:green;
}
```

HTML

```
<input type="text" value="value" />
```

value

➔ 擬似要素

擬似クラスだけでなく、擬似要素も追加されます。ただし、HTMLで利用できるであろう擬似要素は::selection擬似要素程度です。::selection擬似要素は、選択中の領域が該当します。::selectionについては本書で扱うすべてのブラウザで対応しています。

CSS

```
::-moz-selection{
  color:#FFC;
  background:#F90;
}
::selection{
  color:#FFC;
  background:#F90;
}
```

HTML

```
<div>Cascading Style Sheets (CSS) is
a simple mechanism for adding style
(e.g., fonts, colors, spacing) to
Web documents.</div>
```

Cascading Style Sheets (CSS) is a simple mechanism for adding style (e.g., fonts, colors, spacing) to Web documents.

なお、CSSのセレクタは「,」で区切ることで、同じ宣言を共有することができます。しかし、::-moz-selectionのように特定の環境でしか利用できないセレクタは「,」で区切ってまとめてはいけません。例えば[::selection, ::-moz-selection{ color:red;}]のようにしてしまうと、どのブラウザも理解できないセレクタとしてすべてが無視されてしまいます。ベンダープレフィックス付きあるいは、独自実装のセレクタについては、面倒でも前述のコード例のように、個別に記述しなくてはなりません。

System Appearance（appearanceプロパティ）

基本的な記法

対応環境／ベンダープレフィックス

appearanceプロパティは、システムが持つインターフェイスを要素に対して適用することができるプロパティです。値には、キーワードでインターフェイスの種類を指定します。FirefoxやChromeでの実装は一部進んでいるものの、ウェブブラウザから利用できるインターフェイスについては限られてしまうでしょう（CSSはHTMLだけが利用する仕組みではないため）。

normalと27種類の値がありますが、

- Firefox4はこの内tooltip、button、checkbox、tabの4つに対応
- Chrome10、Safari5はbutton、push-button、checkboxの3つに対応しています。

実際に利用するには次のようなコードを記述し、これによりdiv要素の見た目は、ボタンやチェックボックスとなります。

値	意味
normal	特に何もしない
icon	アイコン
window	ウインドウ
desktop	デスクトップ
workspace	アプリケーションで使われるウインドウ
document	ファイルシステムで使われるウインドウ
tooltip	ヘルプで使われるウインドウ
dialog	通知やアラートで使われるウインドウ
button	ボタン
push-button	ボタン
hyperlink	リンク
radio-button	ラジオボタン
checkbox	チェックボックス
menu-item	階層構造を持つ選択型メニュー
tab	タブ
menu	メニュー
menubar	メニューのメニュー/メニューバー
pull-down-menu	プルダウン型のメニュー
pop-up-menu	ポップアップ型のメニュー
list-menu	選択肢のリスト
radio-group	ラジオボタンのグループ
checkbox-group	チェックボックスのグループ
outline-tree	開閉できる木構造のメニュー
range	スライダー型、またはダイアル型のコントロール
field	入力フィールド
combo-box	入力候補選択可能フィールド
signature	署名入力フィールド
password	パスワード入力フィールド

CSS

```
.sample1{
  width:300px;
  height:20px;
  -webkit-appearance:button;
  -moz-appearance:button;
  appearance:button;
}
.sample2{
  width:300px;
  height:20px;
  -webkit-appearance:checkbox;
  -moz-appearance:checkbox;
  appearance:checkbox;
}
```

HTML

```
<div class="sample1"></div>
<div class="sample2"></div>
```

button

checkbox

なお、Chrome、Safariでは、-webkit-appearanceプロパティの値として、独自に次をサポートしています。

・none
・default-button
・listbox
・menulist
・menulist-button
・searchfield-results-decoration
・slider-horizontal
・sliderthumb-vertical
・square-button
・textarea

さらにSafariに限れば次の値もサポートしています。

・media-fullscreen-button
・media-mute-button
・media-play-button
・media-seek-back-button
・media-seek-forward-button

media-fullscreen-button

media-mute-button

media-play-button

media-seek-back-button

media-seek-forward-button

Box Model addition（box-sizingプロパティ）

基本的な記法

```
box-sizing: content-box;
```

↑ ボックスサイズ算出方法

対応環境／ベンダープレフィックス

box-sizingプロパティを利用すると、width/heightプロパティ、paddingプロパティ、borderプロパティによる、ボックスの大きさ算出方法を変更することができます。
Internet Explorerは8以降がbox-sizingプロパティに対応しています。
値には2種類のキーワードのいずれかを指定します。それぞれの値は次のとおりです。

値	意味
content-box	CSS2.1で規定された通常のボックスサイズの算出に準じてボックスの大きさが算出される。ボックスの大きさは、width/heightとpaddingとborderの各幅の合計となる
border-box	width/height（mix/man-widthおよびmin/max-height含む）により指定された大きさがボックスのサイズとなり、paddingやborderの幅は、それらの大きさに取り込まれる

例えば、実際にこれらの値を指定すると次のように描画されます。

● content-box

content-boxを指定した場合には以下のように表示されます。

CSS

```
.sample1{
  -webkit-box-sizing: content-box;
  -moz-box-sizing: content-box;
  box-sizing: content-box;
  width:300px;
  height:300px;
  padding:30px;
  border:20px solid #000;
}
```

HTML

```
<div class="sample1">
This Working Draft...（略）</div>
```

This Working Draft extends them to provide the ability, through CSS, to style elements based upon additional user interface states, to style fragments of user interface elements, and to alter the dynamic presentation of elements in ways previously only available through specific HTML4/XHTML1 elements and attributes.

300px

● border-box

一方、border-boxを指定した場合には以下のように表示されます。

CSS

```
.sample1{
  -webkit-box-sizing: border-box;
  -moz-box-sizing: border-box;
  box-sizing: border-box;
  width:300px;
  height:300px;
  padding:30px;
  border:20px solid #000;
}
```

HTML

```
<div class="sample1">
This Working Draft...</div>
```

300px

This Working Draft extends them to provide the ability, through CSS, to style elements based upon ad... interface states, to style fragments of user interface elements, and to alter the dynamic presentation of elements in ways previously only available through specific HTML4/XHTML1 elements and attributes.

outline-offset

基本的な記法

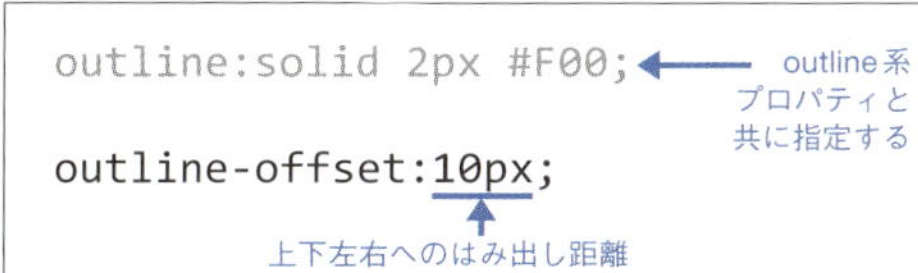

対応環境／ベンダープレフィックス

outline関連のプロパティはボックス輪郭線の描画に関するプロパティです。CSS2.1までoutline関連のプロパティには、色を指定するoutline-colorプロパティ、線種を指定するoutline-styleプロパティ、幅を指定するoutline-widthプロパティと一括指定のoutlineプロパティがありました。
CSS3ではこれらにはみ出し距離を設定するためのoutline-offsetプロパティが加わります。outline-offsetプロパティは、outlineプロパティにより指定された輪郭線のはみ出し距離を指定し、これによりoutlineは本来のボックスの大きさからはみ出して表示することができます。outline-offsetプロパティの値には長さを指定することができ、その値に応じて輪郭線はボーダーの縁からの外側へはみ出します。アウトラインはレイアウトに影響しないため、はみ出したからといってレイアウトが崩れてしまうことはありません。

例えば、輪郭線を本来よりも10px外側にはみ出したいのであれば次のように記述します。outline-offsetプロパティの設定前と後では、次の図のような差があります。

CSS

```
.sample1 {
  outline:solid 2px #F00;
  outline-offset:10px;
}
```

HTML

```
<div>周辺のテキスト/レイアウト</div>
<div class="sample1">outline offset
</div>
<div>周辺のテキスト/レイアウト</div>
```

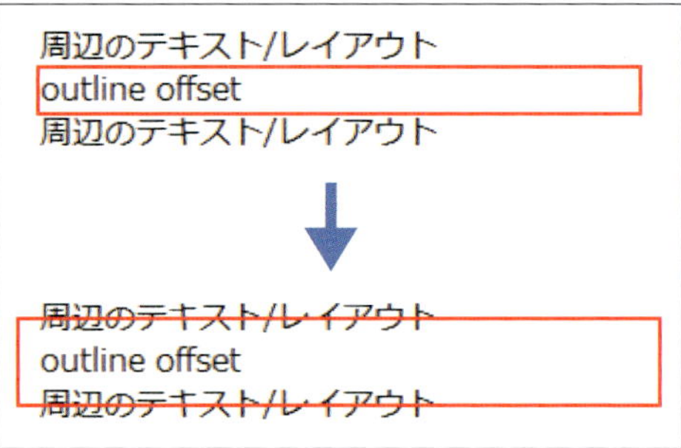

resize

基本的な記法

対応環境／ベンダープレフィックス

値	意味
none	リサイズ不可
both	下方向、右方向にリサイズ可能
horizontal	右方向にのみリサイズ可能
vertical	縦方向にのみリサイズ可能となり、ボックスの高さを変更できる

resizeプロパティはユーザーがボックスをリサイズ可能な状態にするためのプロパティです。値には4種類のキーワードのいずれか一つを指定することができ、それぞれは次のような意味を持ちます。

例えば、resizeプロパティの値にverticalを指定した場合には以下のよう表示、動作します。resizeプロパティを有効にするにはoverflowとともに指定する必要があるので注意してください。

CSS

```
.sample1{
  overflow:auto;
  resize:vertical;
  width:300px;
  height:300px;
  border:3px solid #000;
}
```

HTML

```
<div class="sample1">resizable
 box!</div>
```

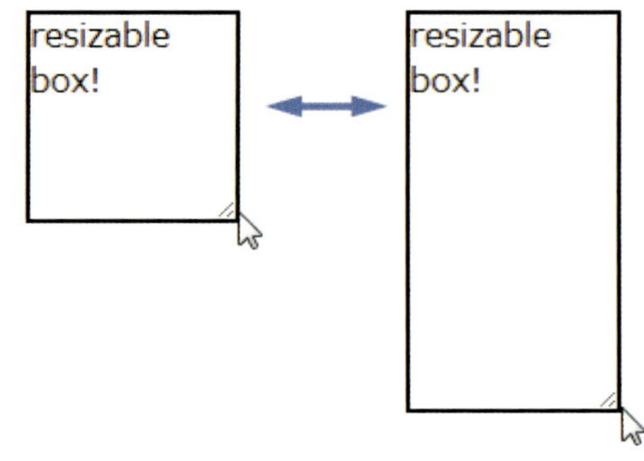

Section 10 Image Values

Gradients
CSSでグラデーションを生成する

取り上げる関数	Linear Gradients, Radial Gradients, Repeating Gradients
該当spec	**CSS Image Values and Replaced Content Module Level 3** http://www.w3.org/TR/css3-images/

これまで、CSSから画像を参照するには、「url(img.png)」などのように外部の画像を参照してきました。CSS3ではこの他にCSSにより生成したグラデーションや、Webページに表示された要素のコピーなどを画像として利用できるようになります。

本書執筆現在では、グラデーション生成がFirefox、Safari、Chromeでサポートされています。Operaでは直線型のグラデーションのみ対応しています。その他の画像生成についての各ブラウザ実装度合いは低いため割愛し、このSectionでは画像生成の中でも特に4種類のグラデーション関数について解説します。

headding

▼

headding

button ▶ button

Linear Gradients

基本的な記法

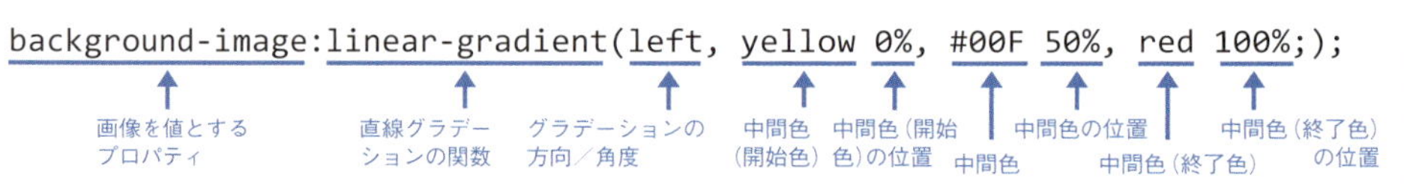

対応環境／ベンダープレフィックス

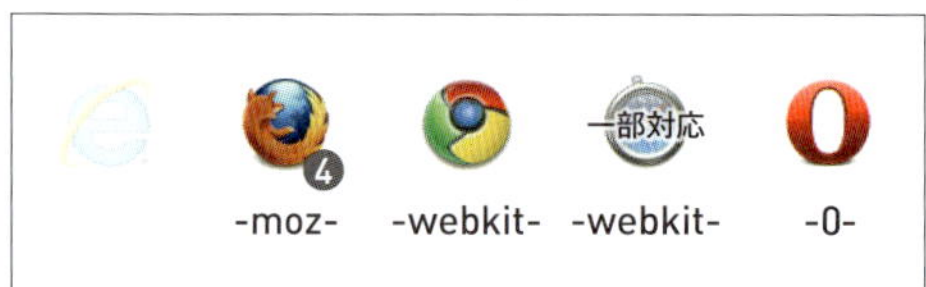

linear-gradient()関数を利用すると直線型のグラデーションを生成することができます。linear-gradient()関数によって生成した画像は「url(img.png)」などと同じく、background-imageプロパティなどの値として利用することができます。
linear-gradient()関数は［縦方向、横方向、角度］により“グラデーションの方向線”を指定し、さらに［いくつかの色］を指定することで、“グラデーションの方向線”に沿って、指定した色が滑らかなグラデーションを生成します。

“グラデーションの方向線”を用意するには、linear-gradient()関数の()の中に引数として［縦指定（topまたはbottom）］または、［横指定（leftまたはright）］または、［角度］を指定します。
これにより、縦指定すれば縦方向のグラデーションを、横指定すれば横方向のグラデーションを、角度指定すれば斜め方向のグラデーションを、利用する準備が整います。例えばtopを指定すれば、上から始まる縦方向のグラデーションとなります。

次に、［色］と［色の位置］を指定します。2色のグラデーションの場合は、開始色、終了色のみを指定すればいいので、「左から始まる赤から青の横方向のグラデーション」を生成するには次のようになります。なお、Safari5やiOSのSafariでは、構文が異なっていますが、今後登場するSafariでは、構文が揃うことになっています。このSectionでは、Webkit新旧両方の構文も併せて紹介します。

CSS

```
.sample1{
  height:200px;
  background-image:-webkit-linear-gradient(left, red, blue); /*新しいWebkit用*/
  background-image:-moz-linear-gradient(left, red, blue);
  background-image:-o-linear-gradient(left, red, blue);
  background-image:linear-gradient(left, red, blue);
}
```

HTML

```
<div class="sample1"></div>
```

上記では、Safari5では表示できません。Safari5で表示させるためのWebkit独自実装コードは、以下のようになります。

CSS
```
-webkit-gradient(linear, 開始位置, 終了位置, from(開始色), to(終了色));
```

これは古い仕様に沿った構文のため、追記する箇所は、独自実装コード群の先頭にしておくといいでしょう（追記箇所を誤ると同じくWebkitであるChromeでも利用されてしまいます）。

CSS
```
.sample1{
  height:200px;
  background-image:-webkit-gradient(linear, left top, right top, from(red),
    to(blue)); /*古いWebkit用*/
  background-image:-webkit-linear-gradient(left, red, blue); /*新しいWebkit用*/
  background-image:-moz-linear-gradient(left, red, blue);
  background-image:-o-linear-gradient(left, red, blue);
  background-image:linear-gradient(left, red, blue);
}
```

HTML
```
<div class="sample1"></div>
```

●角度の指定

任意の角度にしたい場合には、“グラデーションの方向線”指定に対して、角度を指定します。例えば、45度とするなら次のように記述します。

CSS
```
.sample1{
  height:200px;
  background-image:-webkit-linear-gradient(45deg, #F00, #00F); /*新しいWebkit用*/
  background-image:-moz-linear-gradient(45deg, #F00, #00F);
  background-image:-o-linear-gradient(45deg, #F00, #00F);
  background-image:linear-gradient(45deg, #F00, #00F);
}
```

HTML

```
<div class="sample1"></div>
```

上記では、Safari5では表示できないため、Safari5で表示させるには独自実装コードも追加する必要があります。しかし、Webkit独自実装用のコードは角度の指定ができないため、開始位置、終了位置を上手く設定し、角度を算出させなくてはなりません。また、開始位置と終了位置を指定しても、ボックスの大きさによって角度が変わってしまうため、現状のSafari5で斜めグラデーションを表現するのは難しいでしょう。
もしSafari5でも斜めのグラデーションを表示するのであれば、次のように、左下から右上へと斜めになるように開始位置、終了位置を指定します。

CSS

```
background-image:-webkit-gradient(linear, left bottom, right top, from(red),
  to(blue)); /*古いWebkit用*/
```

● 複数色のグラデーション

複数色のグラデーションを作成する場合には、[中間色]と[中間色の位置]を追加します。例えば「白、30%の位置で赤、60%の位置で青、濃いピンク」とするなら以下のように記述します。

CSS

```
.sample1{
  height:200px;
  background-image:-webkit-linear-gradient(top, white, red 30%, blue 60%,
    deeppink); /*新しいWebkit用*/
  background-image:-moz-linear-gradient(top, white, red 30%, blue 60%, deeppink);
  background-image:-o-linear-gradient(top, white, red 30%, blue 60%, deeppink);
  background-image:linear-gradient(top, white, red 30%, blue 60%, deeppink);
}
```

HTML

```
<div class="sample1"></div>
```

上記では、Safari5では表示できないため、Safari5で表示させるには独自実装コードも追加する必要があります。その場合には、中間色を次のように記述し、追記します。

CSS
```
background-image:-webkit-gradient(linear, left top, right top, from(red),
  color-stop(0.3, red), color-stop(0.6, blue), to(deeppink)); /*古いWebkit用*/
```

複数色のグラデーションを作成する場合には、[中間色の位置]は省略することもでき、その場合は中間色の位置が自動で決定されます。

CSS
```
.sample1{
  height:200px;
  background-image:-webkit-linear-gradient(top, white, red, blue, deeppink);
    /*新しいWebkit用*/
  background-image:-moz-linear-gradient(top, white, red, blue, deeppink);
  background-image:-o-linear-gradient(top, white, red, blue, deeppink);
  background-image:linear-gradient(top, white, red, blue, deeppink);
}
```

HTML
```
<div class="sample1"></div>
```

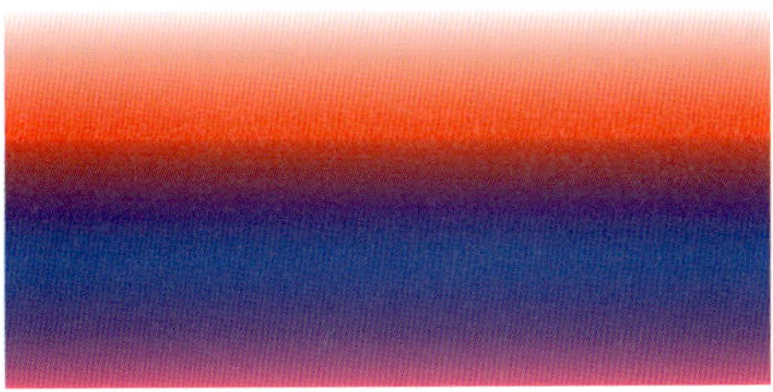

前記では、Safari5では表示できないため、Safari5で表示させるには独自実装コードも追加する必要があります。しかし、この独自実装では中間色の位置を省略することができないため、すべての中間色の位置を明示しておく必要があります。

CSS
```
background-image:-webkit-gradient(linear, left top, right top, from(white),
  color-stop(0.33, red), color-stop(0.66, blue), to(deeppink)); /*古いWebkit用*/
```

Radial Gradients

基本的な記法

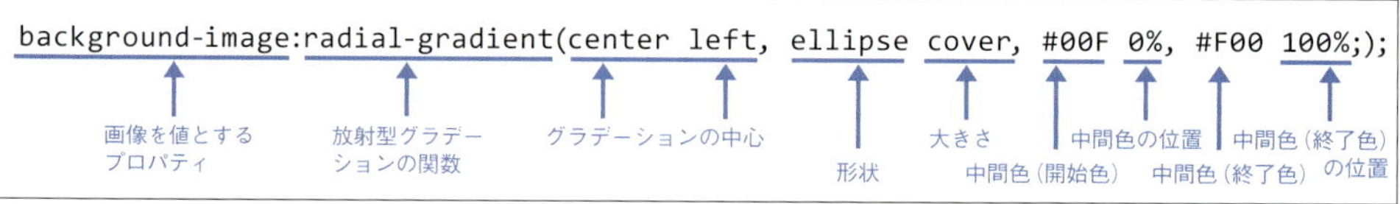

対応環境／ベンダープレフィックス

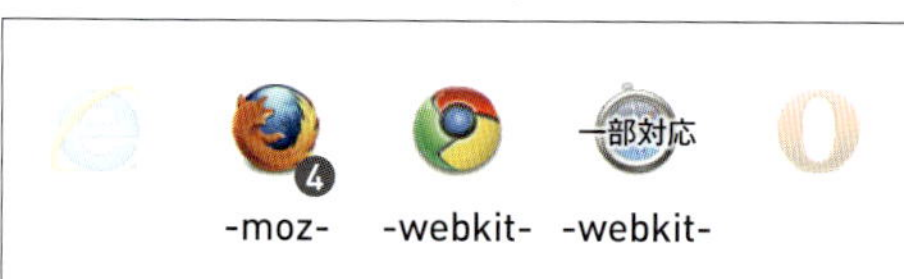

radial-gradient()関数を利用すると放射型（円形）のグラデーションを生成することができます。radial-gradient()関数は［中心］と［形状］を決め、さらに［いくつかの色］を指定することで中心から外側へと放射状に滑らかなグラデーションが生成します。

［中心］を決めるには、background-positionプロパティと同じ要領で座標を指定します。省略した場合には、ボックスの中心として扱われます。

キーワード	意味
closest-side	中心から一番近くの辺までの距離
closest-corner	中心から一番近くの角までの距離
farthest-side	中心から一番遠い辺までの距離
farthest-corner	中心から一番遠い角までの距離
contain	全体が収まる大きさ
cover	全体を収める大きさ

［形状］を決めるには、2つのキーワードcircleまたはellipseのいずれかを指定します。前者は正円、後者は楕円となります。合わせて大きさも指定します。大きさには、例えば楕円なら「50px 100px」のように縦横の半径を指定してもいいですし、用意されたキーワードを指定することもできます（上表）。

［色］と［色の位置］の指定方法はlinear-gradient()関数と同様です。
例えば、中心から楕円状に外側に向けて色を変化させたいのであれば、中心を50% 50%、形状をellipse、とします。大きさはcoverなどを指定します。さらに加えて開始色、終了色を指定します

CSS

```
sample1{
  height:200px;
  background-image:-webkit-radial-gradient(50% 50%, ellipse contain, yellow,
    green); /*新しいWebkit用*/
  background-image:-moz-radial-gradient(50% 50%, ellipse contain, yellow, green);
  background-image:radial-gradient(50% 50%, ellipse contain, yellow, green);
}
```

HTML

```
<div class="sample1"></div>
```

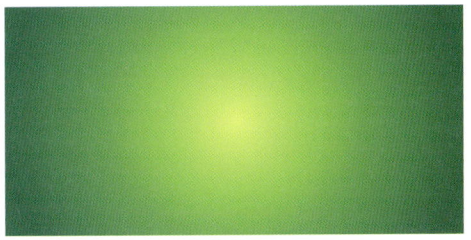

前記では、Safari5では表示できないため、Safari5で表示させるには独自実装コードも追加する必要があります。ただし、この独自実装では楕円の放射を表現することができず、正円状の放射のみしかサポートされていません。

CSS

```
-webkit-gradient(radial, 中心位置,中心の半径, 終了位置の中心, 終了位置の半径, from(開始色),
  to(終了色)); /*古いWebkit用*/
```

上記の理由もあり、Safari5で表示させるには、独自実装コードを追記したとしても、ある程度似たことはできますが見え方は異なってしまいます。

CSS

```
.sample1{
  height:200px;
  background-image:-webkit-gradient(radial, center center, 0, center center,
    100, from(yellow), to(green)); /*古いWebkit用*/
  background-image:-webkit-radial-gradient(50% 50%, ellipse contain, yellow,
    green); /*新しいWebkit用*/
  background-image:-moz-radial-gradient(50% 50%, ellipse contain, yellow, green);
  background-image:radial-gradient(50% 50%, ellipse contain, yellow, green);
}
```

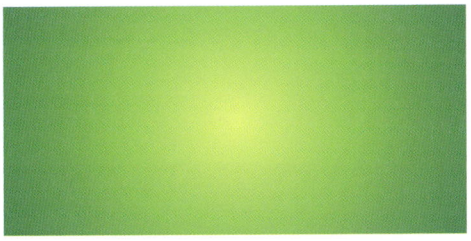

このように、古いWebkit用のグラデーション関数については、かなり初期の段階で実装されたこともあり、構文や実現できる内容が大きく異なるという問題があります。そのため、このSectionで紹介する以降、放射型グラデーションについては古いWebkit用の放射型グラデーションの紹介は割愛します。

●引数の省略（中心、形状、大きさ）

radial-gradient()関数の各引数について、中心、形状、大きさを省略することもできます。その場合、省略した箇所にはそれぞれ初期値である中心はcenter、形状はellipse、大きさはcoverが適用されます。

CSS

```
.sample1{
  height:200px;
  background-image:-webkit-radial-gradient(#fff, #000);
  background-image:-moz-radial-gradient(#fff, #000);
  background-image:radial-gradient(#fff, #000);
}
```

HTML

```
<div class="sample1"></div>
```

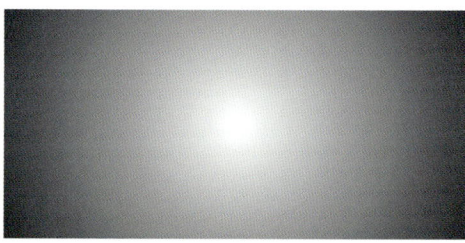

その他の例も見てみましょう。中心を上から100px、左から150px、形状はcirlce（正円）、大きさはfarthest-side（一番遠い辺まで）、開始色は黄色、中間色に赤を20%の距離、終了色は緑とするならば次のように記述します。

CSS

```
.sample1{
  height:200px;
  background-image:-webkit-radial-gradient(100px 150px,circle farthest-side,
    yellow, red 20%, green);
  background-image:-moz-radial-gradient(100px 150px,circle farthest-side, yellow,
    red 20%, green);
  background-image:radial-gradient(100px 150px,circle farthest-side, yellow,
    red 20%, green);
}
```

HTML

```
<div class="sample1"></div>
```

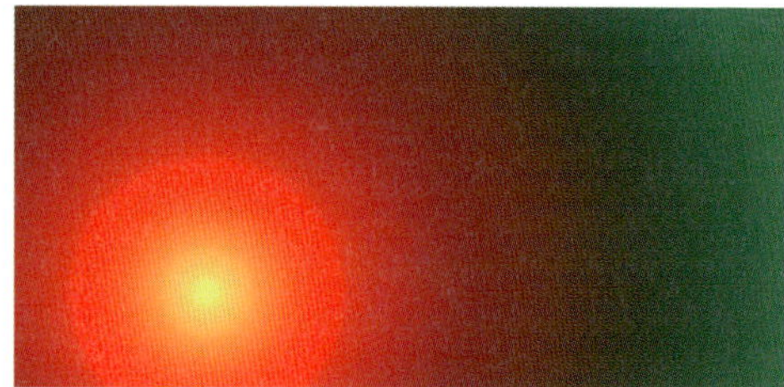

Repeating Gradients

基本的な記法

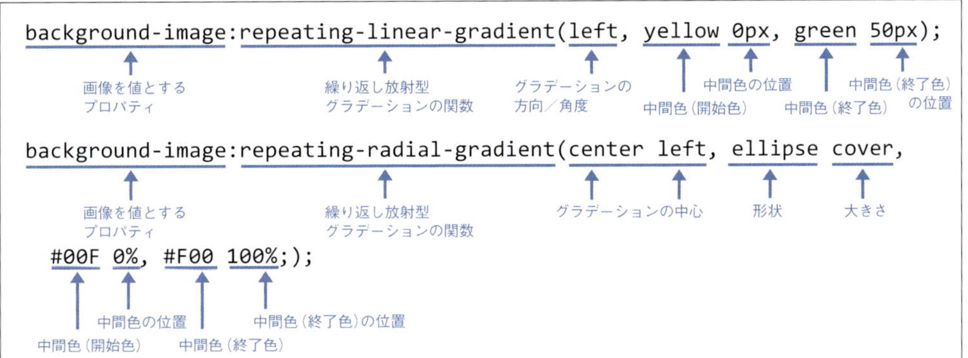

対応環境／ベンダープレフィックス

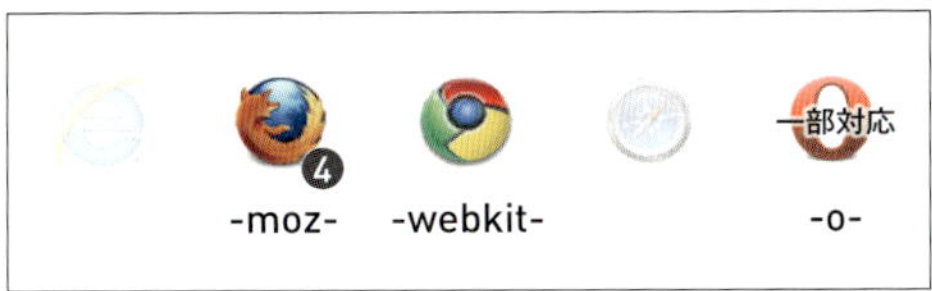

ここまで紹介した、直線型のグラデーション、放射型のグラデーションは繰り返しをさせることもできます。繰り返す場合には、それぞれ別の関数を利用します。

	使用する関数
直線型繰り返し	repeating-linear-gradient()
放射型繰り返し	repeating-radial-gradient()

繰り返すためには、repeating-linear-gradient()には終了色の位置を明示し、repeating-radial-gradient()には、大きさを明示します。
例えば、repeating-linear-gradient()を用い、50px間隔で繰り返すのであれば、終了色の位置を50pxと指定し、次のように記述します。

CSS

```
.sample1{
  height:200px;
  background-image:-webkit-repeating-linear-gradient(left, yellow 0px, green 50px);
  background-image:-moz-repeating-linear-gradient(left, yellow 0px, green 50px);
  background-image:-o-repeating-linear-gradient(left, yellow 0px, green 50px);
  background-image:repeating-linear-gradient(left, yellow 0px, green 50px);
}
```

Section 6～10

HTML

```
<div class="sample1"></div>
```

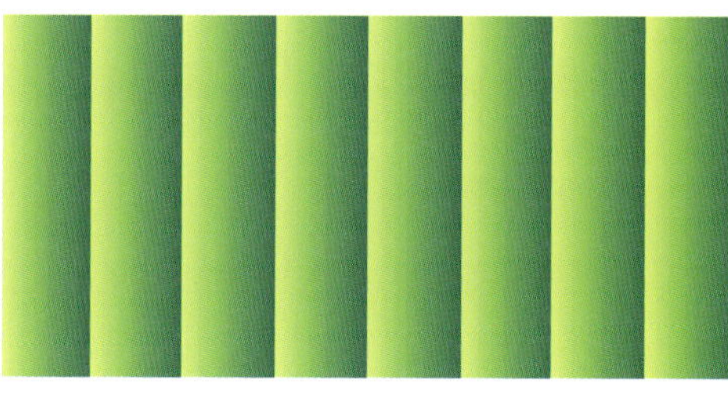

一方、repeating-radial-gradient()を用い、100px間隔で繰り返すのであれば、終了色の位置を100pxと指定し、次のように記述します。なお、Opera11.10はrepeating-radial-gradient()には対応していません。

CSS

```
.sample1{
  height:200px;
  background-image:-webkit-repeating-radial-gradient(100px 100px,ellipse, yellow,
    green 100px);
  background-image:-moz-repeating-radial-gradient(100px 100px,ellipse, yellow,
    green 100px);
  background-image:repeating-radial-gradient(100px 100px,ellipse, yellow,
    green 100px);
}
```

HTML

```
<div class="sample1"></div>
```

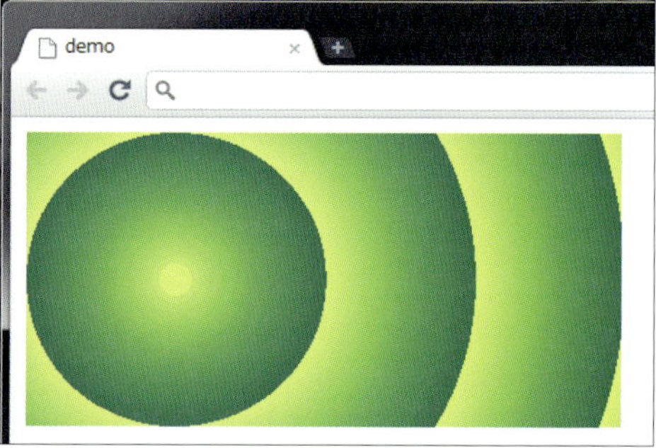

なお、Chrome10ではrepeating-radial-gradient()では楕円を再現できません。
また、現状のWebkitは繰り返しをサポートしていませんが、background-sizeと組み合わせることで繰り返しを再現させることができます。

Column Internet Explorerにおけるグラデーション

Internet Explorerでは、Gradient系関数をサポートしていませんが、InternetExplorer5.5より、-ms-filterプロパティの値としてある程度代替可能な「DXImageTransform.Microsoft.gradient」がサポートされています。

http://msdn.microsoft.com/en-us/library/ms532997(VS.85).aspx

また、InternetExplorer10では-ms-のベンダープレフィックス付きで、すべてのグラデーション関数に対応する予定です。

拡大・回転・ゆがみ・移動など、様々な要素の変形を制御する

取り上げるプロパティ	transform, transform-origin, transform-style, perspective, perspective-origin, backface-visibility
該当spec	CSS 2D Transforms Module Level 3 http://www.w3.org/TR/css3-2d-transforms/ CSS 3D Transforms Module Level 3 http://www.w3.org/TR/css3-3d-transforms/

CSS3のtransformプロパティは拡大や回転など様々な変形を制御することができるプロパティです。これまでのCSSにはなかった要素の変形という表現を使うことで、CSSだけでは実現不可能だったレイアウトやデザインが可能になる可能性があります。

▼

transform

基本的な記法

```
transform: translate(10px, 20px) rotate(20deg);
```


transformプロパティにはnoneかtransform関数を指定することができます。noneは変形しない、つまりtransformを無効にするという値です。transform関数は様々なものが用意されていて、ここで回転、変形などの指定をすることができます。

対応環境／ベンダープレフィックス

transform関数	説明
translate(x,y)	X、Y方向の移動距離を指定する。yを省略した場合はyは0として扱われる
translate3d(x,y,z)	X、Y、Z方向の移動距離を指定する
translateX(x)	X方向の移動距離を指定する
translateY(y)	Y方向の移動距離を指定する
translateZ(z)	Z方向の移動距離を指定する
scale(x,y)	X、Y方向の縮尺率を指定する。yを省略した場合はyはxと同じ値として扱われる
scale3d(x,y,z)	X、Y、Z方向の縮尺率を指定する
scaleX(x)	X方向の縮尺率を指定する
scaleY(y)	Y方向の縮尺率を指定する
scaleZ(z)	Z方向の縮尺率を指定する
rotate(angle)	2Dの回転を指定する
rotate3d(x,y,z,angle)	3Dの回転を指定する
rotateX(angle)	X軸を中心にした回転を指定する
rotateY(angle)	Y軸を中心にした回転を指定する
rotateZ(angle)	Z軸を中心にした回転を指定する
skew(x-angle,y-angle)	X軸、Y軸の傾斜を指定する。yを省略した場合はyは0として扱われる
skewX(angle)	X軸の傾斜を指定する
skewY(angle)	Y軸の傾斜を指定する
matrix(n,n,n,n,n,n)	2Dマトリックス変形を指定する（nはそれぞれ任意の数値）
matrix3d(n,n,n,n,n,n,n,n,n,n,n,n,n,n,n,n)	3Dマトリックス変形を指定する（nはそれぞれ任意の数値）
perspective(n)	遠近効果の数値を指定する

これらのtransform関数はスペース区切りで複数同時に指定することも可能です。transformには2Dと3Dがあり、3Dに対応しているブラウザは執筆時点ではSafari5、Chrome10のみです。

CSS

```
.sample div {
  display: inline-block;
  margin: 0 20px;
  border: 1px dashed red;
}
.sample1 img {
  -webkit-transform:rotate(45deg);
  -moz-transform:rotate(45deg);
  -o-transform:rotate(45deg);
  -ms-transform:rotate(45deg);
  transform:rotate(45deg);
}
.sample2 img {
  -webkit-transform: scale(0.5);
  -moz-transform: scale(0.5);
  -o-transform: scale(0.5);
  -ms-transform: scale(0.5);
  transform: scale(0.5);
}
.sample3 img {
  -webkit-transform: skew(20deg, 10deg);
  -moz-transform: skew(20deg, 10deg);
  -o-transform: skew(20deg, 10deg);
  -ms-transform: skew(20deg, 10deg);
  transform: skew(20deg, 10deg);
}
```

HTML

```
<div class="sample">
  <div class="sample1"><img src="img.png" alt="" /></div>
  <div class="sample2"><img src="img.png" alt="" /></div>
  <div class="sample3"><img src="img.png" alt="" /></div>
</div>
```

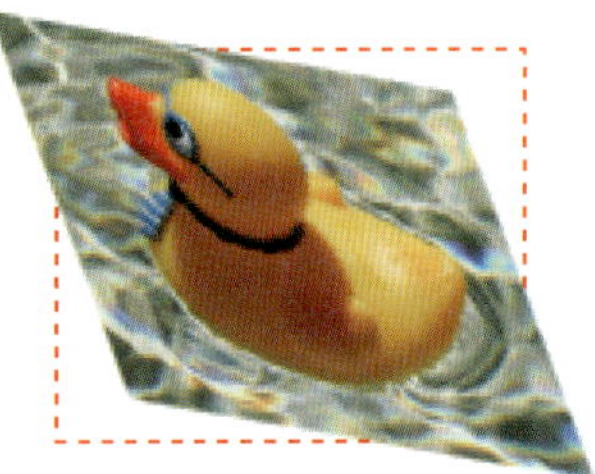

transform-origin

基本的な記法

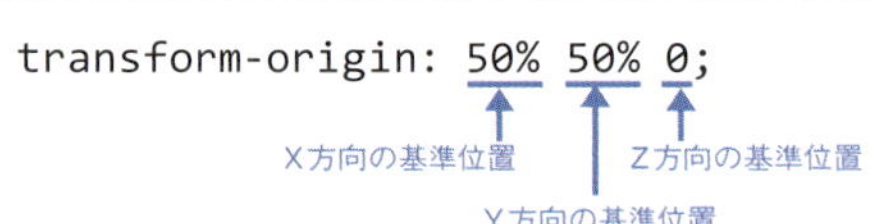

対応環境／ベンダープレフィックス

transform-originプロパティを利用すると、変形を適用する際の原点の座標を指定することができます。

デフォルト値は2Dの場合「50% 50%」なので、何も指定していない場合は要素の中心を基準に変形が適用されることになります。要素を左上を基準に変形したい場合は「0 0」という値を指定することで、基準位置を左上に変更することができます。この値にはleft、right、top、bottomなどのキーワードを指定することもできます。

また3Dの基準値を決めるには値を3つ指定します。3D場合のデフォルト値は「50% 50% 0」になります。3Dのtransform-originをサポートしているブラウザは執筆時点ではSafari5、Chrome10のみです。

CSS

```
.sample div {
  display: inline-block;
  margin-right: 120px;
  border: 1px dashed red;
}
.sample img {
  -webkit-transform:rotate(45deg);
  -moz-transform:rotate(45deg);
  -o-transform:rotate(45deg);
  -ms-transform:rotate(45deg);
  transform:rotate(45deg);
}
.sample2 img {
  -webkit-transform-origin:0 0;
  -moz-transform-origin:0 0;
  -o-transform-origin:0 0;
  -ms-transform-origin:0 0;
  transform-origin:0 0;
}
```

HTML

```
<div class="sample">
  <div class="sample1">
    <img src="img.png" alt="" />
  </div>
  <div class="sample2">
    <img src="img.png" alt="" />
  </div>
  <div class="sample3">
    <img src="img.png" alt="" />
  </div>
</div>
```

→ transform-style

基本的な記法

対応環境／ベンダープレフィックス

transform-styleプロパティは3D空間でどのようにレンダリングされるかを定義します。指定できる値は「flat」か「preserve-3d」のどちらかで、デフォルトは「flat」です。transform-styleの値が「flat」だった場合、指定した要素の子要素は、2次元平面上に平らにレンダリングされます。値が「preserve-3d」だった場合、指定した要素の子要素は3D空間でレンダリングされます。

CSS

```
.sample {
  -webkit-transform-style: preserve-3d;
  -webkit-transform:rotateX(-45deg);
  transform-style: preserve-3d;
  transform:rotateX(-45deg);
}

.sample img {
  position: absolute;
}

.sample1 {
  -webkit-transform: rotateY(45deg);
  transform: rotateY(45deg);
}

.sample2 {
  -webkit-transform: rotateY(-45deg);
  transform: rotateY(-45deg);
}
```

HTML

```
<div class="sample">
  <div class="sample1">
    <img src="img.png" alt="" />
  </div>
  <div class="sample2">
    <img src="img2.png" alt="" />
  </div>
  <div class="sample3">
    <img src="img3.png" alt="" />
  </div>
</div>
```

perspective

基本的な記法

対応環境／ベンダープレフィックス

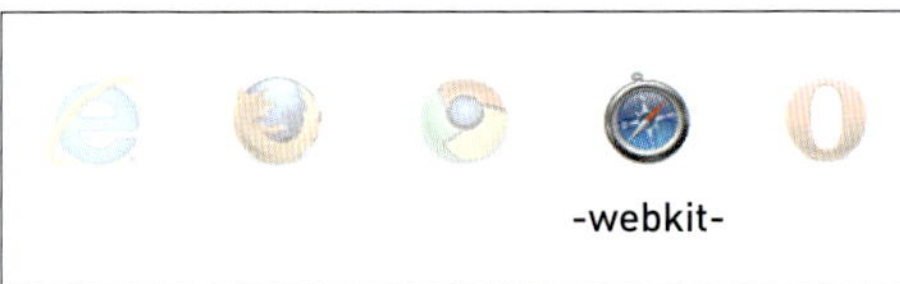

perspectiveプロパティは3Dでの遠近感の度合いを指定します。値には0より大きい数値を指定でき、それ以外の数値を入力した場合は無効になります。指定する値が小さいほど奥行きがあるように見え、大きいほど平坦に見えるようになります。

また、このプロパティを指定した要素自身ではなく、指定した要素の子要素の3Dでの見え方が変化します。

CSS

```
.sample div {
  display: inline-block;
  margin: 0 20px;
  border: 1px dashed red;
  -webkit-perspective:200;
  perspective:200;
}

.sample img {
  -webkit-transform:rotateY(45deg);
  transform:rotateY(45deg);
}

.sample1 {
  -webkit-perspective-origin:
    50% 50%;
  perspective-origin: 50% 50%;
}
.sample2 {
  -webkit-perspective-origin: 0 0;
  perspective-origin: 0 0;
}
.sample3 {
  -webkit-perspective-origin:
    100% 100%;
  perspective-origin: 100% 100%;
}
```

HTML

```
<div class="sample">
  <div class="sample1">
    <img src="img.png" alt="" />
  </div>
  <div class="sample2">
    <img src="img.png" alt="" />
  </div>
  <div class="sample3">
    <img src="img.png" alt="" />
  </div>
</div>
```

perspective-origin

基本的な記法

```
perspective-origin: 50% 50%;
```

x座標　y座標

対応環境／ベンダープレフィックス

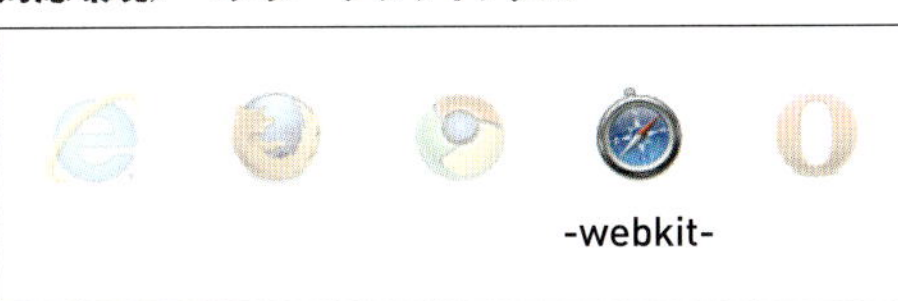

perspective-originプロパティでは、perspectiveプロパティで指定した奥行きの基準点を設定することができます。デフォルト値は「50% 50%」で、値にはleft、right、top、bottomなどのキーワードも指定することができます。

CSS

```
.sample div {
  display: inline-block;
  margin: 0 20px;
  border: 1px dashed red;
  -webkit-perspective:200;
  perspective:200;
}

.sample img {
  -webkit-transform:rotateY(45deg);
  transform:rotateY(45deg);
}

.sample1 {
  -webkit-perspective-origin:
    50% 50%;
  perspective-origin: 50% 50%;
}
.sample2 {
  -webkit-perspective-origin: 0 0;
  perspective-origin: 0 0;
}
.sample3 {
  -webkit-perspective-origin:
    100% 100%;
  perspective-origin: 100% 100%;
}
```

HTML

```
<div class="sample">
  <div class="sample1">
    <img src="img.png" alt="" />
  </div>
  <div class="sample2">
    <img src="img.png" alt="" />
  </div>
  <div class="sample3">
    <img src="img.png" alt="" />
  </div>
</div>
```

Section 11～15

backface-visibility

基本的な記法

```
backface-visibility: hidden;
```

visibleかhiddenを指定

対応環境／ベンダープレフィックス

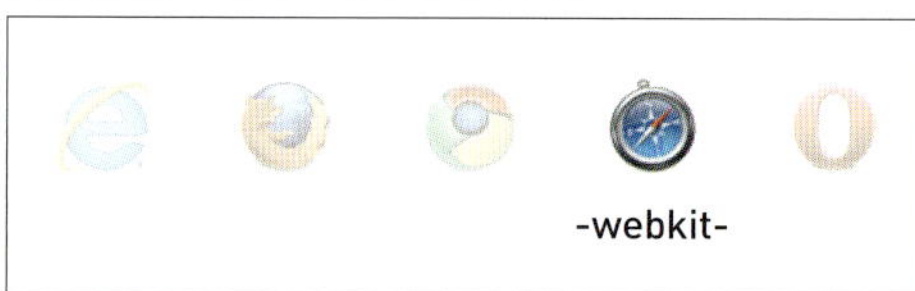

backface-visibilityプロパティは、要素が回転したときなどに、裏側を表示するかどうかを指定することができます。指定できる値は「visible」か「hidden」のどちらかで、デフォルトは「visible」です。値が「visible」のときは裏側が表示され、「hidden」の場合はには裏側が非表示になります。

CSS

```
.sample div {
  display: inline-block;
  margin: 0 20px;
  border: 1px dashed red;
}

.sample img {
  -webkit-transform:rotateY(180deg);
  transform:rotateY(180deg);
}

.sample1 img {
  -webkit-backface-visibility:visible;
  backface-visibility:visible;
}
.sample2 img {
  -webkit-backface-visibility:hidden;
  backface-visibility:hidden;
}
```

HTML

```
<div class="sample">
  <div class="sample1">
    <img src="img.png" alt="" />
  </div>
  <div class="sample2">
    <img src="img.png" alt="" />
  </div>
</div>
```

Section 12 Transitions

時間的変化による アニメーションを設定する

取り上げるプロパティ	transition-property, transition-duration, transition-timing-function, transition-delay, transition
該当spec	**CSS Transitions Module Level 3** http://www.w3.org/TR/css3-transitions/

CSS3では、これまでJavaScriptなどのプログラムを使わなければ実現できなかったアニメーション機能をCSSだけで実現することが可能になります。CSS3ではtransitionとanimationプロパティによる二種類のアニメーションの機能を提供します。そのうちの一つ、transitionプロパティは始点と終点を指定したアニメーションを設定することができます。

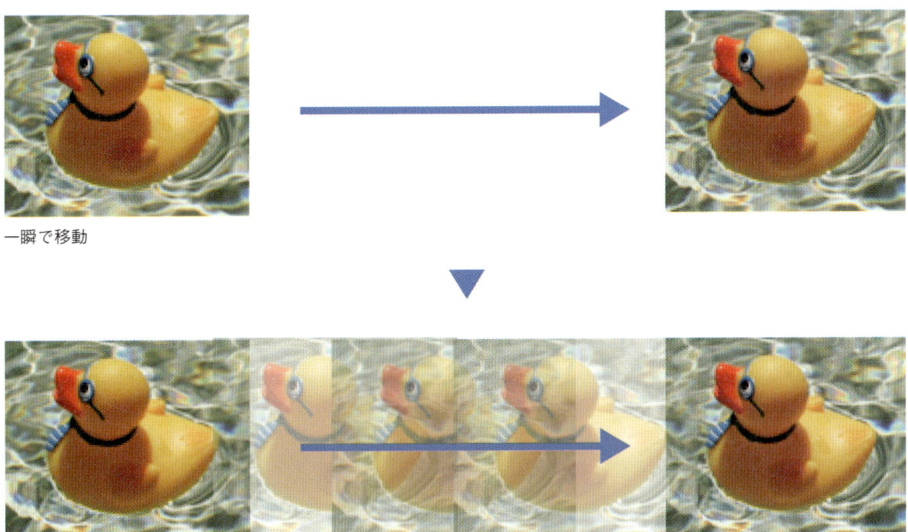

一瞬で移動

アニメーションしながら移動

transition-property

基本的な記法

```
transition-property: width;
```

変化させるプロパティ

対応環境／ベンダープレフィックス

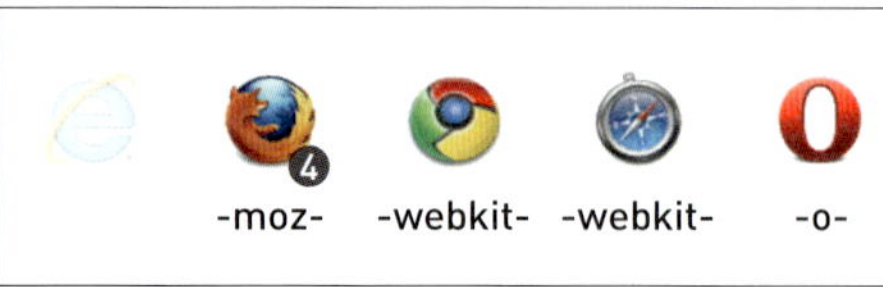

transition-propertyプロパティは変化させる対象のCSSプロパティを指定します。値はnone、all、CSSのプロパティ名で、プロパティ名を指定する場合はカンマ区切りで複数指定することが可能です。allを指定した場合には変化する全てのプロパティが対象になります。

CSS

```
.sample {
  position:relative;
  left:0px;
  -webkit-transition-duration:2s;
  -webkit-transition-property:left;
  -moz-transition-duration:2s;
  -moz-transition-property:left;
  -o-transition-duration:2s;
  -o-transition-property:left;
  transition-duration:2s;
  transition-property:left;
}
.wrapper:hover .sample {
  left:200px;
}
```

HTML

```
<div class="wrapper">
  <div>
    <img class="sample" src="img.png"
      alt="" />
  </div>
</div>
```

アニメーションしながら移動

transition-duration

基本的な記法

```
transition-duration: 1s;
```

変化完了までの時間

対応環境／ベンダープレフィックス

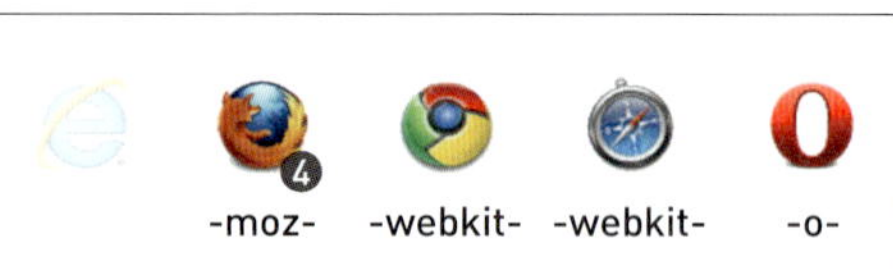

transition-durationプロパティは、値が変更されてから変化が完了するまでの時間を設定できます。初期値は0で、0は値の変化が即時反映されアニメーションしないことを意味します。また値に負の値を指定すると0として扱われます。単位は時間を指定しますが、数字にsをつけると秒を表し、msをつけると0.001秒を表します。つまり1sと1000msは同じ1秒ということになります。

また、transition-propertyで複数のプロパティをカンマ区切りで指定している場合は、transition-durationも対応した順番でカンマ区切りに指定すると、それぞれのプロパティごとに異なる時間を指定することも可能です。

CSS

```
.sample {
  position:relative;
  left:0px;
  -webkit-transition-property:left;
  -moz-transition-property:left;
  -o-transition-property:left;
  transition-property:left;
}
.sample1 {
  -webkit-transition-duration:1s;
  -moz-transition-duration:1s;
  -o-transition-duration:1s;
  transition-duration:1s;
}
.sample2 {
  -webkit-transition-duration:2s;
  -moz-transition-duration:2s;
  -o-transition-duration:2s;
  transition-duration:2s;
}
.wrapper:hover .sample {
  left:200px;
}
```

HTML

```
<div class="wrapper">
  <div>
    <img class="sample sample1"
    src="img.png" alt="" />
  </div>
  <div>
    <img class="sample sample2"
    src="img.png" alt="" />
  </div>
</div>
```

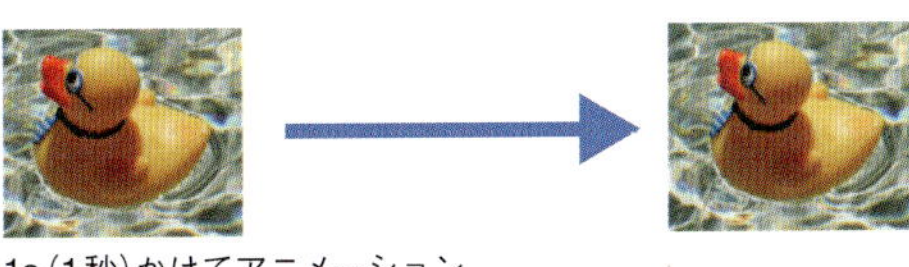

1s（1秒）かけてアニメーション

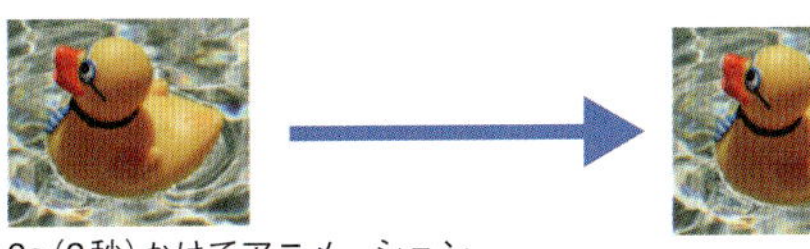

2s（2秒）かけてアニメーション

transition-timing-function

基本的な記法

```
transition-timing-function: cubic-bezier(0.0, 1.0, 1.0, 0.0);
```

3次ベジェ関数で変化の割合を指定

```
transition-timing-function: linear;
```

キーワードで変化の割合を指定

対応環境／ベンダープレフィックス

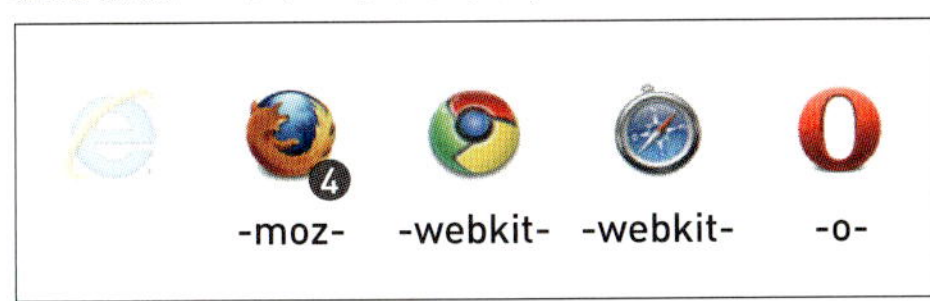

transition-timing-functionプロパティは、変化の割合をcubic-bezier関数で指定することができます。最初から最後まで全く同じ速度で変化したり、最初はゆっくり、最後に高速に変化するといった指定です。また次の表に示すようなキーワードも指定可能です。これらキーワードは次ページの表に示すようなcubic-bezier関数で表すことができ、初期値がeaseとなります。またこのプロパティも、複数のプロパティをカンマ区切りで指定することで、プロパティごとに変化の割合を指定することができます。

指定できるキーワード	cubic-bezier関数で表した場合	動き
ease（デフォルト値）	cubic-bezier(0.25, 0.1, 0.25, 1.0)	徐々に加速し、終わりに減速する
linear	cubic-bezier(0.0, 0.0, 1.0, 1.0)	常に等速で移動する
ease-in	cubic-bezier(0.42, 0, 1.0, 1.0)	ゆっくり始まる
ease-out	cubic-bezier(0, 0, 0.58, 1.0)	ゆっくり終わる
ease-in-out	cubic-bezier(0.42, 0, 0.58, 1.0)	ゆっくり始まりゆっくり終わる

CSS

```
.sample {
  position:relative;
  left:0px;
  -webkit-transition-property:left;
  -moz-transition-property:left;
  -o-transition-property:left;
  transition-property:left;
  -webkit-transition-duration:2s;
  -moz-transition-duration:2s;
  -o-transition-duration:2s;
  transition-duration:2s;
}
.ease {
  -webkit-transition-timing-function:ease;
  -moz-transition-timing-function:ease;
  -o-transition-timing-function:ease;
  transition-timing-function:ease;
}
.linear {
  -webkit-transition-timing-function:linear;
  -moz-transition-timing-function:linear;
  -o-transition-timing-function:linear;
  transition-timing-function:linear;
}
.ease-in {
  -webkit-transition-timing-function:ease-in;
  -moz-transition-timing-function:ease-in;
  -o-transition-timing-function:ease-in;
  transition-timing-function:ease-in;
}
.ease-out {
  -webkit-transition-timing-function:ease-out;
  -moz-transition-timing-function:ease-out;
  -o-transition-timing-function:ease-out;
  transition-timing-function:ease-out;
}
.ease-in-out {
  -webkit-transition-timing-function:ease-in-out;
  -moz-transition-timing-function:ease-in-out;
  -o-transition-timing-function:ease-in-out;
  transition-timing-function:ease-in-out;
}
.wrapper:hover .sample {
  left:200px;
}
```

HTML

```
<div class="wrapper">
  <div><img class="sample ease" src="img.png" alt="" /></div>
  <div><img class="sample linear" src="img.png" alt="" /></div>
  <div><img class="sample ease-in" src="img.png" alt="" /></div>
  <div><img class="sample ease-out" src="img.png" alt="" /></div>
  <div><img class="sample ease-in-out" src="img.png" alt="" /></div>
</div>
```

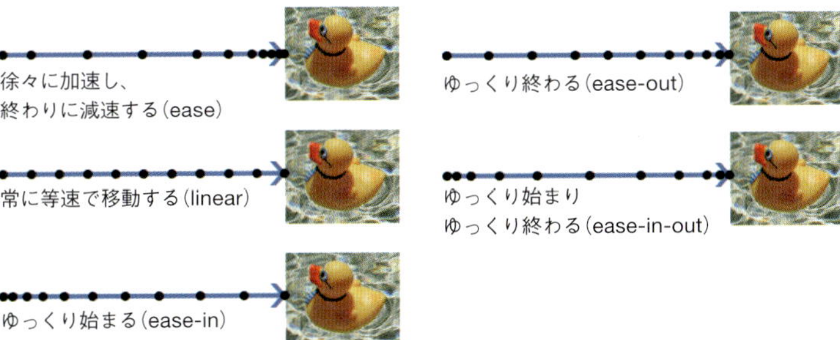

transition-delay

基本的な記法

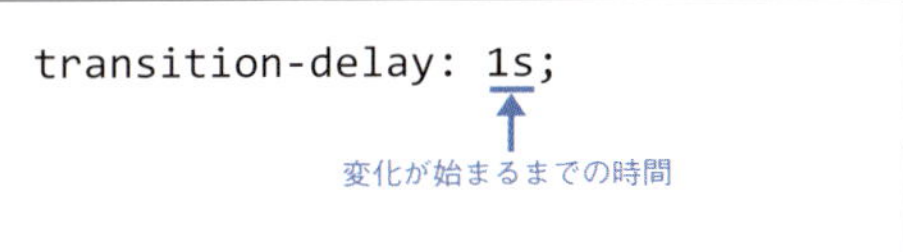

対応環境／ベンダープレフィックス

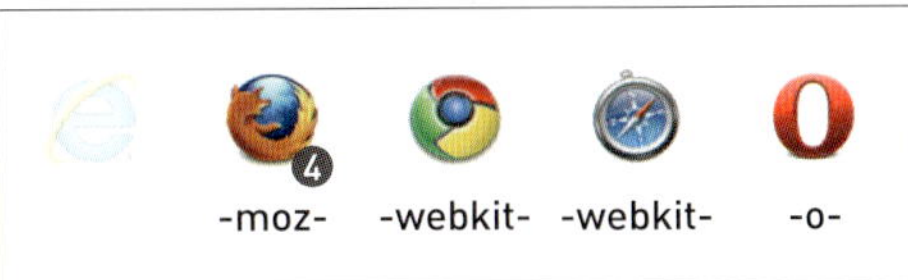

transition-delayは変化が始まるまでの時間を指定することができます。初期値は0で、0の場合はすぐにアニメーションが開始することを意味します。このプロパティも、複数のプロパティをカンマ区切りで指定することで、プロパティごとに変化が始まるまでの時間を指定することができます。

CSS

```
.sample {
  position:relative;
  left:0px;
  -webkit-transition-property:left;
  -moz-transition-property:left;
  -o-transition-property:left;
  transition-property:left;
  -webkit-transition-duration:1s;
  -moz-transition-duration:1s;
  -o-transition-duration:1s;
  transition-duration:1s;
  -webkit-transition-delay:2s;
  -moz-transition-delay:2s;
  -o-transition-delay:2s;
```

```
  transition-delay:2s;
}
.wrapper:hover .sample {
  left:200px;
}
```

HTML

```
<div class="wrapper">
  <div>
    <img class="sample"
      src="img.png" alt="" />
  </div>
</div>
```

2秒後にアニメーションが開始

transition

基本的な記法

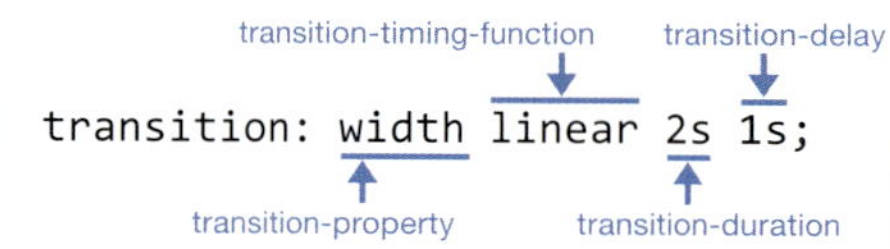

対応環境／ベンダープレフィックス

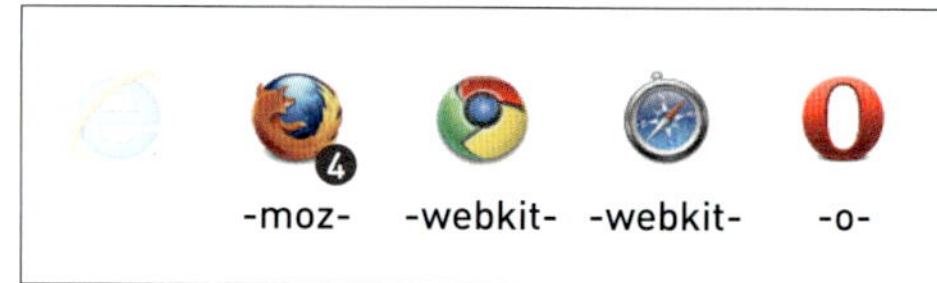

transitionプロパティは、transition-property、transition-duration、transition-timing-function、transition-delayをまとめて指定することができます。

各プロパティはスペース区切りで指定することができます。時間として指定された値は、最初に指定された値がtransition-duration、2番目に指定された値がtransition-delayの値ということになります。このスペース区切りのセットをプロパティ毎にカンマ区切りで複数指定することが可能です。

CSS

```
.sample {
  position:relative;
  left:0px;
  -webkit-transition:left 2s, top
    1s 2s;
  -moz-transition:left 2s, top 1s 2s;
  -o-transition:left 2s, top 1s 2s;
  transition:left 2s, top 1s 2s;
}
.wrapper:hover .sample {
  left:200px;
  top:200px;
}
```

HTML

```
<div class="wrapper">
  <div><img class="sample"
    src="img.png" alt="" /></div>
</div>
```

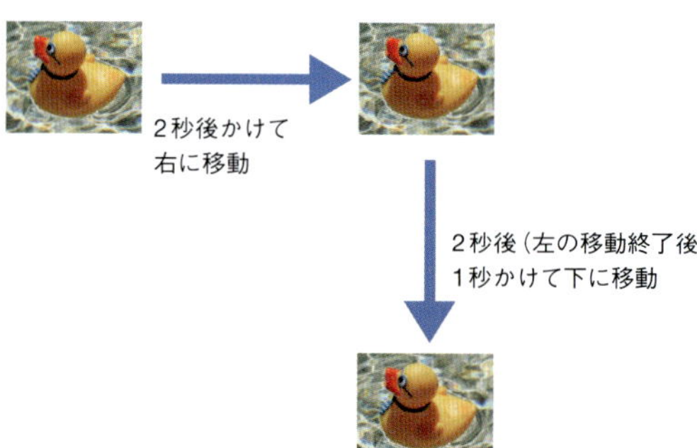

Section 13 Animations

キーフレームによるアニメーションを設定する

取り上げるプロパティ	@keyframes, animation-name, animation-duration, animation-timing-function, animation-delay, animation-iteration-count, animation-direction, animation-play-state, animation
該当spec	**CSS Animations Module Level 3** http://www.w3.org/TR/css3-animations/

transitionによるアニメーションは始点と終点を指定し、その値の変化をアニメーションするのに対して、animationプロパティではキーフレームによる細かいアニメーションを指定することができます。また、transitionプロパティと違い、無限にループするアニメーションを定義できるのもanimationプロパティの特徴の一つだと言えます。

キーフレームで定義されたアニメーションを実行

@keyframes

基本的な記法

```
@keyframes "sample" {
  0% {
    width: 0px;
  }

  50% {
    width: 100px;
  }

  100% {
    width: 300px;
  }
}
```

アニメーション名 / アニメーションするポイント / アニメーションするプロパティと値

対応環境／ベンダープレフィックス

@keyframes規則はアニメーションのキーフレームを定義します。
アニメーション名を指定し、ブロックの中に0%から100%の間の変化を定義したキーフレームを複数記述することができます。キーフレームのポイントにはパーセント表記か、fromとtoというキーワードを指定でき、これはそれぞれ0%と100%と同じ意味になります。また、10%,20% {…} のように、カンマ区切りで指定することも可能です。
@keyframes規則で設定したアニメーション名を、後述するanimation-nameプロパティで指定することで、アニメーションが実行されます。

CSS

```
.sample {
  position:relative;
  -webkit-animation-name: "sample";
  -webkit-animation-duration: 4s;
  animation-name: "sample";
  animation-duration: 4s;
}
@-webkit-keyframes "sample" {
  0%,100% { left: 0px; top: 0px; }
  25%     { left: 200px; top: 0px; }
  50%     { left: 200px; top: 200px; }
  75%     { left: 0px; top: 200px; }
}
@keyframes "sample" {
  0%,100% { left: 0px; top: 0px; }
  25%     { left: 200px; top: 0px; }
  50%     { left: 200px; top: 200px; }
  75%     { left: 0px; top: 200px; }
}
```

HTML

```
<img class="sample" src="img.png" alt="" />
```

例えば、前ページのように設定すると、右図のようにアニメーションします。

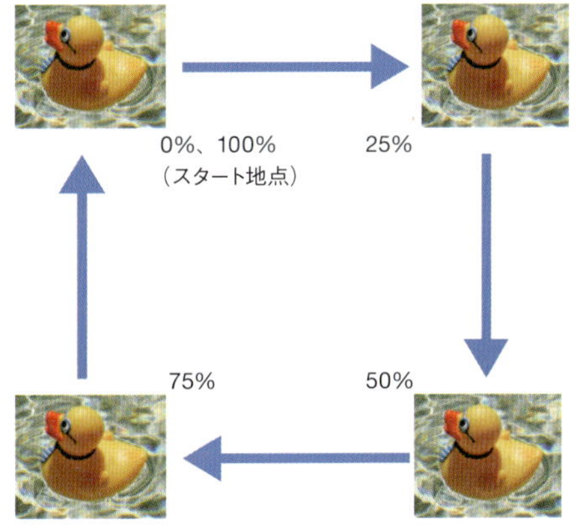

animation-name

基本的な記法

```
animation-name: "sample" ;
```

アニメーション名

対応環境／ベンダープレフィックス

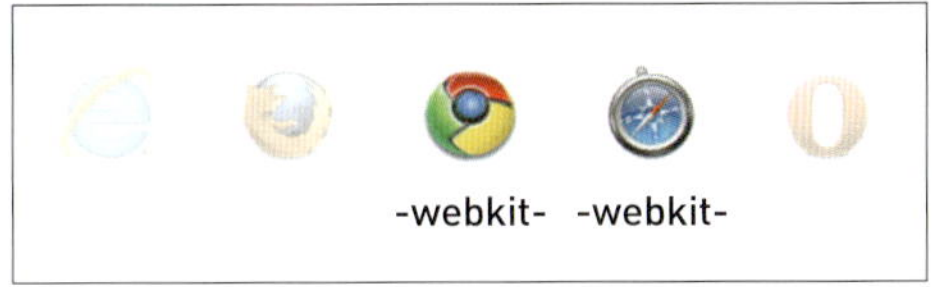

animatin-nameプロパティは@keyframes規則で記述したアニメーション名を指定します。
存在しないアニメーション名を指定した場合、アニメーションは実行されません。初期値はnoneで、noneの場合はアニメーションは実行されません。カンマ区切りで複数のアニメーション名を指定することも可能です。

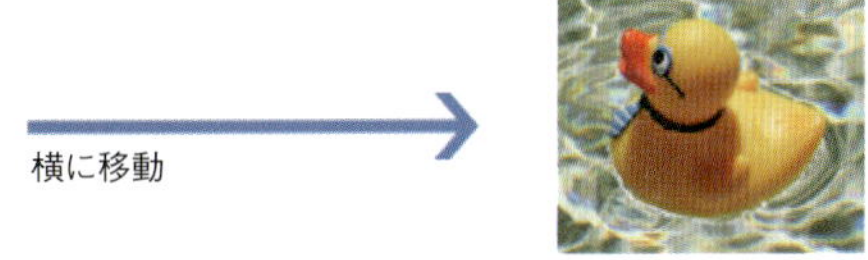

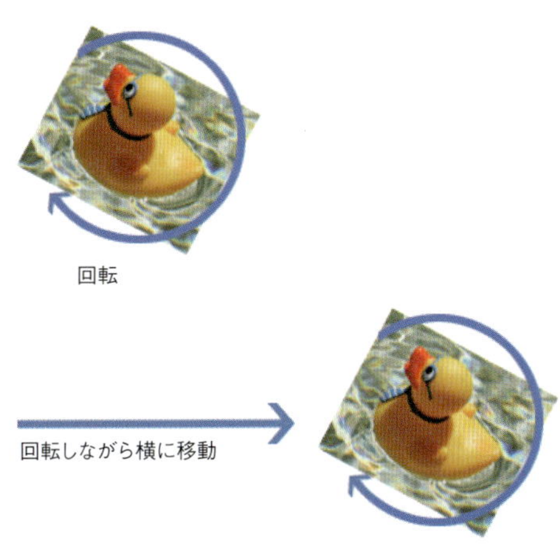

CSS

```
.sample {
  position: relative;
  -webkit-animation-duration: 2s;
  animation-duration: 2s;
}
.sample1 {
  -webkit-animation-name: "sample1";
  animation-name: "sample1";
}
.sample2 {
  -webkit-animation-name: "sample2";
  animation-name: "sample2";
}
.sample3 {
  -webkit-animation-name: "sample1", "sample2";
  animation-name: "sample1", "sample2";
}
@-webkit-keyframes "sample1" {
  from { left: 0px; }
  to   { left: 200px; }
}
@-webkit-keyframes "sample2" {
  from { -webkit-transform: rotate(0deg); }
  to   { -webkit-transform: rotate(360deg); }
}
@keyframes "sample1" {
  from { left: 0px; }
  to   { left: 200px; }
}
@keyframes "sample2" {
  from { transform: rotate(0deg); }
  to   { transform: rotate(360deg); }
}
```

HTML

```
<div><img class="sample1 sample" src="img.png" alt="" /></div>
<div><img class="sample2 sample" src="img.png" alt="" /></div>
<div><img class="sample3 sample" src="img.png" alt="" /></div>
```

animation-duration

基本的な記法

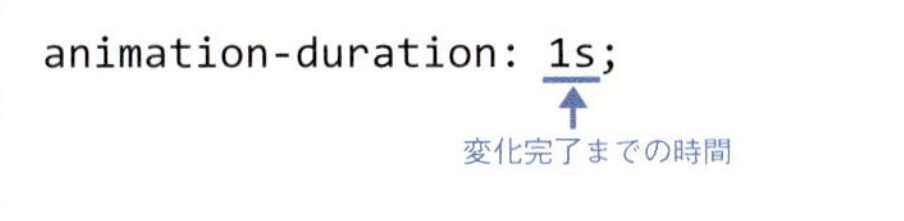

対応環境／ベンダープレフィックス

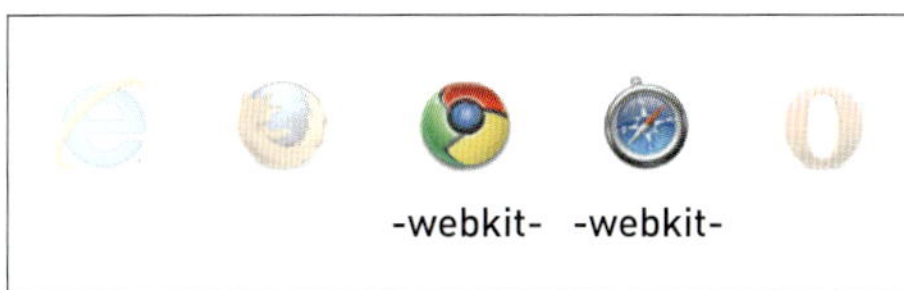

animation-durationプロパティはアニメーション一回分の時間を指定します。
初期値は0で、アニメーションしないことを意味します。負の値を指定すると、0として扱われます。
ここで指定した時間に対して、キーフレームで指定したポイントのパーセンテージ換算した時間が、各キーフレーム時点での時間になります。例えば、animation-durationプロパティに10s（10秒）を指定した場合に、キーフレームで指定した50%のポイントは5秒の時点、80%のポイントは8秒の時点でのスタイルを表します。
animation-nameプロパティで複数の値を指定した場合には、カンマ区切りでそれぞれのアニメーションに対して値を指定することができます。

CSS

```
.sample {
  position:relative;
  -webkit-animation-name: "sample";
  -webkit-animation-duration: 4s;
  animation-name: "sample";
  animation-duration: 4s;
}
@-webkit-keyframes "sample" {
  0%   { left:0px; }
  50%  { left:200px; }
  75%  { left:100px; }
  100% { left:300px; }
}
@keyframes "sample" {
  0%   { left:0px; }
  50%  { left:200px; }
  75%  { left:100px; }
  100% { left:300px; }
}
```

HTML

```
<img class="sample" src="img.png"
  alt="" />
```

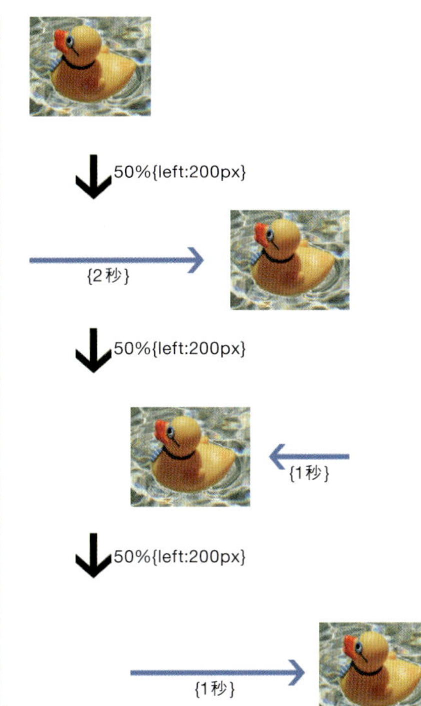

Section 11～15

animation-timing-function

基本的な記法

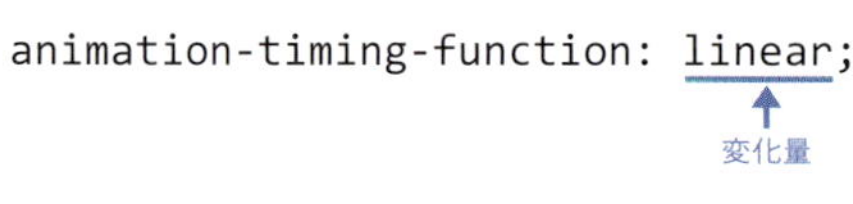

対応環境／ベンダープレフィックス

animation-timing-functionプロパティはSection12のtransition-timing-functionの項で解説したものと同じように、アニメーションの変化量を3次ベジェ関数で指定することができます。
また、このプロパティは@keyframes規則の中でも使うことができ、キーフレームに対して指定した場合は、指定したキーフレームの次のキーフレームまでの変化量を表します。

CSS

```
.sample {
  position:relative;
  -webkit-animation-name: "sample";
  -webkit-animation-duration: 2s;
  animation-name: "sample";
  animation-duration: 2s;
}
@-webkit-keyframes "sample" {
  from { left:0px; }
  to   { left:200px; }
}
@keyframes "sample" {
  from { left:0px; }
  to   { left:200px; }
}
.ease {
  -webkit-animation-timing-function: ease;
  animation-timing-function: ease;
}
.linear {
  -webkit-animation-timing-function: linear;
  animation-timing-function: linear;
}
.ease-in {
  -webkit-animation-timing-function: ease-in;
  animation-timing-function: ease-in;
}
.ease-out {
  -webkit-animation-timing-function: ease-out;
  animation-timing-function: ease-out;
}
.ease-in-out {
  -webkit-animation-timing-function: ease-in-out;
  animation-timing-function: ease-in-out;
}
```

HTML

```
<div><img class="sample ease" src="img.png" alt="" /></div>
<div><img class="sample linear" src="img.png" alt="" /></div>
<div><img class="sample ease-in" src="img.png" alt="" /></div>
<div><img class="sample eaes-out" src="img.png" alt="" /></div>
<div><img class="sample ease-in-out" src="img.png" alt="" /></div>
```

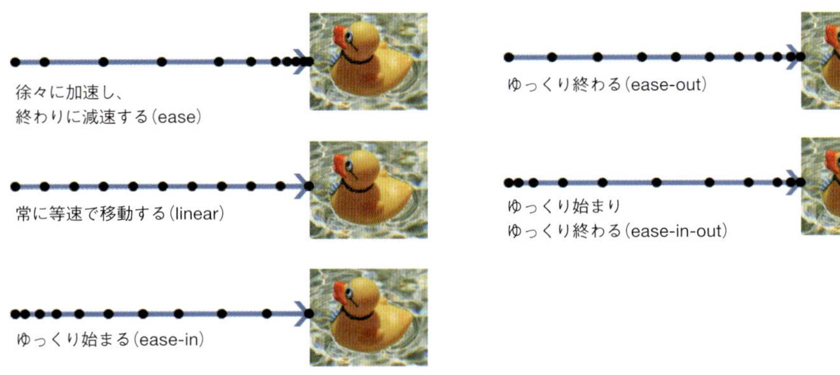

animation-delay

基本的な記法

```
animation-delay: 1s;
```

アニメーションが始まるまでの時間

対応環境／ベンダープレフィックス

animation-delayプロパティはアニメーションが始まるまでの時間を指定します。
初期値は0で、0の場合はすぐにアニメーションが開始することを意味します。
このプロパティも、複数のプロパティをカンマ区切りで指定することで、アニメーションごとにアニメーションが始まるまでの時間を指定することができます。

CSS

```
.sample {
  position:relative;
  -webkit-animation-name: "sample";
  -webkit-animation-duration: 1s;
  -webkit-animation-delay: 2s;
  animation-name: "sample";
  animation-duration: 1s;
  animation-delay: 2s;
}
@-webkit-keyframes "sample" {
  from { left:0px; }
  to   { left:200px; }
}
@keyframes "sample" {
  from { left:0px; }
  to   { left:200px; }
}
```

HTML

```
<img class="sample" src="img.png"
 alt="" />
```

2秒後にアニメーションが開始

animation-direction

基本的な記法

```
animation-direction: alternate;
```

アニメーションの逆再生を行う指定

対応環境／ベンダープレフィックス

-webkit- -webkit-

animation-directionプロパティは交互に逆再生するかどうかを指定します。

指定できる値は「normal」か「alternate」で、デフォルト値は「normal」です。「normal」の場合は逆再生しない、「alternate」の場合は逆再生することを意味します。逆再生される場合は、animation-timing-functionプロパティで指定された変化の割合も逆になります。この値もカンマ区切りでアニメーションごとに設定することができます。

CSS

```
.sample {
  -webkit-animation-name: "sample";
  -webkit-animation-duration: 1s;
  -webkit-animation-iteration-count: 2;
  -webkit-animation-direction: alternate;
  animation-name: "sample";
  animation-duration: 1s;
  animation-iteration-count: 2;
  animation-direction: alternate;
}
@-webkit-keyframes "sample" {
  from { -webkit-transform: rotate(0deg); }
  to   { -webkit-transform: rotate(360deg); }
}
@keyframes "sample" {
  from { transform: rotate(0deg); }
  to   { transform: rotate(360deg); }
}
```

HTML

```
<img class="sample" src="img.png"
  alt="" />
```

時計回りに回転

360度回転して
1回目のアニメーション終了

反時計回りに回転

animation-iteration-count

基本的な記法

```
animation-iteration-count: 3;
```

アニメーションを行う回数

対応環境／ベンダープレフィックス

animation-iteration-countプロパティはアニメーションが実行される回数を指定します。デフォルト値は1で、一回だけアニメーションすることを表します。指定できる値は数字か「infinite」というキーワードで、「infinite」を指定した場合は永遠にアニメーションを繰り返します。値をカンマ区切りにすることで、アニメーションごとに回数を指定することができます。

CSS

```
.sample {
  -webkit-animation-name: "sample";
  -webkit-animation-duration: 1s;
  -webkit-animation-iteration-count: infinite;
  animation-name: "sample";
  animation-duration: 1s;
  animation-iteration-count: infinite;
}
@-webkit-keyframes "sample" {
  from { -webkit-transform: rotate(0deg); }
  to   { -webkit-transform: rotate(360deg); }
}
@keyframes "sample" {
  from { transform: rotate(0deg); }
  to   { transform: rotate(360deg); }
}
```

HTML

```
<img class="sample" src="img.png" alt="" />
```

回転し続ける

animation-play-state

基本的な記法

```
animation-play-state: paused;
```

アニメーションを一時停止する

対応環境／ベンダープレフィックス

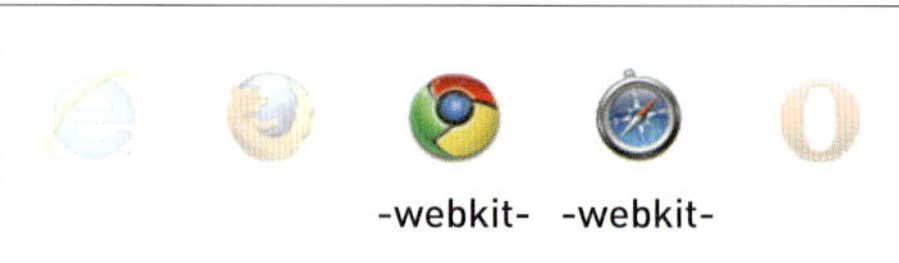

animation-play-stateプロパティはアニメーションを再生中か停止かを指定することができます。指定することができる値は「running」か「paused」で、デフォルト値は「running」です。「running」が再生中、「paused」が停止を意味します。この値もカンマ区切りでアニメーションごとに指定することができます。
例えばJavaScriptなどでこの値を切り替えることで、アニメーションの一時停止、再生のインターフェースを作ることも可能になるでしょう。

注）執筆時点で、このプロパティは「他の方法で代替え可能なため削除することを考慮している」と仕様書にあるため、将来的にサポートされない可能性があります。

CSS

```
.sample {
  -webkit-animation-name: "sample";
  -webkit-animation-duration: 1s;
  -webkit-animation-iteration-count: infinite;
  -webkit-animation-play-state: paused;
  animation-name: "sample";
  animation-duration: 1s;
  animation-iteration-count: infinite;
  animation-play-state: paused;
}
.sample:hover {
  -webkit-animation-play-state: running;
  animation-play-state: running;
}
@-webkit-keyframes "sample" {
  from {
    -webkit-transform: rotate(0deg);
  }
  to {
    -webkit-transform: rotate(360deg);
  }
}
@keyframes "sample" {
  from {
    transform: rotate(0deg);
  }
  to {
    transform: rotate(360deg);
  }
}
```

HTML

```
<img class="sample" src="img.png" alt="sample" />
```

マウスオーバーの間
回転し続ける

animation

基本的な記法

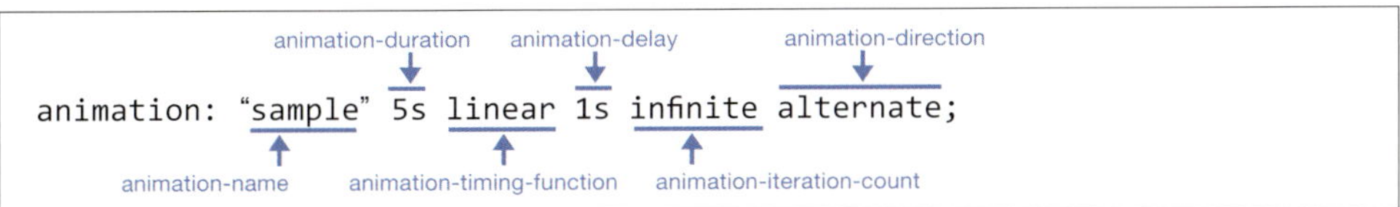

対応環境／ベンダープレフィックス

animationプロパティは、これまで説明したanimation関連のプロパティで、animation-play-state以外のプロパティ（animation-name、animation-duration、animation-timing-function、animation-delay、animation-iteration-count、animation-direction）を空白区切りでまとめて指定することができるプロパティです。値はカンマ区切りで指定することも可能です。

CSS

```
.sample {
  position: relative;
  -webkit-animation:
    "sample1" 4s 1,
    "sample2" 1s 2s 2 alternate;
  animation:
    "sample1" 4s 1,
    "sample2" 1s 2s 2 alternate;
}
@-webkit-keyframes "sample1" {
  0%,100% { left: 0px; top: 0px;  }
  25%     { left: 200px; top: 0px; }
  50%     { left: 200px; top: 200px; }
  75%     { left: 0px; top: 200px; }
}
@-webkit-keyframes "sample2" {
  from { -webkit-transform: rotate(0deg); }
```

Section 11～15

```
  to   { -webkit-transform: rotate(360deg); }
}
@keyframes "sample1" {
  0%,100% { left: 0px; top: 0px; }
  25%     { left: 200px; top: 0px; }
  50%     { left: 200px; top: 200px; }
  75%     { left: 0px; top: 200px; }
}
@keyframes "sample2" {
  from { transform: rotate(0deg); }
  to { transform: rotate(360deg); }
}
```

HTML

```
<img class="sample" src="img.png" alt="" />
```

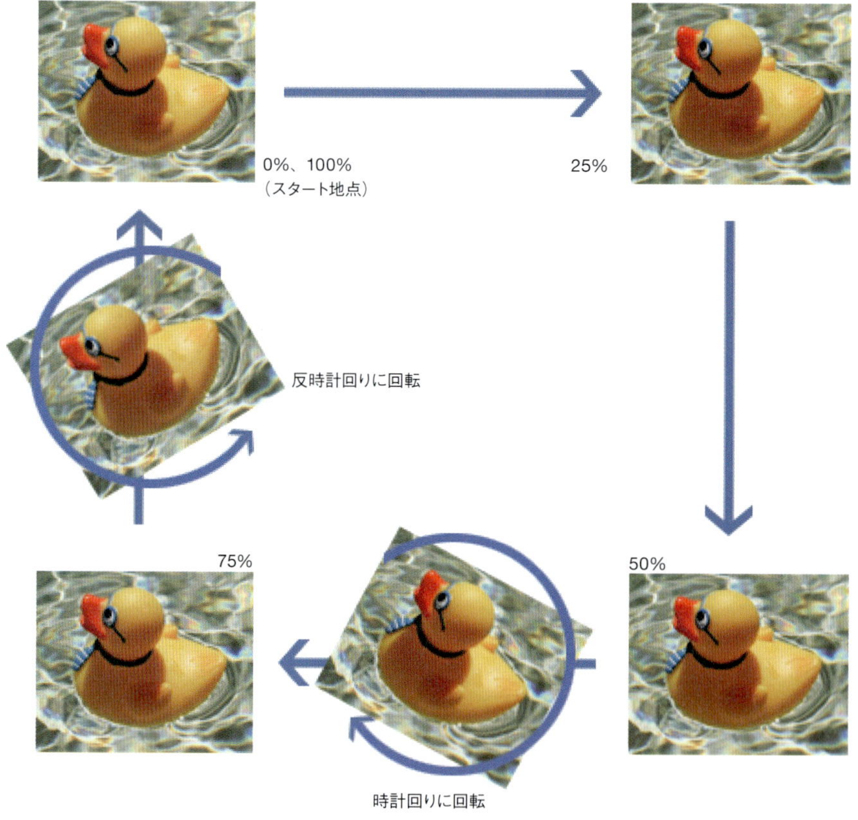

Section 14 **Media Queries**

環境に合わせて スタイルを切り替える

取り上げる規則	@media
該当spec	**Media Queries** http://www.w3.org/TR/css3-mediaqueries/

メディアクエリーは、環境に合わせてスタイルを切り替えるための仕組で、これまでメディアタイプとして利用されてきたscreenやtv、printなどの拡張とも言えます。
最近では、スマートフォンやタブレットなど、さまざまな画面サイズのデバイスが普及してきており、これらの環境に応じた見せ方を、CSSの仕組だけで実現することができます。
なお、メディアクエリーはIE7とIE8ではサポートされていません。

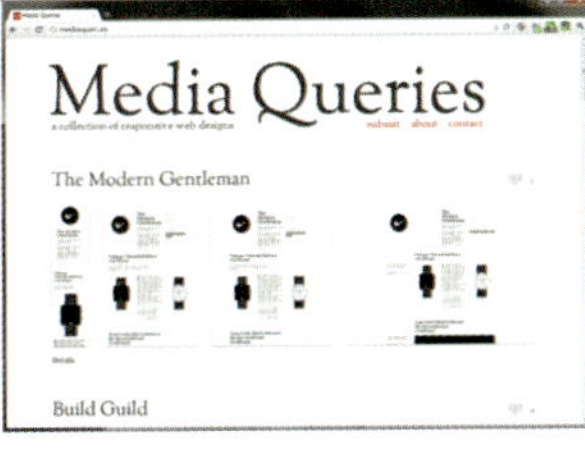

基本的な記法

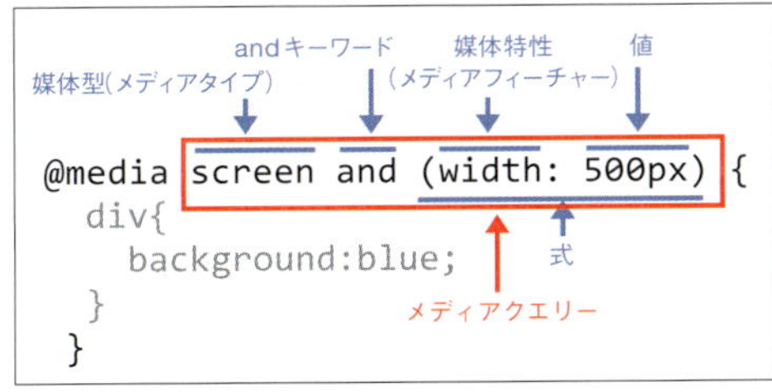


```
@media screen and (width: 500px) {
  div{
    background:blue;
  }
}
```

対応環境／ベンダープレフィックス

IE	Firefox	Chrome	Safari	Opera
不要	不要	不要	不要	不要

Section 11～15

メディアクエリーの表記法

これまで、CSSでは媒体ごとにスタイルを切り替えるために、メディアタイプの仕組を利用してきました。例えば、スクリーン型の媒体向けのCSSとしたい場合には、次のように記述します。記述方法は3通りあります。

1. リンク要素のmedia属性にメディアタイプを指定する方法

HTML

```html
<link rel="stylesheet" media="screen" href="screen.css" />
```

2. @import規則に併記する方法

CSS

```css
@import url(screen.css) screen;
```

3. @media規則を利用して細かく指定する方法

CSS

```css
@media screen {
  div{
    background:#333;
  }
}
```

メディアクエリーでは、上に解説したメディアタイプに加え、さらに詳細に媒体を振り分けることができる「式」を利用することもできます。
式は、括弧で囲まれた「媒体特性」と「値」で構成されます。例えば、横幅500pxの媒体では別のスタイルを適用したいのであれば、媒体特性「width」を利用し次のように記述します。

CSS

```css
/* 通常時 */
div{
  color:#fff;
  background:green;
}
@media (width: 500px) {
  /* 500pxぴったりのとき */
  div{
    background:blue;
  }
}
```

HTML

```html
<div>メディアクエリーのテスト</div>
```

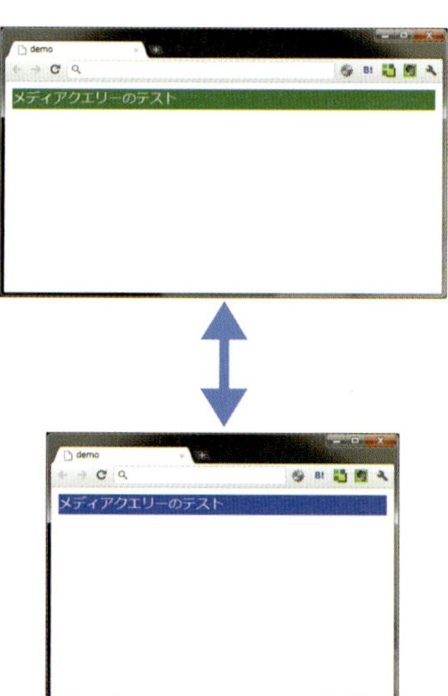

前記の内容であれば、通常時は背景が緑、横幅が500pxのときには背景を青に上書きといった表示分けができます。
メディアクエリーはメディアタイプと同様に、link要素のmedia属性、@import規則への併記でも利用することができます。

リンク要素のmedia属性にメディアタイプを指定する方法

HTML
```
<link rel="stylesheet" media="(width: 500px)" href="foo.css" />
```

@import規則に併記する方法

CSS
```
@import url(foo.css) (width: 500px);
```

メディアクエリーの媒体特性

媒体特性はwidth以外にもいくつかの種類があり、また、「min-」または「max-」を接頭することもできます。「min-」は「最小が～の場合」、「max-」は「最大が～の場合」を示し、例えば「(min-width:500px)」のような式であれば横幅500px以上の媒体で有効ということになります。

媒体特性	意味	min,max接頭辞	値	式の例
width min-width max-width	ブラウザなどの横幅	可	長さ	(width:500px)
height min-height max-height	ブラウザなどの縦幅	可	長さ	(height:500px)
device-width min-device-width max-device-width	画面の横幅	可	長さ	(device-width:500px)
device-height min-device-height max-device-height	画面の縦幅	可	長さ	(device-height:500px)
orientation	縦長(portrait)/横長(landscape)の判定	不可	portrait landscape	(orientation:landscape)
aspect-ratio min-aspect-ratio max-aspect-ratio	ブラウザなどの縦横比	可	数値/数値	(aspect-ratio:16/9)
device-aspect-ratio min-device-aspect-ratio max-device-aspect-ratio	画面の縦横比	可	数値/数値	(device-aspect-ratio:16/9)
color min-color max-color	カラーコンポーネントのビット数	可	数値	(color:16)
color-index min-color-index max-color-index	画面の色数	可	数値	(color-index:256)
monochrome min-monochrome max-monochrome	モノクロの階調数	可	数値	(monochrome:2)
resolution min-resolution max-resolution	画面解像度	可	解像度	(resolution:300dpi)
scan	テレビの走査処理方法	不可	progressive interlace	(width:500px)
grid	端末画面が文字グリッドベース(1)/ビットマップベース(0)の判定	不可	0か1	(grid:1)

※ 解像度の単位はdpi(ドット数/インチ)またはdpcm(ドット数/センチメートル)を利用します。

また、前記以外にも、ブラウザなどは独自の媒体特性に対応している場合もあります。
例えばWebkitには、1ピクセルを何ピクセルで描画するかの-webkit-device-pixel-ratioが実装されており、iPhone4のレティナディスプレイなどで利用されます。

このようにさまざまな媒体特性がありますが、現状では、min/maxを含めて

・width
・height
・device-width
・device-height
・orientation
・resolution
・webkit-min-device-pixel-ratio

を主に利用することになるでしょう。

➔ 複数の式を組み合わせる

メディアクエリーは複数の式を組み合わせることにより、より複雑な条件に絞り込むこともできます。メディアクエリーは論理演算子のように機能するキーワードがあり、AND、OR、NOTの表現が可能です。これらのキーワードと式を組み合わせることで、複雑な論理式とすることができます。

キーワード	意味
and	AND（かつ）を意味する
,(カンマ)	OR（または）を意味する
not	NOT（否定）を意味する

例えば、
[「スクリーン型」かつ「ブラウザー横幅500px以下」で「縦長」ではない]
または
[「スクリーン型」かつ「ブラウザー横幅300px以下」かつ「縦長」]
といったクエリーとするなら次のように組み合わせます。

CSS

```
@media screen and (max-width:500px) not (orientation:portrait),
@media screen and (max-width:300px) and (orientation:portrait){
  div{font-size:16px}
  ...
}
```

このSectionで解説したメディアクエリーを活用すれば、デスクトップ向けの大きな画面、スマートフォン用の小さな画面でそれぞれ最適なレイアウトに切り替えるといったようなことが可能なわけです。

Section 15 **Selectors**

スタイルを適用するための選択子

取り上げるプロパティ -

該当spec Selectors Level 3
http://www.w3.org/TR/css3-selectors/

CSSではスタイルを適用するために、セレクタ（選択子）を利用します。
セレクタはさまざまな条件を設けることで、ドキュメント内でその条件に一致した要素に対してスタイルを適用することができます。セレクタはCSS2.1の時点でもさまざまな種類がありましたが、CSS3ではさらに増え、その数は約50にも及びます。このSectionでは、Selectors Level 3に定義されているCSS1～3までのセレクタすべてを表としてまとめ、解説します。
なお、Selectors Level 3で定義されているセレクタの他にCSS3 Basic User Interface Moduleでも数種類のセレクタが定義されていますが、それらのセレクタはSection9「Basic User Interface」で解説しています。

パターン	対象・説明		種類	CSSレベル	使用例（CSS）	使用例（HTML）	使用例（キャプチャ）
	IE7	IE8	IE9	Fx			
	Opera	Chrome	Safari				
*	すべての要素		ユニバーサルセレクタ	2	*{ background:pink; }	<h1>h1</h1> <p>p</p> <div>div</div>	h1 p div
	○	○	○	○			
	○	○	○				
E	E要素		タイプセレクタ	1	div{ background:pink; }	<h1>h1</h1> <p>p</p> <div>div</div>	h1 p div
	○	○	○	○			
	○	○	○				
E[foo]	foo属性を持つE要素		属性セレクタ	2	div[title]{ background:pink; }	<div title=test>div1</div> <div title=>div2</div> <div>div3</div>	div1 div2 div3
	△	△	○	○			
	○	○	○				

<table>
<tr><th rowspan="3">パターン</th><th colspan="2">対象・説明</th><th>種類</th><th>CSSレベル</th><th rowspan="3">使用例（CSS）</th><th rowspan="3">使用例（HTML）</th><th rowspan="3">使用例
（キャプチャ）</th></tr>
<tr><th>IE7</th><th>IE8</th><th>IE9</th><th>Fx</th></tr>
<tr><th>Opera</th><th>Chrome</th><th>Safari</th><th></th></tr>
<tr><td rowspan="3">E[foo=bar]</td><td colspan="2">foo属性の値がbarのE要素</td><td>属性セレクタ</td><td>2</td><td rowspan="3">div[title=test1]{
background:pink;
}</td><td rowspan="3"><div title=test1>div1</div>
<div title=test2>div2</div>
<div title=test3>div3</div></td><td rowspan="3">div1
div2
div3</td></tr>
<tr><td>○</td><td>○</td><td>○</td><td>○</td></tr>
<tr><td>○</td><td>○</td><td>○</td><td></td></tr>
<tr><td rowspan="3">E[foo~=bar]</td><td colspan="2">foo属性の値にbarをもつE要素</td><td>属性セレクタ</td><td>2</td><td rowspan="3">div[class~=test1]{
background:pink;
}</td><td rowspan="3"><div class=test1 testX>div1</div>
<div class=test2>div2</div>
<div class=test3>div3</div></td><td rowspan="3">div1
div2
div3</td></tr>
<tr><td>△</td><td>○</td><td>○</td><td>○</td></tr>
<tr><td>○</td><td>○</td><td>○</td><td></td></tr>
<tr><td rowspan="3">E[foo^=bar]</td><td colspan="2">foo属性の値がbarで始まるE要素</td><td>属性セレクタ</td><td>3</td><td rowspan="3">div[class^=test]{
background:pink;
}</td><td rowspan="3"><div class=test1>div1</div>
<div class=test2>div2</div>
<div class=Xtest3>div3</div></td><td rowspan="3">div1
div2
div3</td></tr>
<tr><td>×</td><td>○</td><td>○</td><td>○</td></tr>
<tr><td>○</td><td>○</td><td>○</td><td></td></tr>
<tr><td rowspan="3">E[foo$=bar]</td><td colspan="2">foo属性の値がbarで終わるE要素</td><td>属性セレクタ</td><td>3</td><td rowspan="3">div[class$=test]{
background:pink;
}</td><td rowspan="3"><div class=Atest>div1</div>
<div class=Btest>div2</div>
<div class=CtestX>div3</div></td><td rowspan="3">div1
div2
div3</td></tr>
<tr><td>×</td><td>○</td><td>○</td><td>○</td></tr>
<tr><td>○</td><td>○</td><td>○</td><td></td></tr>
<tr><td rowspan="3">E[foo*=bar]</td><td colspan="2">foo属性の値にbarを含むE要素</td><td>属性セレクタ</td><td>3</td><td rowspan="3">div[class*=test]{
background:pink;
}</td><td rowspan="3"><div class=test1>div1</div>
<div class=Btest2>div2</div>
<div class=CteSt3>div3</div></td><td rowspan="3">div1
div2
div3</td></tr>
<tr><td>×</td><td>○</td><td>○</td><td>○</td></tr>
<tr><td>○</td><td>○</td><td>○</td><td></td></tr>
<tr><td rowspan="3">E[foo|=en]</td><td colspan="2">foo属性の値がbar、またはbar-で始まるE要素</td><td>属性セレクタ</td><td>2</td><td rowspan="3">div[class|=test]{
background:pink;
}</td><td rowspan="3"><div class=test>div1</div>
<div class=test-2>div2</div>
<div class=test3>div3</div></td><td rowspan="3">div1
div2
div3</td></tr>
<tr><td>△</td><td>○</td><td>○</td><td>○</td></tr>
<tr><td>○</td><td>○</td><td>○</td><td></td></tr>
<tr><td rowspan="3">E:root</td><td colspan="2">ルート要素であるE要素（HTMLの場合はhtml、SVGの場合はsvgが該当）</td><td>擬似クラス</td><td>3</td><td rowspan="3">html:root div{
background:pink;
}</td><td rowspan="3"><html>
<body>
<div>sample</div>
</body>
</html></td><td rowspan="3">sample</td></tr>
<tr><td>×</td><td>×</td><td>○</td><td>○</td></tr>
<tr><td>○</td><td>○</td><td>○</td><td></td></tr>
<tr><td rowspan="3">E:nth-child(n)</td><td colspan="2">兄弟要素群のなかでn番目の子にあたるE要素（nは0から始まり、1ずつ増える整数）</td><td>擬似クラス</td><td>3</td><td rowspan="3">li:nth-child(2n+1){
background:pink;
}
/* 0+1, 2+1, 3+1…番目が該当 */</td><td rowspan="3"><ul>
<li>li1</li>
<li>li2</li>
<li>li3</li>
<li>li4</li>
</ul></td><td rowspan="3">• li1
• li2
• li3
• li4</td></tr>
<tr><td>×</td><td>×</td><td>○</td><td>○</td></tr>
<tr><td>○</td><td>○</td><td>○</td><td></td></tr>
</table>

パターン	対象・説明		種類	CSSレベル	使用例（CSS）	使用例（HTML）	使用例（キャプチャ）
	IE7	IE8	IE9	Fx			
	Opera	Chrome	Safari				

E:nth-last-child(n)	兄弟要素群のなかで最後からn番目の子にあたるE要素（nは0から始まり、1ずつ増える整数）		擬似クラス	3	li:nth-last-child(2n+1){
					background:pink;
					}
					/*最後から 0+1, 2+1, 3+1…番目が該当 */
						<ul>
						<li>li1</li>
						<li>li2</li>
						<li>li3</li>
						<li>li4</li>
						</ul>
							• li1
							• li2
							• li3
							• li4

	×	×	○	○			
	○	○	○				

E:nth-of-type(n)	兄弟要素群のなかのE要素でn番目にある要素（nは0から始まり、1ずつ増える整数）		<ul>
			<li>li1</li>
			<li>li2</li>
			<li>li3</li>
			</ul>
				3	p:nth-of-type(n+2){
					background:pink;
					}
						<h1>h1 1</h1>
						<p>p1</p>
						<h1>h1 2</h1>
						<p>p2</p>
						<h1>h1 3</h1>
						<p>p3</p>
							h1 1
							p1
							h1 2
							p2
							h1 3
							p3

	×	×	○	○			
	○	○	○				

E:nth-last-of-type(n)	兄弟要素群のなかのE要素で最後からn番目にある要素（nは0から始まり、1ずつ増える整数）		擬似クラス	3	p:nth-last-of-type(3){
					background:pink;
					}
						<h1>h1 1</h1>
						<p>p1</p>
						<h1>h1 2</h1>
						<p>p2</p>
						<h1>h1 3</h1>
						<p>p3</p>
							h1 1
							p1
							h1 2
							p2
							h1 3
							p3

	×	×	○	○			
	○	○	○				

E:first-child	親要素内で最初の子要素に該当するE要素		擬似クラス	2	li:first-child{
					background:pink;
					}
						<ul>
						<li>li1</li>
						<li>li2</li>
						<li>li3</li>
						</ul>
							• li1
							• li2
							• li3

	○	○	○	○			
	○	○	○				

E:last-child	親要素内で最後の子要素に該当するE要素		擬似クラス	3	li:last-child{
					background:pink;
					}
						<ul>
						<li>li1</li>
						<li>li2</li>
						<li>li3</li>
						</ul>
							• li1
							• li2
							• li3

	×	×	○	○			
	○	○	○				

E:first-of-type	兄弟要素群のなかのE要素で最初のE要素		擬似クラス	3	p:first-of-type{
					background:pink;
					}
						<h1>h1 1</h1>
						<p>p1</p>
						<h1>h1 2</h1>
						<p>p2</p>
							h1 1
							p1
							h1 2
							p2

	×	×	○	○			
	○	○	○				

E:last-of-type	兄弟要素群のなかのE要素で最後のE要素		擬似クラス	3	p:last-of-type{
					background:pink;
					}
						<h1>h1 1</h1>
						<p>p1</p>
						<h1>h1 2</h1>
						<p>p2</p>
							h1 1
							p1
							h1 2
							p2

	×	×	○	○			
	○	○	○				

E:only-child	唯一の子要素がE要素ひとつのみのE要素		擬似クラス	3	p:only-child{
					background:pink;
					}
						<div>
						<p>p1</p>
						</div>
						<div>
						<h1>h1 1</h1>
						<p>p2</p>
						</div>
							p1
							p1
							p2

	×	×	○	○			
	○	○	○				

パターン	対象・説明		種類	CSSレベル	使用例（CSS）	使用例（HTML）	使用例（キャプチャ）
	IE7	IE8	IE9	Fx			
	Opera	Chrome	Safari				

E:only-of-type	兄弟に同じ種類が存在しない唯一のE要素		擬似クラス	3	p:only-of-type{
					background:pink;
					}
						<div>
						<h1>h1 1</h1>
						<p>p1</p>
						</div>
						<div>
						<p>p2</p>
						<p>p3</p>
						</div>
							h1 1
							p1
							p2
							p3

	×	×	○	○			
	○	○	○				

E:empty	内容にテキストも子要素も持たないE要素		擬似クラス	3	div:empty{
					height:20px;
					background:pink;
					}
						<div>div1</div>
						<div></div>
							div1

	×	×	○	○			
	○	○	○				

E:link	リンク先未訪問のE要素		リンク擬似クラス	1	a:link{
					background:pink;
					}
						<a>a1</a>
						<a href=test>a2</a>
							a1 a2

	○	○	○	○			
	○	○	○				

E:visited	リンク先訪問済みのE要素		リンク擬似クラス	1	a:visited{
					color:red;
					}
						<a href=test>anchor
						</a>
						<div id=test>target
						div
						</div>
							anchor
							target div
							リンク先訪問後
							anchor
							target div

	○	○	○	○			

E:active	アクティブ中のE要素		ユーザー操作
			擬似クラス
				1と2	div:active{
					background:pink;
					}
						<div>div</div>	div
							マウスプレス
							div

	○	○	○	○			
	○	○	○				

E:hover	ホバー中のE要素		ユーザー操作
			擬似クラス
				1と2	div:hover{
					background:pink;
					}
						<div>div</div>	div
							マウスオーバー
							div

	○	○	○	○			
	○	○	○				

E:focus	フォーカス中のE要素		ユーザー操作
			擬似クラス
				1と2	input:focus{
					background:pink;
					}
						<input type=text>	フォーカス

	×	○	○	○			
	○	○	○				

E:target	URI参照先（主にページ内リンク）のE要素		ターゲット擬似クラス	3	div:target{
					background:pink;
					}
						<a href=test>anchor
						</a>
						<div id=test>target
						div
						</div>
							anchor
							target div
							参照された後
							anchor
							target div

	×	×	○	○			
	○	○	○				

パターン	対象・説明	種類	CSSレベル	IE7	IE8	IE9	Fx	Opera	Chrome	Safari	使用例（CSS）	使用例（HTML）	使用例（キャプチャ）
E:lang(fr)	言語(lang属性)にfr(fr-***も含む)が指定されたE要素	:lang()擬似クラス	2	×	○	○	○	○	○	○	div:lang(en){ background:pink; }	<div lang=en>div1 </div> <div lang=ja>div2 </div>	div1 div2
E:enabled	操作可能なE要素	UI要素状態擬似クラス	3	×	×	○	○	○	○	○	input:enabled{ background:pink; }	<input value=test1> <input value=test2 disabled>	test1 test2
E:disabled	操作不能なE要素	UI要素状態擬似クラス	3	×	×	○	○	○	○	○	input:disabled{ background:pink; }	<input value=test1> <input value=test2 disabled>	test1 test2
E:checked	チェック状態のE要素(E要素はラジオボタンやチェックボックス)	UI要素状態擬似クラス	3	×	×	○	○	○	○	○	input:checked{ -webkit-transform: rotate(30deg); …(略) transform:rotate (30deg); }	<input type=checkbox>	チェック
E::first-line	E要素の１行目	擬似要素	1	△ (「:」をひとつにすれば利用可能)	△ (「:」をひとつにすれば利用可能)	○	○	○	○	○	div::first-line{ background:pink; }	<div>テキスト(略)… </div>	テキストテキストテキストテキストテキ ストテキストテキストテキストテキスト テキストテキストテキストテキストテキ ストテキストテキストテキストテキスト テキストテキストテキストテキストテキ ストテキストテキストテキストテキスト テキストテキスト
E::first-letter	E要素の１文字目	擬似要素	1	△ (「:」をひとつにすれば利用可能)	△ (「:」をひとつにすれば利用可能)	○	○	○	○	○	div::first-letter{ background:pink; }	<div>テキスト(略)… </div>	テキストテキストテキストテキストテキ ストテキストテキストテキストテキスト テキストテキストテキストテキストテキ ストテキストテキストテキストテキスト テキストテキストテキストテキストテキ ストテキストテキストテキストテキスト テキストテキスト
E::before	E要素の最初に内容生成	擬似要素	2	×	△ (「:」をひとつにすれば利用可能)	○	○	○	○	○	div::before{ content:'test'; background:pink; }	<div>div</div>	testdiv
E::after	E要素の最後に内容生成	擬似要素	2	×	△ (「:」をひとつにすれば利用可能)	○	○	○	○	○	div::after{ content:'test'; background:pink; }	<div>div</div>	divtest

パターン	対象・説明	種類	CSSレベル	IE7	IE8	IE9	Fx	Opera	Chrome	Safari	使用例（CSS）	使用例（HTML）	使用例（キャプチャ）
E.warning	classがwarningのE要素	クラスセレクタ	1	○	○	○	○	○	○	○	div.test1{ background:pink; }	<div class=test1>div1</div> <div class=test2>div1</div>	div1 div1
E#myid	IDがmyidのE要素	IDセレクタ	1	○	○	○	○	○	○	○	div#test1{ background:pink; }	<div id=test1>div1</div> <div id=test2>div1</div>	div1 div1
E:not(s)	セレクタsに一致しないE要素	否定擬似クラス	3	×	×	○	○	○	○	○	div:not(.test2){ background:pink; }	<div class=test1>div1</div> <div class=test2>div2</div> <div>div3</div>	div1 div2 div3
E F	E要素の子孫関係のF要素	子孫セレクタ	1	○	○	○	○	○	○	○	div p{ background:pink; }	<p>p1</p> <div> <p>p2</p> </div>	p1 p2
E > F	E要素の子要素にあたるF要素（孫要素は含まれない）	子セレクタ	2	○	○	○	○	○	○	○	div>p{ background:pink; }	<div> <p>p1</p> <blockquote> <p>p2</p> </blockquote> </div>	p1 p2
E + F	E要素の弟関係にあるF要素	隣接セレクタ	2	○	○	○	○	○	△（不具合あり）	○	h1+h2{ background:pink; }	<h1>h1</h1> <h2>h2-1</h2> <p>p</p> <h2>h2-2</h2>	h1 h2-1 p h2-2
E ~ F	E要素の後にあるF要素	関節セレクタ	3	×	○	○	○	○	○	○	h1~div{ background:pink; }	<div>div1</div> <h1>h1</h1> <div>div2</div> <div>div3</div>	div1 h1 div2 div3

Chapter 3

CSS3 ビジュアルサンプル

[TEXT] 秋葉 秀樹、秋葉 ちひろ、宮澤 了祐

Section 1 ボタン

1-1

シンプルでカラフル、CSS3らしいボタンの表現

少し丸みをおびて盛り上がっているボタンに、文字が押し込まれたように刻印された形をCSSで表現するにはどうしたらよいでしょう？

これと同じ形をした実物があるとしたら、下左図のようなボタンになります。この図はCGで再現したものです。
拡大してじっくり観察してみましょう（下右図）。着目するべき点は、ボタン本体の光と影、そしてボタン中の文字が刻印されているような質感です。

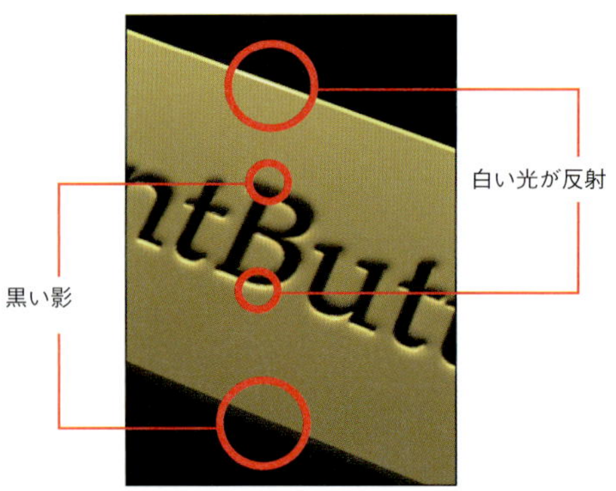

ボックスに奥行き感を与える手法

まず、ボタン本体(ボックス)に付く光と影を確認しましょう。
ボックスの上部には白い光の線が、ボックスの下には暗い影の線がそれぞれ見てわかります。
これをCSS3のbox-shadowプロパティで表現するために、角丸ボックスに以下のスタイルを与えてみました。

CSS

```
-webkit-box-shadow: inset 0 1px 1px rgba(255, 255, 255, 0.5), inset 0 -1px 1px
 rgba(0 ,0 ,0 , 0.9);
box-shadow: inset 0 1px 1px rgba(255, 255, 255, 0.5), inset 0 -1px 1px
 rgba(0 ,0 ,0 , 0.9);
```

カンマ区切りでボックス上部に1pxの白色の線、下部には1pxの黒い線。

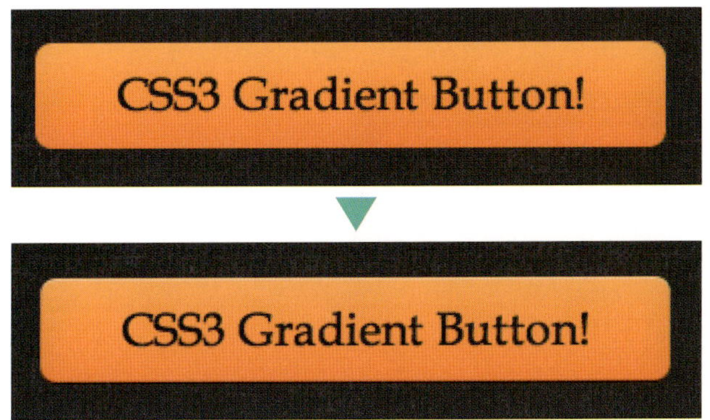

奥行き感が感じられるようになりました。
線の色の透明度は、それぞれベースとなる色(今回は、オレンジや青や緑)の濃さによって調節する必要も出てくるでしょう。

Column 影のつけすぎに注意

box-shadowとtext-shadowの値の設定は同じと言っても良いです。
box-shadowの場合insetを付けるとPhotoshopの「レイヤー効果」でいう「光彩(内側)」のような表現が可能です。
文字に影を付ける場合、下手に目立たせると可読性自体が損なわれる危険があるので、むしろ「うっすら付いてる」と思える程度で留めるくらいがちょうどいいでしょう。

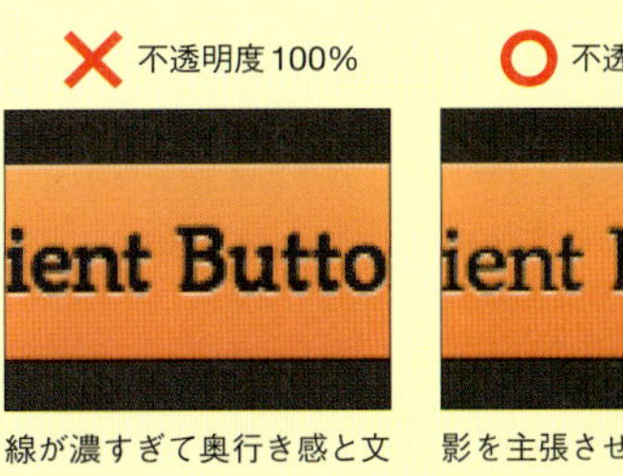

線が濃すぎて奥行き感と文字の品質が失われた例。

影を主張させることなく自然な奥行き感を与えた。

文字が刻印されているような質感をCSSで表現

今度は文字の質感です。文字の上部には黒い影、下部には白い影が入っています。
今回はボックスの上から光が当てられているために、文字の下の「フチ」が反射します。
あまり目立ちませんが、隠し味のために文字の上部にも薄く黒い影を入れました。

CSS

```
text-shadow: 0 -1px 1px rgba(0,0,0,0.2), 0 1px 1px rgba(255,255,255,0.8);
```

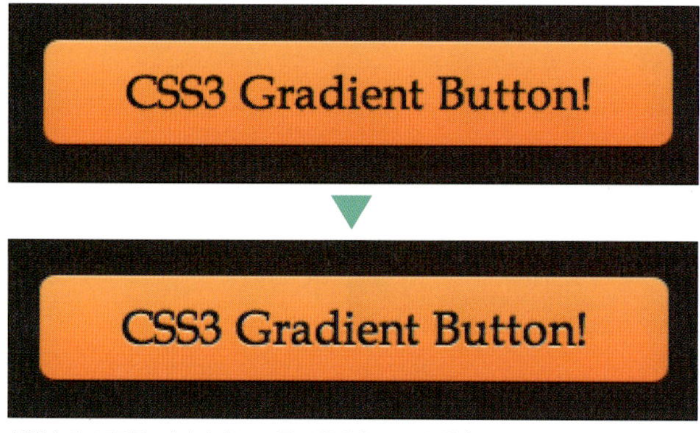

刻印文字の表現。文字上部には黒の透明度20%を設定する。
一見目立たないが、これを入れると入れないでは質感が大きく異なる。

Column グラデーションにおいてはエディタを使用

本書サンプルを通してグラデーションに関しては筆者が制作したCSSグラデーションコードを生成するサービス「Grad2 -CSS3 Easy Gradation Editor-」を使用しています。
グラデーションスライダーを操作してコードが生成されるので、それをコピーして使います。
http://grad2.ecoloniq.jp/

「»」印などを、after擬似要素を使って装飾

下手に画像で矢印マークなどを入れるより、after擬似要素を使って文字を挿入するだけで味が出る場合があります。
しかもtext-shadowの設定が効くので効果的です。

CSS3 Gradient Button! »

CSS

```
li a:after {
  content: "»";
  position: relative;
  right: -20px;
}
```

Section 1

Column グラデーション記述が統一の方向へ

Webkit系とFirefoxブラウザでは元々グラデーション文法が異なっていました。
ところが2011年1月、両方のレンダリングエンジンが、W3Cエディターズドラフトの仕様に合わせて実装するというニュースがあり、本書執筆時では統一された文法をChromeが採用し始めました。つまり、Firefoxと同様の文法を使うことができるのです（ただしベンダープレフィックスは必要です）。
Operaも最新版でついに同じ文法で線形のみのグラデーションをサポートし、将来IE10もサポートする予定だそうです（IE9は未対応）。
Safariは従来の文法でしか有効ではありませんが、そのうちSafariでも新しい文法が採用されるでしょう。
本書執筆時では、旧Webkit用と新Webkit用の文法も記載することにしました。これはiPhone、iPad用のSafariで旧い文法が使われる可能性を見越しています。
PC用のブラウザに関しては、まもなく文法が統一していくことでしょう。

Column after擬似要素などについている「:」は2つになる

CSS2.1まで「擬似クラス（hoverやactiveなど）」と「擬似要素（afterやfirst-letterなど）」とは性質の違うものでありながら、その記述方法は両者同じく、要素に対し「:」（コロン）でつないで書いていました。
CSS3では両者をしっかり区別しようと、擬似要素に関しては「::」とコロンを2つ付けることをルールと策定されています。
ただし、IEなど一部のブラウザで認識しなくなるので、本書では1つで記載しています。

Section 1 ボタン

1-2

box-shadow rgba() text-shadow

押し込まれたボタンの表現

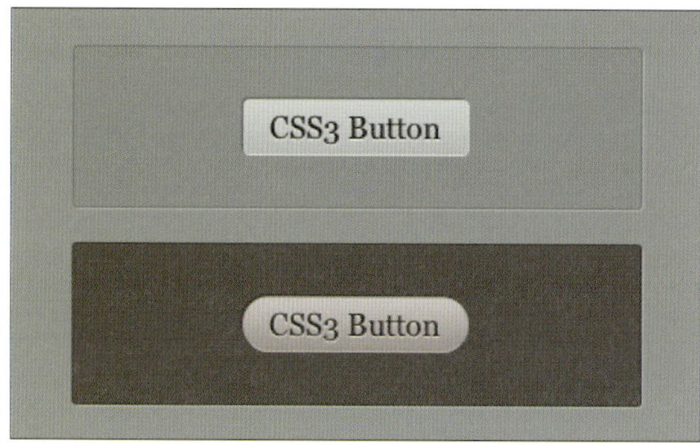

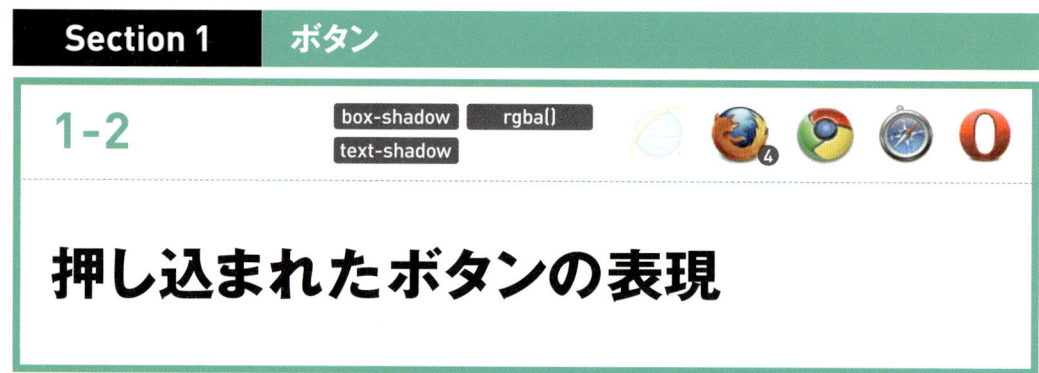

ボタン全体が押し込まれた表現について考えてみましょう。
ここでは、いかに自然な質感で凹凸感をCSSで出し切るかについて考えていきたいと思います。

「光や影」を着けすぎて奥行きのバランスが悪くなった例

下の図を見比べてみましょう。
左はtext-shadowやbox-shadowやborderを「光は白」「影は黒」と決めつけてスタイリングした例です。
確かに一見左のほうが目立ちそうな気がしますが、自然な奥行き間が壊れ、borderなどが強く表現されてしまい、結果的にボタン本体、さらにボタンの文字の存在感を殺してしまっています。

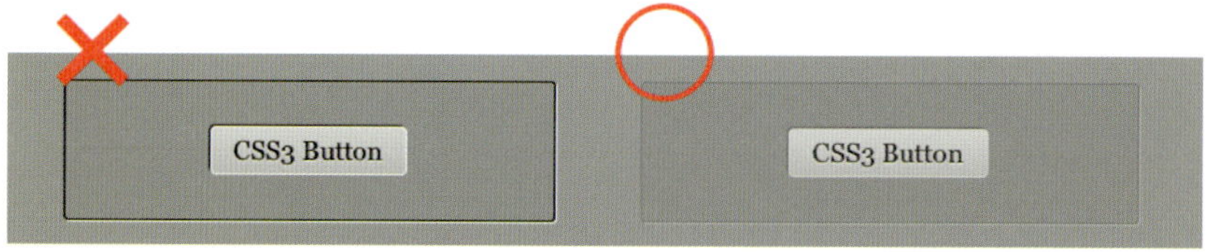

輪郭がキツく見えてしまい、結果的にボタンの存在感を殺している。
影＝黒だとか光＝白だとか、決めつけるのは間違い!!
そんな概念は捨てよう。

光=白とか影=黒とか決めつけない

光が物体に当たれば反対側には影ができる。これは誰もが疑わないことでしょう。
太陽やライトのような「光源」があり、それに照らされている面は明るくなり、もしも反対側に隙間などがあれば、そこからは暗く影がつきます。
しかし、私たちが普段生活している空間は「光源」が1つでも、光1つと影1つといったそんな単純なものではありません。
光が周りの物体に反射してそのわずかな光も差し込んでくるので、思っている以上に自然界の光というのは複雑なのです（Column「直接光と間接光」参照）。
で、ここで考えたいのは、text-shadowやbox-shadowなどを使って影を黒く塗ってしまうのではなく、「ベースの色は少しでも残しておいた方が自然」という考え方です。

影イコール黒ではない。ベースの色でこんなに違って見える。影の色は、投影された色をベースに暗くすることがセオリー。

CSS3からrgbaによるcolorの表記が可能になり、色は透明度が設定できるようになりました。
これによって下地の色と同化したように「うっすら」と色を付ける事が可能です。
さらに光の場合もそうです。右の図を見てください。文字の下部に光があたって「白く」なっているように見えますが、実際は真っ白ではありませんよね？

光も「白ではない」ことがよくわかる。

Column　直接光と間接光

直接光…本来ここでは「直接照明」と言った方が正しいでしょう。物体を光源で直接照らすもの。効果的ですが、撮影結果によってはのっぺらになりがちで、明るすぎて長時間見ると目が疲れやすいデメリットもあります。
間接光…「間接照明」という言葉を聞いたこともあるでしょう。壁紙などに光を当ててその反射光を物体に当てる方法。照度が一定になりやすく、落ち着いたムードのある撮影が期待できます。
本書の内容とそんなに関わらないにしても、撮影などには非常に大事なことなので憶えておくとよいでしょう。

全周にborder 1pxをうっすら入れるだけでメリハリがつく

これまでをまとめると、影や光はベースの色を混ぜたほうが自然な仕上がりになることが多いということです。
安易に乱用してしまうと、奥行きやボタンそのものの存在感をなくしてしまうほど強い要素なので注意しましょう。
ボタンの周りがへこんで、内側で曲面にもりあがっている形のボタンをCGで再現してみました。

ボタン左上に黒で透明度30%の影を乗せる
box-shadow: -1px -1px 1px rgba(0,0,0,0.3);
CSS3 Button
全周に明るい1pxの薄い白のborderを乗せるとよりメリハリが付く
border: 1px solid rgba(255,255,255,0.3);

ここでは全周にborderを入れてみました、borderがあるものとないもので結構違います。ただしこれはうっすら入れる事で効果があります。目立ってはいけません。

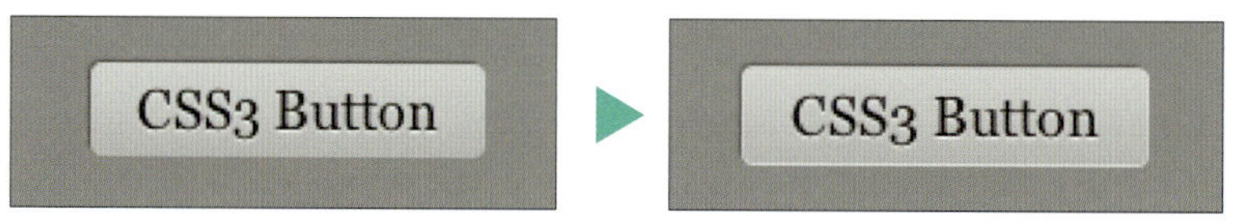
CSS3 Button
CSS3 Button

左はborderなし。右はborder: 1px solid rgba(255,255,255,0.3)と設定したもの。
メリハリに加え、自然な奥行き感が得られた。

Column 光や影は脇役で

目立つべき部分がどこなのか？　これを意識すると光や影は「よく見たら見える」という程度に留めておきましょう。本書のサンプルは効果を分かってもらいたいため若干濃くつけているくらいです。実際の案件作業となるともう少し抑えてもいいかもしれません。

Column 凹んだ表現は:hoverより:active!?

ボタンの場合、グラデーションによって、表面が盛り上がっている感じを出すことが多いですが、マウスオーバー時にグラデーションの向きを反転させて凹んだように見せるのはちょっと考えものです。
そもそも凹んだ状態というのは、指で押された結果の物理的な現象であり、マウスが宙に浮いている状態で凹まされるのは不自然だからです。
:hover時は普通に色を変えるなりしてマウスオーバーを演出しましょう。

1-3

box-shadow gradient text-shadow border-radius

アクア調ボタン

5〜6年前から数年前まで流行したガラスを彷彿させる質感です。
Apple Mac OS X風のUIによって人気があったのですが、最近のトレンドではなくなってきました。
ただし、私たちデザイナーはトレンドばかりを追いかけるのではなく、どんなテイストでも表現できないと本物とは言えません。
アクアはとても奥が深いので、観察をすることによりあなたのデザイン力を鍛えるにはとても良い素材でしょう。
CSS3でかなりのクオリティを出せます。チャレンジしてみましょう。

Column もちろん1レイヤーでも表現可能

何も無理矢理2つの要素のグラデーションを重ねないと表現できないわけではありません。
ただし、ここで述べた1pxの溝の表現や微妙なツヤを表現するために、ちょっと贅沢な使い方をしてみました。

アクア質感の仕組みを理解しよう

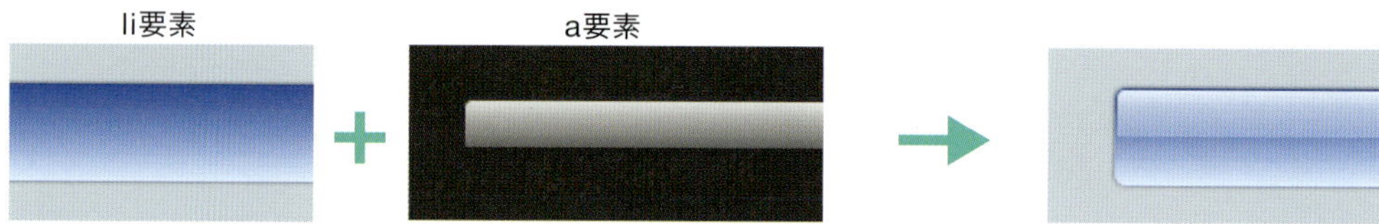

各要素にグラデーションを設定し重ねる。

上図のとおり、2レイヤーで構成します。
青い「ツルっ」とした質感は、a要素の白いグラデーションを半透明にしたもので、縦半分の上だけ色がついています（図では透明部分を分かりやすく「黒」にしました）。
li要素だけではガラスというより何だかゴムみたいな質感ですね。しかし2つの要素を重ねると印象はガラッと変わります。

1pxの「溝」を加えるだけで質感の深みが増す

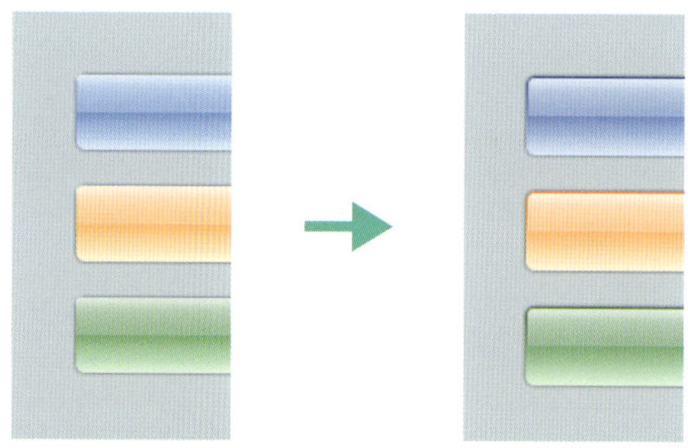

右の図は、li要素にpadding: 1pxを設定した状態。
より深みが増し、奥行きも感じられる。

左の図を見てください。この違いがとても大きいということを感じ取ってください。
たった1pxのpaddingが、このボタンの存在感を大きくしています。

Column active時に影を消す

ちょっとした演出として、active時に「押し込まれた」感を出すためにmarginとbox-shadowを調整します。

CSS

```
li:active {
  margin: 21px 20px -1px 21px;
  -webkit-box-shadow: none;
  box-shadow: none;
}
```

HTML

```html
<li><a href="#">Only CSS3 AQUA Button</a></li>
```

CSS

```css
li {
  border-radius: 5px;
  background: -webkit-gradient(linear, left top, left bottom, from(#004eb7),
    to(#dfeeff));
  background: -webkit-linear-gradient(top,#004eb7 0%, #dfeeff 100%);
  background: -moz-linear-gradient(top,#004eb7 0%, #dfeeff 100%);
  background: -o-linear-gradient(top,#004eb7 0%, #dfeeff 100%);
  background: linear-gradient(top,#004eb7 0%, #dfeeff 100%);
  padding: 1px;
  margin: 20px;
  -webkit-box-shadow: 0 0 2px #2a466c;
  box-shadow: 0 0 2px #2a466c;
}

li a {
  display: block;
  padding: 12px 15px;
  text-decoration: none;
  border-radius: 3px;
  line-height: 1;
  color: #273343;
  text-shadow: 0 1px 1px #fff;
  font-family: Arial, Helvetica, sans-serif;
  font-weight: bold;
  font-size: 18px;
  background: -webkit-gradient(linear, left top, left bottom,
    from(rgba(255,255,255,0.9)), color-stop(0.5, rgba(255,255,255,0.3)),
      color-stop(0.51, rgba(255,255,255,0)), to(rgba(255,255,255,0)));
  background: -webkit-linear-gradient(top,rgba(255,255,255,0.9),
    rgba(255,255,255,0.3) 50%, rgba(255,255,255,0) 51%, rgba(255,255,255,0) 100%);
  background: -moz-linear-gradient(top,rgba(255,255,255,0.9),
    rgba(255,255,255,0.3) 50%, rgba(255,255,255,0) 51%, rgba(255,255,255,0) 100%);
  background: -o-linear-gradient(top,rgba(255,255,255,0.9), rgba(255,255,255,0.3)
    50%, rgba(255,255,255,0) 51%, rgba(255,255,255,0) 100%);
  background: linear-gradient(top,rgba(255,255,255,0.9), rgba(255,255,255,0.3)
    50%, rgba(255,255,255,0) 51%, rgba(255,255,255,0) 100%);
}
```

a要素のグラデーションは、上から51%以下の位置は完全に透明にしているところに注目。

Section 1 ボタン

1-4

box-shadow text-shadow

内側に1pxの溝が入ったボタンの表現

1pxの差で奥行き感が大きく違う例を紹介します。
下図を見ていただくと、その違いがはっきりしていることが分かるでしょう。
下手に影をつけて奥行きを出すよりも、こうやって1pxの溝を内側に入れることにより、「際立ち」を感じさせるような格しまりの良さが得られます。
溝は限りなく薄く！　これがポイントです。

タブ型のメニューのボタンに、1pxの溝を内側に入れて立体感を表現した。

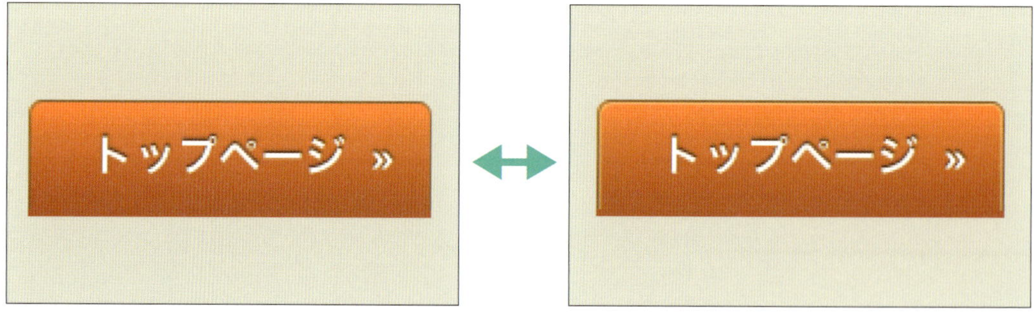

内側に1pxの溝を入れていないもの（左）と、溝を入れたもの（右）。少しの工夫で大きく見た目が変わる。

borderで外枠を作ったあとにbox-shadowで内枠を作る

メリハリのため外枠を作って、ボックスの塗りはあまり上下の差がないグラデーションで塗ります。
box-shadowで1度に4辺とも内枠を作るのは無理があります。
この図はinsetで内側の左上に白い影（溝）を入れた状態です。

CSS

```
li a {
  -webkit-box-shadow: inset 1px 1px 1px rgba(255,255,225,0.4);
  box-shadow: inset 1px 1px 1px rgba(255,255,225,0.4);
  (略)
}
```

もう一つbox-shadowの値を足して4辺に「溝」を入れる

CSS

```
-webkit-box-shadow: inset 1px 1px 1px rgba(255,255,225,0.4), inset -1px -1px 1px
  rgba(255,255,225,0.4);
box-shadow: inset 1px 1px 1px rgba(255,255,225,0.4), inset -1px -1px 1px
  rgba(255,255,225,0.4);
```

では次のようにして4辺に溝を入れます。するとどうでしょう？

下の溝だけ不要。

タブ型のボタンは下のほうの溝（box-shadow）を入れたくない場合があります。
まず外枠のborder-bottomをnoneにしましょう。
このように1辺（右側）だけに溝を入れたい場合、insetなら可能です。
先ほど書いたCSSと比べてみてください。-1pxが0になってますね？

HTML

```
<ul>
  <li><a href="#">トップページ</a></li>
  …（略）
  <li><a href="#">お問い合わせ</a></li>
</ul>
```

CSS

```
ul {
  border-bottom: 3px solid #cc5d00;
}

li {
  display: inline-block;
  margin: 0 2px 0 0;
}

li a {
  display: block;
  border-radius: 6px 6px 0 0;
  background-color: #cc5d00;
  background: -webkit-gradient(linear, left top, left bottom, color-stop(1.00,
   #cc5d00), color-stop(0.00, #fd8608));
  background: -webkit-linear-gradient(top, #fd8608 0%, #cc5d00 100%);
  background: -moz-linear-gradient(top, #fd8608 0%, #cc5d00 100%);
  background: -o-linear-gradient(top, #fd8608 0%, #cc5d00 100%);
  background: linear-gradient(top, #fd8608 0%, #cc5d00 100%);
  text-decoration: none;
  padding: 12px 35px 12px 25px;
  line-height: 1.2;
  font-size: 18px;
  font-family: "ヒラギノ角ゴ Pro W3", "Hiragino Kaku Gothic Pro", "メイリオ", Meiryo,
   Osaka, "ＭＳ Ｐゴシック", "MS PGothic", sans-serif;
  font-weight: bold;
  color: #fff;
  border:1px solid rgba(140,130,100, 0.5);
  border-bottom: none;
  text-shadow: 0 -1px 1px rgba(0,0,0,0.5);
  -webkit-box-shadow: inset 1px 1px 1px rgba(255,255,225,0.4), inset -1px 0px 1px
   rgba(255,255,225,0.4);
  box-shadow: inset 1px 1px 1px rgba(255,255,225,0.4), inset -1px 0px 1px
   rgba(255,255,225,0.4);
}

li a:after {
  content: "»";
  position: absolute;
  padding-left: 10px;
}
```

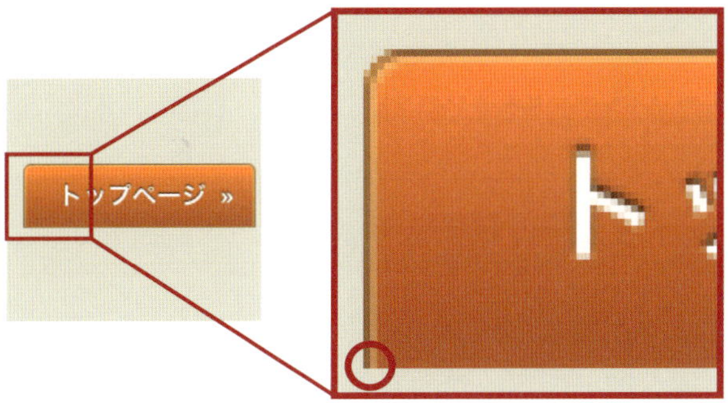

上と左右にだけ溝が入った状態。

Column こういった横並びメニューにはdisplay: inline-block

display: inlineのようだけど、ボックスの領域などをキープしてしまう、まるでinlineとblockの良いトコ取りのような存在、inline-block。

float:leftしてしまうと、どうしても親のul要素にclearfix（floatを解除するテクニック）などを使ったり面倒です。

ところがfloat:leftしてしまうとピッタリ横に並ぶものの、inline-blockの場合モダンブラウザでも「隙間」が出ます。

これは、HTML側のli要素周りの改行が原因なのです。意外と気がつかないことがありますので注意しましょう。

Column クロスブラウザを考えるとCSS3グラデーションはまだ使えない!?

CSS3におけるグラデーションは、メジャーブラウザではSafari、Chrome、Firefox、Opera（直線のみ）でサポートされました。

つまりIE9では対応していません（「CSS3 PIE」などはとても画期的ですが完璧な方法ではありません）。

最新ブラウザに対応させる簡単な方法の一つとして、SVGを背景画像にする方法が挙げられます。

この方法だとIE、Safari、Chrome、Firefox、Operaの全最新バージョンで有効です。

Adobe Illustratorなどで長方形にグラデーションを塗ってSVGで保存します。気に入らなかったら修正して上書き保存したらよいので楽ですね。

CSSでは「background: url(img/grad_svg.svg) no-repeat;」などと記述します。

ただこれもIE8だと対応していないので、まだしばらくの間は今まで通り画像を使うことになりそうです。

さらにIE10では、CSS3の文法に従ったグラデーションをサポートする予定です。

「background: -ms-linear-gradient(top, #fd8608 0%, #cc5d00 100%);」で、下の図のようにIEでもグラデーションが塗られました。

IE9 RC版

トップページ » 製品紹介 » 実績紹介 »

IE10 Platform Preview版

トップページ » 製品紹介 » 実績紹介 »

※IE10ではCSS3のgradientが有効になる

Section 1 ボタン

1-5

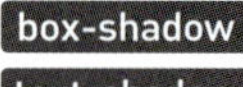

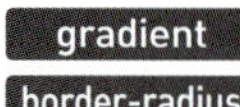

奥行きのある沈んだ質感の丸いボタン

壁に丸い穴が空いていて、そこからカラフルな球体のボタンが顔をのぞかせているとします。
穴からちょっと奥にボタンがあるので、奥行きを表現するため影をつけることにしましょう。
li要素とa要素にそれぞれbox-shadowを使っていきます。

Column ボタンが目立ってはいけない(!?)

ボタンは押されるためにあるもの。目立ってナンボという意見もあるし、それは正しいはず。
ここで言いたいのは塗りの色の方が強すぎて、他の要素の存在感の邪魔になる目立たせ方は間違っている、ということです。
下手にビビッド（原色）に近い色を使ってしまうと、ユーザは落ち着かないこともあるんです。
特に背景色は領域が広いだけに、周囲の要素に与えてしまう影響力は強いため、注意が必要です。

目立ってそうだけど、落ち着かない。

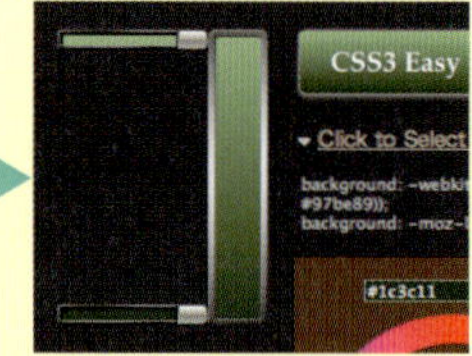

安心できる配色を心がけたい。

丸くくり抜かれた壁穴の表現

li要素内

box-shadow: inset 0 1px 2px #000, 0 2px 2px rgba(255, 255, 255, 0.3);

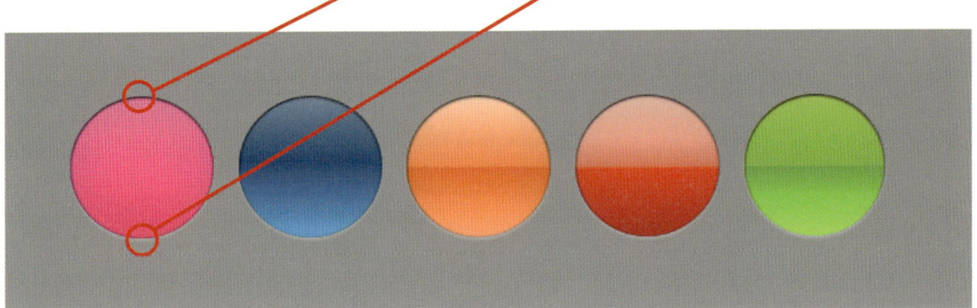

穴の上部が暗く、下部が明るく（白く）反射しています。これをCSSでli要素にこう書いてみました。

CSS

```
li {
/*（影とグラデーション以外を省略、li要素の1番目の設定）*/
  background: -webkit-gradient(linear, left top, left bottom, color-stop(1.00,
   #ef007c), color-stop(0.00, #ff5db1));
  background: -webkit-linear-gradient(top, #ff5db1 0%, #ef007c 100%);
  background: -moz-linear-gradient(top, #ff5db1 0%, #ef007c 100%);
  background: -o-linear-gradient(top, #ff5db1 0%, #ef007c 100%);
  background: linear-gradient(top, #ff5db1 0%, #ef007c 100%);
  -webkit-box-shadow: inset 0 1px 2px #000, 0 2px 2px rgba(255, 255, 255, 0.3);
  box-shadow: inset 0 1px 2px #000, 0 2px 2px rgba(255, 255, 255, 0.3);
}
```

box-shadowプロパティの値にinsetを使い、壁とボタンの距離感を出す

a要素内

box-shadow: inset 0 0 15px #bb0262;

それぞれ、li要素で設定したグラデーションの基調となる色を若干暗くした色にしていますね。
ここで楽をしたい人は、「影なんだから、全部黒くしたらいいんじゃないの？」と思われるかもしれません。
じゃあ黒くしたらどうなるかというと、こうなるんです。

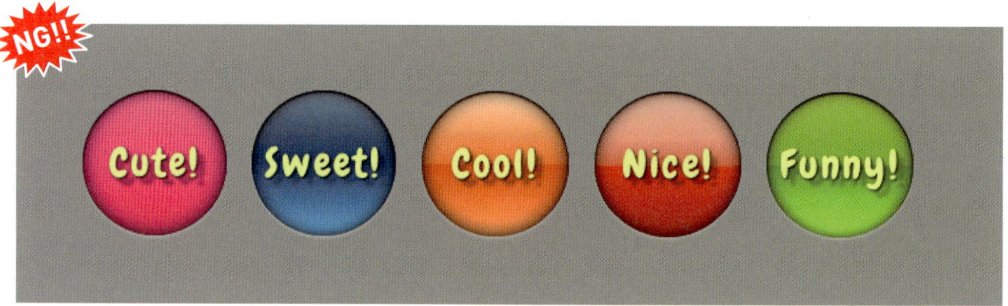

各ボタンの基調色に逆らって(ラクをするために)全部黒い影にして台無しにした例。

CSS

```
ul li a {
  -webkit-box-shadow: inset 0 0 15px rgba(0,0,0,0.8);
  box-shadow: inset 0 0 15px rgba(0,0,0,0.8);
}
```

黒って何を混ぜても黒なので強すぎるんです。
ちょっと汚くなってしまいましたしバランスを壊しかねないので、手を抜かずにしっかり作り込みたいところですね。

a要素にはそれぞれの色に見合った「影の色」をつけて自然な質感が実現します。今回はWebフォントを使ってみました。head要素に読み込みます（❶）。

HTML

```
<link href='http://fonts.googleapis.com/css?family=Chewy' rel='stylesheet'
 type='text/css' />------------❶
…略…
<ul>
  <li><a href="#">Cute!</a></li>
  <li><a href="#">Sweet!</a></li>
  <li><a href="#">Cool!</a></li>
  <li><a href="#">Nice!</a></li>
  <li><a href="#">Funny!</a></li>
</ul>
```

CSS

```
li {
  list-style: none;
  display: inline-block;
  width: 110px;
  height: 110px;
  margin-right: 15px;
  border-radius: 60px;
  background: -webkit-gradient(linear, left top, left bottom, color-stop(1.00,
   #ef007c), color-stop(0.00, #ff5db1));
  background: -webkit-linear-gradient(top, #ff5db1 0%, #ef007c 100%);
  background: -moz-linear-gradient(top, #ff5db1 0%, #ef007c 100%);
  background: -o-linear-gradient(top, #ff5db1 0%, #ef007c 100%);
  background: linear-gradient(top, #ff5db1 0%, #ef007c 100%);
  -webkit-box-shadow: inset 0 1px 2px #000, 0 2px 2px rgba(255, 255, 255, 0.3);
  box-shadow: inset 0 1px 2px #000, 0 2px 2px rgba(255, 255, 255, 0.3);
}

li a {
  display: block;
  text-decoration: none;
  text-align: center;
  width: 100%;
  height: 100%;
  font-family: 'Chewy', arial, serif;
  color: #FF8;
  text-shadow:6px 6px 2px rgba(0,0,0,0.2),1px 1px 2px rgba(0,0,0,0.8);
  font-size: 30px;
  vertical-align: bottom;
  border-radius: 60px;
  line-height: 3.7;
  letter-spacing: .07em;
  -webkit-box-shadow: inset 0 0 15px #bb0262;
  box-shadow: inset 0 0 15px #bb0262;
  -webkit-font-smoothing: antialiased;
}
```

Section 1 ボタン

1-6

box-shadow gradient text-shadow border-radius

ボタンを透明プラスチックでコーティングしたような質感

前の1-5の丸いボタンは壁の奥からぴょこっと覗き込んだ感じでしたが、
今回は透明なプラスチックでカラフルなボタンをコーティングしたような質感を演出しましょう。
使うレイヤーは2つ、なのでここもli要素とa要素それぞれに個別の塗りを重ね合わせます。

決め手は下から差し込んでくる光のグラデーション

なぜ2つの要素に別のグラデーションを塗って重ねないといけないかというと、1pxの隙間を外周に作らないと、どうしてものっぺらな質感にしかならなかったからです。
何とか1レイヤーで、box-shadowなどを使い工夫をこらしてみましたが、最終的に一番クオリティが高い状態がこの状態でした。
ここでは右図のとおり、li要素とa要素で塗りを分けています。

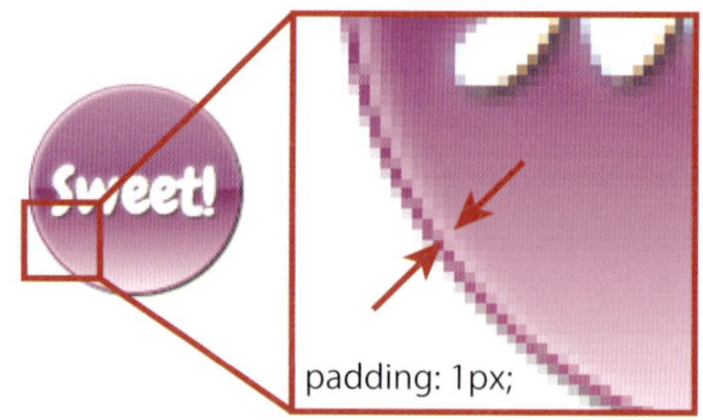

この1pxの隙間を作るために、
li要素とa要素を分けて塗る。

a要素の役目は、縦方向の一番下から真ん中(50%)までで終わります。
これはボタンの下が白くツヤっと光る演出の役割をします。これがあるのとないのとでは全然クオリティが違います。

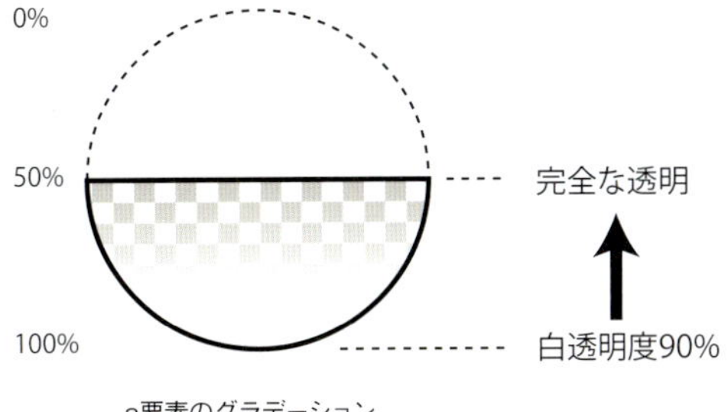

a要素のグラデーション

透明な膜を貼ったようなa要素の見た目

このままでは立体感がいまひとつ。
ここでPhotoshopでいう「ベベルとエンボス」状態に変えてしまいましょう。
というわけで主な仕組みはこのようになります。

●li要素だけの状態

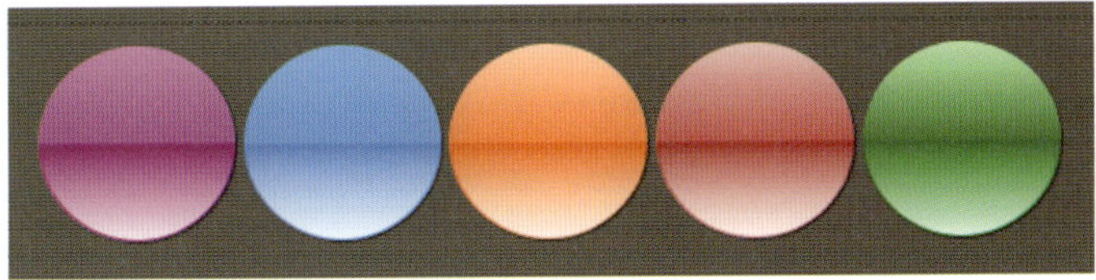

●a要素にbox-shadowを追加

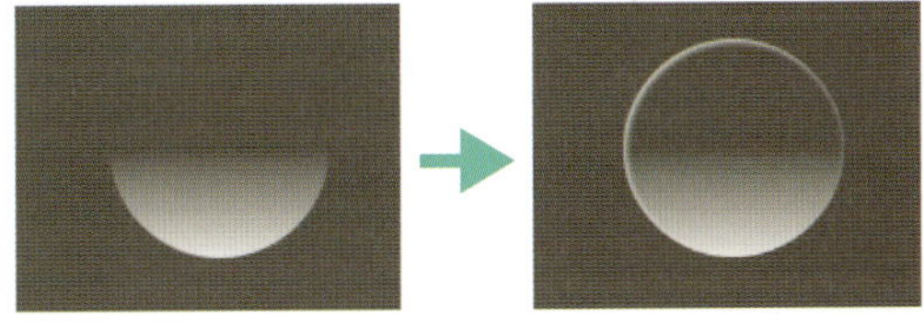

追加

```
box-shadow: inset 1px 1px 3px #fff;
```

文字の可読性に注意!

これだけつややかな表面に文字を置くので可読性が心配になります。
質感も壊さず文字も読ませるにはちょっと難しいケースです。
文字も光っているように見せたいと思ったので、a要素の文字にtext-shadowの値を2つ設定しました(❶)。

右がtext-shadowの値を2つ設定したボタン。

HTML

```
<ul>
  <li><a href="#">Sweet!</a></li>
  …略…
</ul>
```

Column 本サンプルでは常に画面の中央に配置

body要素にbox-alignとbox-packでcenterの値を入れると、画面のちょうど中央に配置されるようになります。box-alignは縦方向、box-packでは横方向の指定ができますが、その際body要素にはdisplay: flexbox;を指定します。実際はベンダープレフィックスを使っていますので以下のように記述します。

CSS

```
body {
  display: -webkit-box;
  display: -moz-box;
  display: flexbox;
  -webkit-box-align: center;
  -webkit-box-pack: center;
  -moz-box-align: center;
  -moz-box-pack: center;
}
```

ここで注意したいのがbody要素の領域です。このままでは画面中央に配置されません。

CSS

```
body { height: 100%; }
html { height: 100%; }
```

これでSafari、Chromeでは中央に配置されますが、Firefoxでは左に寄ったままです。
body { width: 100%; }まで設定してFirefoxでも解決します。詳しくはサンプルファイルをご覧ください。

CSS

```
ul li {
  list-style: none;
  display: inline-block;
  width: 98px;
  height: 98px;
  padding: 1px;
  border-radius: 50px;
  background: -webkit-gradient(linear, left top, left bottom, color-stop(1.00,
   #db34a4), color-stop(0.51, #a80077), color-stop(0.49, #c141a4),
   color-stop(0.00, #e47ccc));
  background: -webkit-linear-gradient(top, #e47ccc 0%, #c141a4 49%, #a80077 51%,
   #db34a4 100%);
  background: -moz-linear-gradient(top, #e47ccc 0%, #c141a4 49%, #a80077 51%,
   #db34a4 100%);
  background: -o-linear-gradient(top, #e47ccc 0%, #c141a4 49%, #a80077 51%,
   #db34a4 100%);
  background: linear-gradient(top, #e47ccc 0%, #c141a4 49%, #a80077 51%, #db34a4
   100%);
  -webkit-box-shadow: 1px 1px 1px #333;
  box-shadow: 1px 1px 2px #333;
}

ul li a {
  display: block;
  text-decoration: none;
  text-align: center;
  width: 98px;
  height: 98px;
  font-family: 'Chewy', arial, serif;
  text-shadow: 1px 1px 2px rgba(0,0,0,0.6), 0 0 4px white;------------- ❶
  color: #fff;
  font-size: 30px;
  vertical-align: bottom;
  border-radius: 60px;
  line-height: 3.4;
  -webkit-box-shadow: inset 1px 1px 3px #fff;
  box-shadow: inset 1px 1px 3px #fff;
  background: -webkit-gradient(linear, left top, left bottom, color-stop(1.00,
   rgba(255,255,255,0.9)), color-stop(0.50, rgba(255,255,255,0)));
  background: -webkit-linear-gradient(top, rgba(255,255,255,0) 50%,
   rgba(255,255,255,0.9) 100%);
  background: -moz-linear-gradient(top, rgba(255,255,255,0) 50%,
   rgba(255,255,255,0.9) 100%);
  background: -o-linear-gradient(top, rgba(255,255,255,0) 50%,
   rgba(255,255,255,0.9) 100%);
  background: linear-gradient(top, rgba(255,255,255,0) 50%, rgba(255,255,255,0.9)
   100%);
}
```

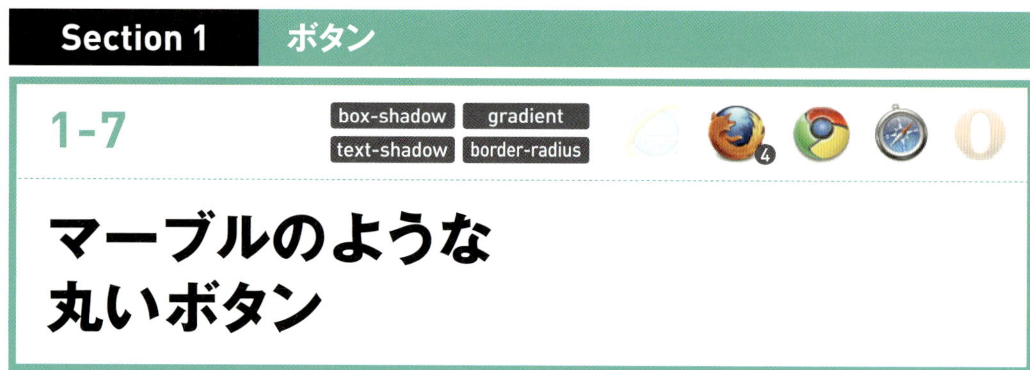

Section 1
ボタン
1-7
box-shadow
gradient
text-shadow
border-radius
4

マーブルのような丸いボタン

丸いボタンでも、ツヤがありすぎると中の文字が見にくくなることがあります。
例えば赤くて丸いボタン。 これをCGで再現したらハイライト部分(白い反射部分)が意外と目立ってしまいました。
ここはひとつ、可読性を大事にして質感を出してみましょう。
何もかも実物をリアルに再現するだけでは、かえって情報を伝えにくくすることになる場合もあるということを考えてみましょう。

Column 色の識別が困難な方のため

もしも色が識別しにくい障害を持たれている方がいたとしましょう。
今回のボタンのように左上と右下に白と黒のコントラストを付けたのは、他にも理由があります。
色が分かってもらえなくてもボタンの領域は分かってもらえるようにデザインしています。
Webデザインの場合、ボタンはユーザと対話するので、見た目とユーザビリティのバランスを可能な限り配慮しましょう。

真っ白や真っ赤だと見づらい!?

ボタンのハイライト色

#fff（真っ白）だと
可読性が悪い
↓
#fec0b9

ボタンの色

#f00（真っ赤）だと
目が痛い
↓
#cd0000

文字の影の色

#000（真っ黒）だと
文字が読みにくい
↓
rgba(0,0,0,0.5)

図は「これだと見づらい」という例です。目に対する優しさも考えて、「#ff0000のような赤」は場合によっては使わない方が無難なケースが多いです。
影も付けすぎないように心がけましょう。「#000のような黒」を影の色にするより「rgba(0,0,0,0.5)のような黒半透明50%」を選ぶと全体がやわらかい雰囲気になり、ユーザも心が落ち着いて安心した操作ができるものです。

Section 1

円形グラデーションの設定

li要素を円形グラデーションで塗りました。
いつものgradientのコードのlinearをradialに書き換えて、開始位置と終了位置を指定していきます。

```
-moz-radial-gradient(30px 30px, #fec0b9 0px, #cd0000 80px)
-webkit-gradient(radial, 30 30, 0, 30 30, 80  …
```

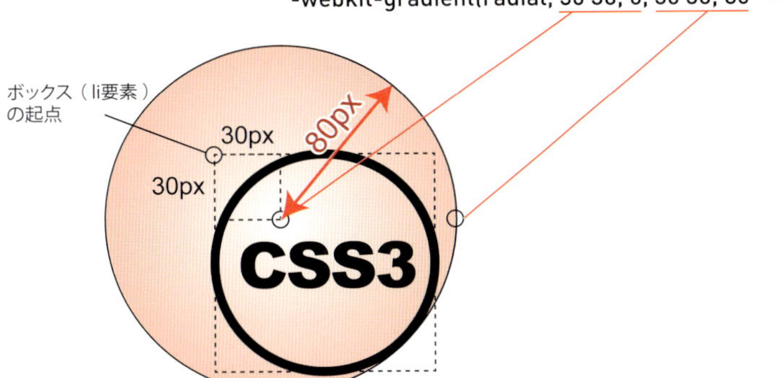

ボックスの左上から30px右下の位置をグラデーションの中心として、半径80pxで赤い色を入れています。

影のつき方を観察する

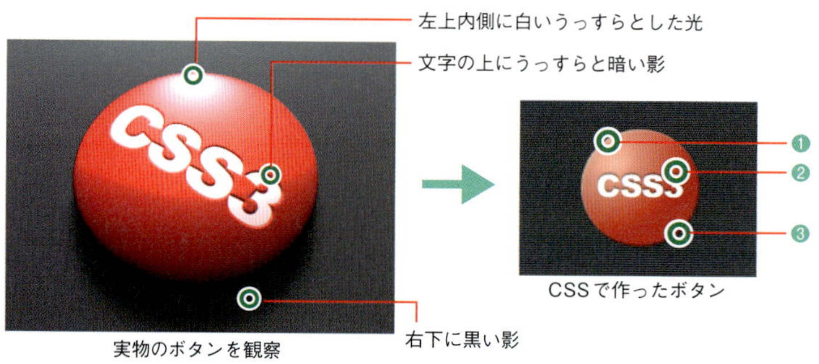

実物のボタンを観察　CSSで作ったボタン

```
box-shadow: inset 1px 1px 3px rgba(255,255,255,0.5), 1px 1px 2px #333
                         ❶                                  ❸
text-shadow: 0 -1px 1px rgba(0,0,0,0.5)
                       ❷
```

左上、右下にそれぞれ光と影を入れたいので次のようにtext-shadowとbox-shadowを設定しました。今回は白っぽい文字ということにしているので下部に白い影を入れてもあんまり意味がないので、文字の上部だけ影を入れることにしました。

さらに丸みをつける

もうひとつbox-shadowを足してみました（❹）。丸みを出すためです。見較べてみてください。

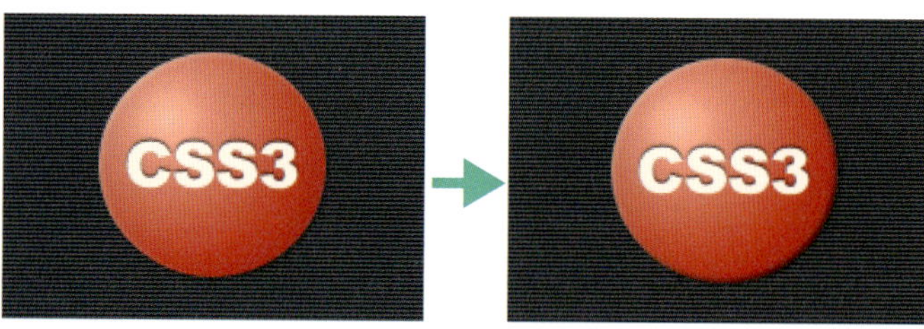

もう少し丸みをつけるため、box-shadowを追加する。

Column　迷ったとき、光や影はちょっとずつ足してみる

影や光が強いと、中の文字の存在感が弱くなるだけでなく、ユーザとして落ち着かなくなります。
奥行きは思ったよりデコボコしないほうが触りやすいので、迷ったら一度休憩をとってから、目を休めてもう一度ちょっとずつ影や光を「足していく」という作業を行ってみてください。

HTML

```html
<ul>
  <li><a href="#">CSS3</a></li>
  <li><a href="#">HTML5</a></li>
  <li><a href="#">JS API</a></li>
</ul>
```

CSS

```css
ul li {
  list-style: none;
  display: inline-block;
  width: 100px;
  height: 100px;
  border-radius: 50px;
  margin: 20px;
  -webkit-box-shadow: inset 1px 1px 3px rgba(255,255,255,0.5), 1px 1px 2px
   #333,inset -1px -1px 2px rgba(0,0,0,0.5); ------------ ④
  box-shadow: inset 1px 1px 3px rgba(255,255,255,0.5), 1px 1px 2px #333,inset -1px
   -1px 2px rgba(0,0,0,0.5); -------------------------- ④
  background: -webkit-gradient(radial, 30 30, 0, 30 30, 80, color-stop(0.00,
   #fec0b9), color-stop(1.00, #cd0000));
  background: -webkit-radial-gradient(30px 30px, #fec0b9 0px, #cd0000 80px);
  background: -moz-radial-gradient(30px 30px, #fec0b9 0px, #cd0000 80px);
  background: radial-gradient(30px 30px, #fec0b9 0px, #cd0000 80px);
}

ul li a {
  display: block;
  text-decoration: none;
  text-align: center;
  width: 100px;
  height: 100px;
  font-family: "Arial Black", Gadget, sans-serif;
  color: #FFFBF4;
  text-shadow: 0 -1px 1px rgba(0,0,0,0.5);
  border-radius: 50px;
  font-size: 24px;
  letter-spacing: -1px;
  line-height: 4.1;
}
```

Section 2 アニメーション

2-1

left -webkit-animation

一定時間をおくと画像が変わるアニメーション

CSSだけを使って、写真がスライドするアニメーションを作ってみましょう。無限ループさせせると立派なキービジュアルにもなります。

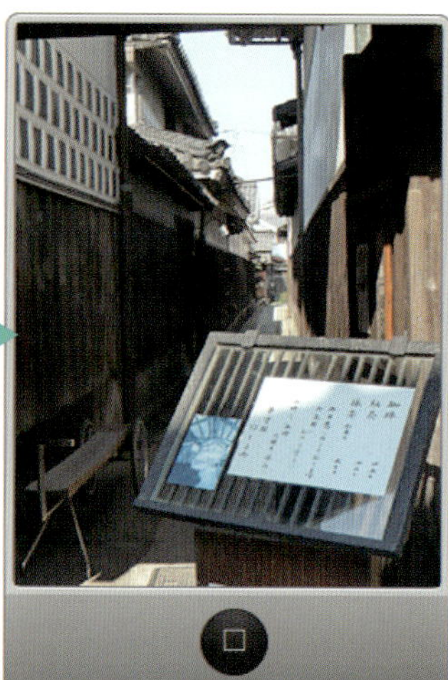

5秒経つと画像がスライドして入れ替わるアニメーション。

Column iPhone風のUIはすべてCSS3で描画

このサンプルの枠やボタンなどのUIも、すべて画像を使わずにCSS3だけで作っています。box-shadow、グラデーション（線形、円形）、ボーダーなどを組み合わせているので、ぜひサンプルファイルを確認してください。

animationプロパティは現在Webkit系しか対応していませんが、その使い方は工夫次第でかなり有効なものになります。
JavaScriptなどプログラミングができない人でも、CSSだけでできるのでかなりとっつきやすいのではないでしょうか。

HTML

```
<ul>
  <li><img src="img1.jpg" alt="" /></li>
  <li><img src="img2.jpg" alt="" /></li>
  <li><img src="img3.jpg" alt="" /></li>
  <li><img src="img4.jpg" alt="" /></li>
</ul>
```

CSS

```
ul{ position:relative; }
ul li{ position:absolute; }
```

ul要素を基準位置にし、すべてのli要素内の画像が重なるようにします。
アニメーションは、このli要素のleftプロパティの値が変わることで横移動をするようにします。

➔ まずはコマ割りを考える

animationプロパティでは100%の長さの尺のうち、何%のタイミングで何をするかを設定します。横移動も合わせて考えてみましょう。

この図より、各画像をもつli要素が、どのタイミングでleftプロパティの値を変えればよいかがわかります。

タイミング	leftプロパティの値
0%	img1→left:0; img2→left:240px; img3→left:-240px; img4→left:240px;
25%	img1→left:-240px; img2→left:0; img3→left:-240px; img4→left:240px;
50%	img1→left:-240px; img2→left:240px; img3→left:0; img4→left:240px;
75%	img1→left:-240px; img2→left:240px; img3→left:-240px; img4→left:0px;
100%	0%のときと同じ

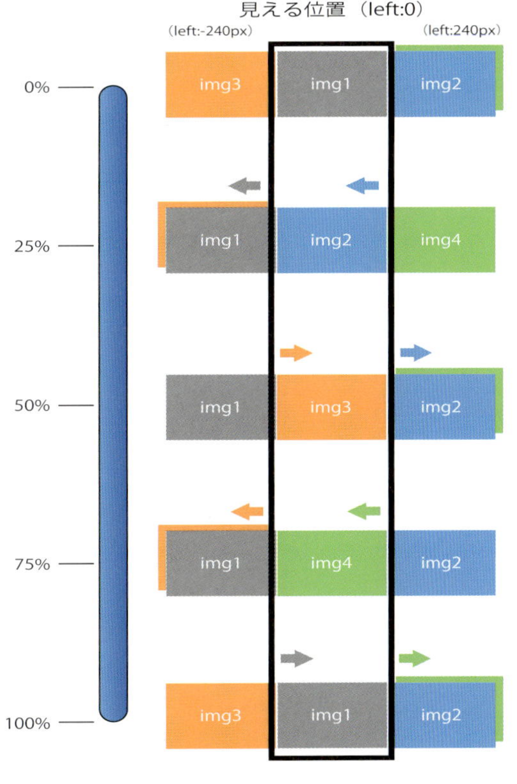

コマ割りからCSSを考える

前ページのコマ割りを、CSSにまとめていきましょう。

CSS

```
/*アニメーションについて定義*/
ul li{
  -webkit-animation-iteration-count: infinite; ------------- ❸
  -webkit-animation-timing-function: linear;
  -webkit-animation-duration:20s;
  animation-iteration-count: infinite; -------------------- ❸
  animation-timing-function: linear;
  animation-duration:20s;
}

/*li要素ごとのアニメーション名を定義*/
ul li:nth-of-type(1){
  -webkit-animation-name: show1;
  animation-name: show1;
}
ul li:nth-of-type(2){
  -webkit-animation-name: show2;
  animation-name: show2;
}
ul li:nth-of-type(3){
  -webkit-animation-name: show2;
  animation-name: show2;
}
ul li:nth-of-type(4){
  -webkit-animation-name: show4;
  animation-name: show4;
}

/*各アニメーションの設定*/
@-webkit-keyframes "show1" {
  0% {left:0;}
  25% {left:0;}
  26% {left:-240px;}
  99% {left:-240px;}-------------------------------------- ❶
  100% {left:0;}
}
@-webkit-keyframes "show2" {
  0% {left:240px;}
  25% {left:240px;}
  26% {left:0;}
  50% {left:0;}
  51% {left:240px;}
  100% {left:240px;}
}
@-webkit-keyframes "show3" {
  0% {left:-240px;}
  50% {left:-240px;}
```

```
  51% {left:0;}
  75% {left:0;}
  76% {left:-240px;}
  100% {left:-240px;}
}
@-webkit-keyframes "show4" {
  0% {left:240px;}
  75% {left:240px;}
  76% {left:0;}
  99% {left:0;}-------------------------❷
  100% {left:240px;}
}
```

ここで注意すべき点は、最初と最後のアニメーションに99%が含まれていることです（❶、❷）。
もし、❶が「99% {left:-240px;}」ではなく「100% {left:-240px;}」となっていたら、どうなるでしょうか。
animation-iteration-countプロパティでinfinite（無限ループ）が設定されていますが（❸）、100%から0%に戻るときにはアニメーションされずにパッと切り替わってしまいます。
これを回避するために、100%の段階で0%と同じ位置にあらかじめ戻しておくことで、99%から100%にかけてアニメーションされ、そのまま同じ位置で0%を迎えられるのです！　こうして、すべてにおいてアニメーションされるように見えるのです。
アニメーションはタイムラインの考え方も入ってくるので少しややこしいですが、いろんな場面で有効に使えるので、ぜひ研究して活用してみてください。

Section 2 アニメーション

2-2

-webkit-perspective -webkit-transform
-webkit-transform-style -webkit-backface-visibility

CSS3の3Dを使った絵合わせゲーム

CSS3を駆使すると、こんなカードゲームが作れます。
HTML+CSSとちょっとしたJavaScriptだけでここまでできるのか!?　と驚かれるでしょう。
2枚のカードをめくって絵柄を合わせる「ひとり神経衰弱」の作り方を考えましょう。
この立体的に「くるっ」と回る動きや斜めから見た立体的な奥行きがCSSだけで可能なのです。
Safariだけしか実装されていませんが、iPhone/iPadアプリを作る時に便利でしょう。

Column 子供といっしょにiPhoneでも楽しめる！

たったこれだけでもちょっと意地になって絵合わせしたくなります。写真はiPhoneでプレイした様子。ちゃんと音も鳴ります。これ、JavaScriptでiPhoneの加速度や傾きを検出できるから、もうちょっと工夫して、

CSS

```
-webkit-transform: rotateX(ここをiPhoneの傾き);
```

とすると面白いかも。アイデア次第で楽しさがどんどん膨らんでいきそうです。

どうやったら立体的にみえるかを理解しよう

例えばdiv#viewport3DにCSSで「-webkit-transform: rotateX(50deg);」を与えたとしましょう。
画面を見て、横方向（つまりアナタの左手から右手の方角に向かう線と思って）それを軸とします。
その軸で立体的に回転させたい場合に使いたいのが「rotateX」です。ちなみに縦方向を軸とした場合「rotateY」、奥行きを軸とした場合「rotateZ」。
rotateXを50度回転させようとしたんですが、その親要素、つまりbody要素に「今から奥行き感を与えますよ！」と指示をするとしないでは、下図のような違いがあります。

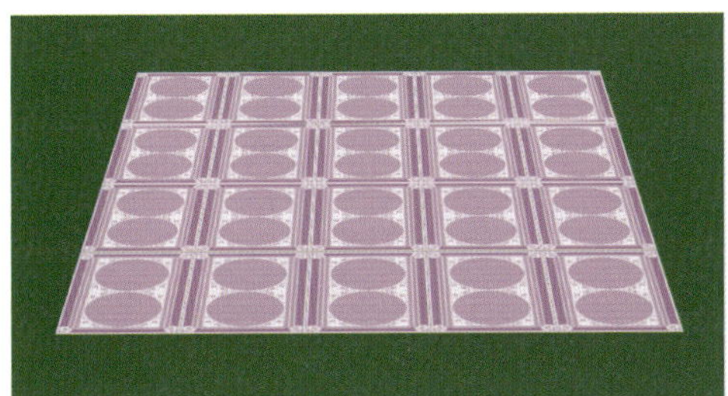
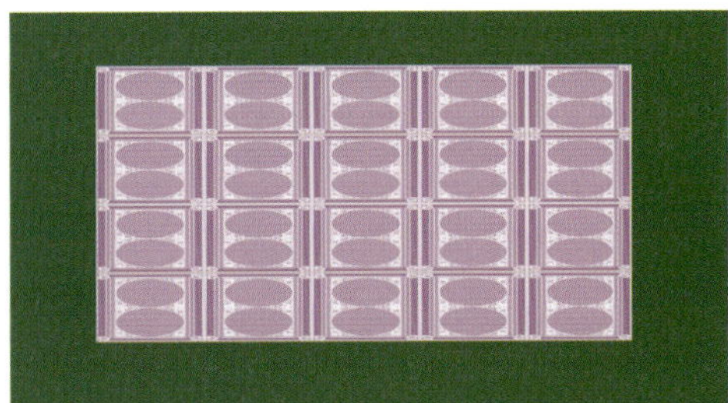

左がbody要素に-webkit-perspective:1000pxと指定した場合。右が指定していない場合。

この-webkit-perspectiveプロパティは、一言でいうなら「透視図」を意味します。
難しい話は置いておいて、下図をご覧下さい。
この値が大きければ大きいほど、「上空から見た」イメージだと思ってください。
まとめると、遠近感をつけるには、親要素にperspectiveプロパティを設定する、と憶えておきましょう。

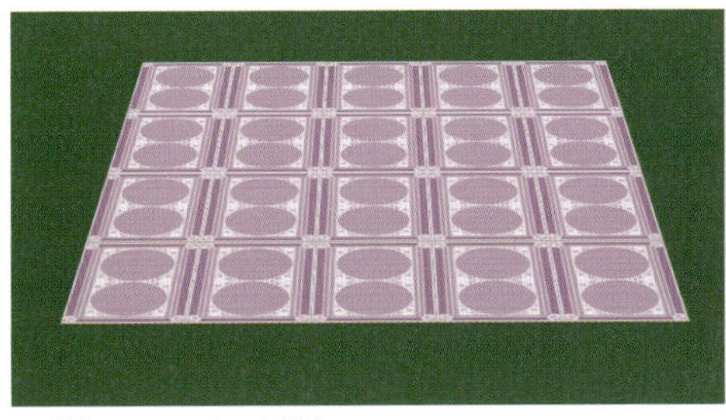

-webkit-perspective:1000px

-webkit-perspective:200px

値を200にしたら強い奥行き感でブラウザからはみ出してしまいました。

CSS

```
body {
  -webkit-perspective: 1000px; -------------❶
}

div#viewport3D {
  -webkit-transform: rotateX(50deg);
  -webkit-perspective: 1000px; -------------❷
}

div#viewport3D p {
  position: relative;
  -webkit-transition: -webkit-transform 1s;
  -webkit-transform-style: preserve-3d;
}
```

上記ではperspectiveの設定が二つありますが（❶、❷）、これはそれぞれの子要素に対する設定として必要です。
もしもdiv#viewport3Dに指定したperspective（❷）を省略したら、子要素のp要素が回転したとき、奥行きが感じられなくなります。

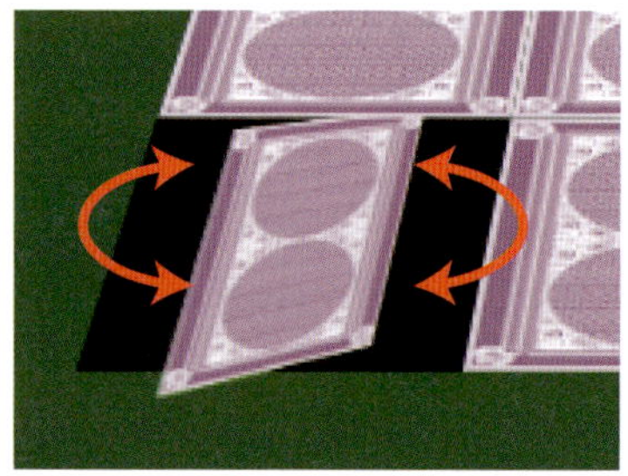

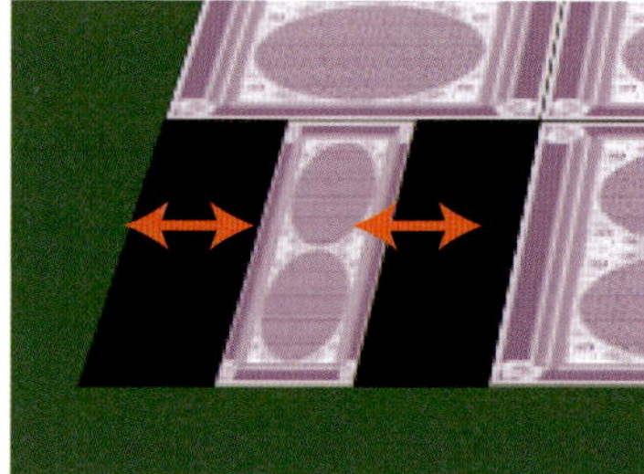

親要素のdiv#viewport3Dに-webkit-perspectiveを指定した場合としない場合。左は-webkit-perspective:1000pxと指定しているが、右は指定していない。指定していないと、奥行き感が感じられず、回転しているように見えない。

クルッと回ったときに裏面が見えるようにするには?

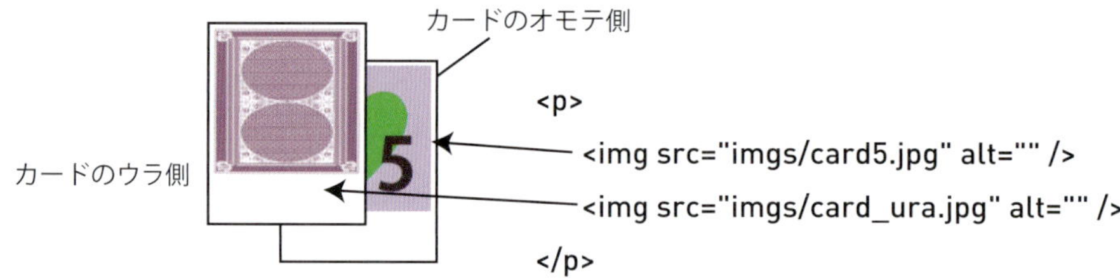

1つのp要素の中には2つの画像が入る。表と裏に使う画像だ。

ここで重要な点は、p要素には、カードの表と裏の画像が入るということです。そしてこの2つの画像は背中合わせにしなければなりません。

HTMLの構造では、後に置かれた要素が重ね順は上になるのが自然です。つまり今回のp要素の中の2つのimg要素は後にくるカード裏側が上に重なります。

ここで出てくる-webkit-backface-visibility（❸）というプロパティですが、これは回転したときに「裏面を表示するか？」を決められます。ここでhiddenにしておかないと、裏返ったとき表の画像が反転したまま表示され、見たい裏面が表示されなくなります。

次に、表側の画像を180度ひっくり返します（❹）。これで裏面と背中合わせの向きになるというわけです。

仕上げは、p要素そのものを180度ひっくり返す準備をします（❺）。これはクリックされたときJavaScriptによりturnというクラス名が付けられるように仕込んでおきました。

結果、クリックされたカードはクルッとひっくり返って表面が見えます。

絵合わせ判定などはJavaScriptで行っています。サンプルファイルを参考にしてください。

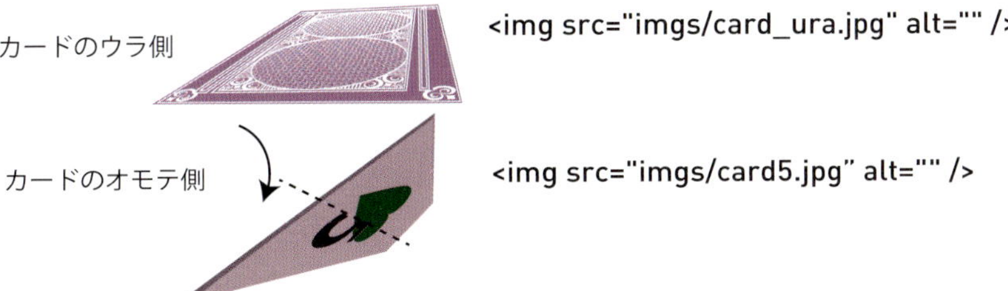

p要素を斜め横から見たイメージ図。オモテ側をrotateY(180deg)で下向きにターン、2枚を背中合わせにする。

CSS

```
div#viewport3D p img {
  position: absolute;
  -webkit-backface-visibility: hidden; --------------- ❸
}

div#viewport3D p img:nth-child(1) {
  -webkit-transform: rotateY(180deg); --------------- ❹
}

div#viewport3D p.turn {
  -webkit-transform: rotateY(180deg); --------------- ❺
}
```

Section 2 アニメーション

2-3 margin transition transform

transitionだけでできる、Mac OS XのDock風アニメーション

JavaScriptを使わずとも、CSSで大きさや位置などを組み合わせて複雑なアニメーションを表現できます。Mac OSXのDock風アニメーションといえばふわっとした動きで有名ですが、その動きをまねして作ってみましょう。

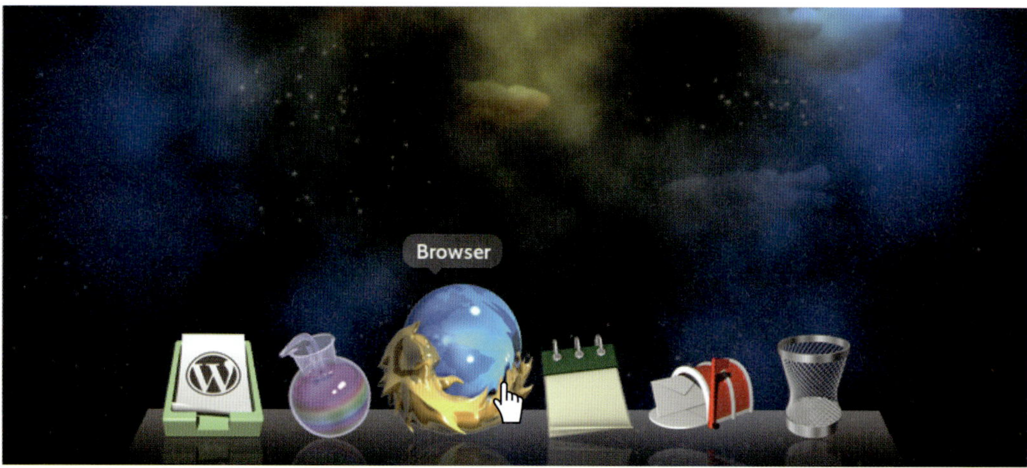

アイコンにロールオーバーすると、アイコンがふわっと大きくなってタイトル文字が出てくるという動きです。HTMLはとても簡単な構造です。li要素の中に各アイコン画像を入れ、タイトル文字はspan要素でくくります。

HTML

```
<div id="dockContainer">
  <ul id="dock">
    <li><span>WordPress</span><a href="#"><img src="img/navi_wp.png" /></a></li>
    <li><span>ToolKit</span><a href="#"><img src="img/navi_beaker.png" /></a></li>
    <li><span>Browser</span><a href="#"><img src="img/navi_ff.png" /></a></li>
    <li><span>Calendar</span><a href="#"><img src="img/navi_cal.png" /></a></li>
    <li><span>Post</span><a href="#"><img src="img/navi_post.png" /></a></li>
    <li><span>Trash</span><a href="#"><img src="img/navi_trash.png" /></a></li>
  </ul>
</div>
```

動きのひとつひとつは単純なのですが、組み合わさるとややこしいので、CSSを見ていく前にワイヤーで理解しておきましょう。

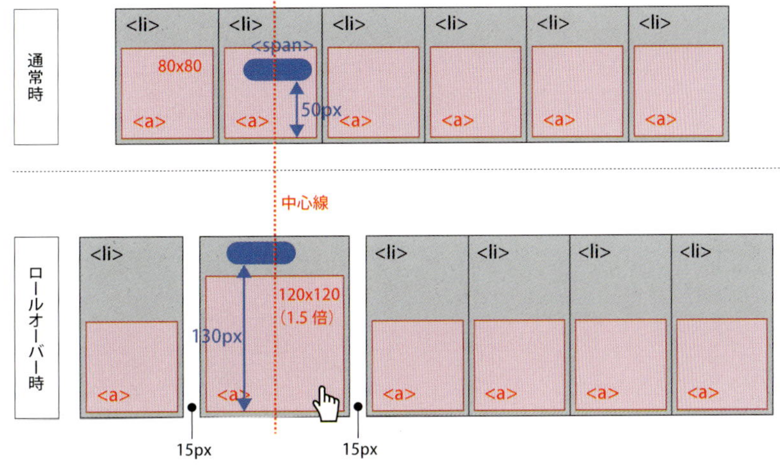

それぞれロールオーバー時に値が変わり、それをtransitionプロパティでアニメーション化させればスムーズに動きますよね。
この変わる値だけ押さえておけば、ややこしくても簡単に作れます。
それでは、ひとつずつ進めていきましょう。

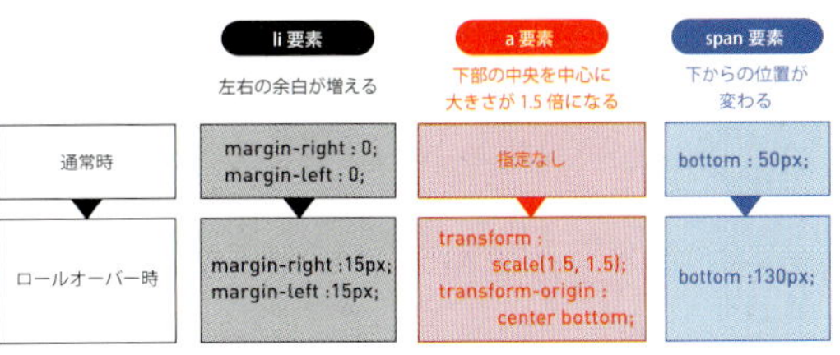

div要素を下部に固定し、アイコンを並べる

CSS

```
div#dockContainer {
  position: fixed;
  bottom: 0;
  text-align: center;
  width: 100%;
  line-height: 1;
  z-index: 100;
}
ul#dock {
  display: inline-block;
}
ul#dock li {
  display: inline-block;
  width: 80px;
  margin: 80px 0 20px;
}
ul#dock li a {
  display: block;
}
ul#dock li a img {
  width: 80px;
}
```

Section 2

li要素の値を設定する

ロールオーバーをしたときに、両側に15pxずつの隙間ができるように設定をします。

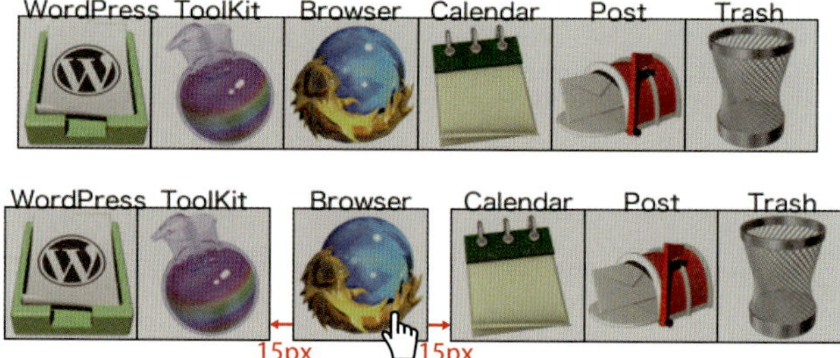

CSS

```
ul#dock li {
  -webkit-transition:margin 0.15s linear;
  -moz-transition:margin 0.15s linear;
  -o-transition:margin 0.15s linear;
  transition:margin 0.15s linear;
}
ul#dock li:hover {
  margin-left: 15px;
  margin-right: 15px;
}
```

a要素の値を設定する

次に、a要素ですが、アイコンの下部の中央を基準にして、大きさが1.5倍になるように設定をします（❶）。

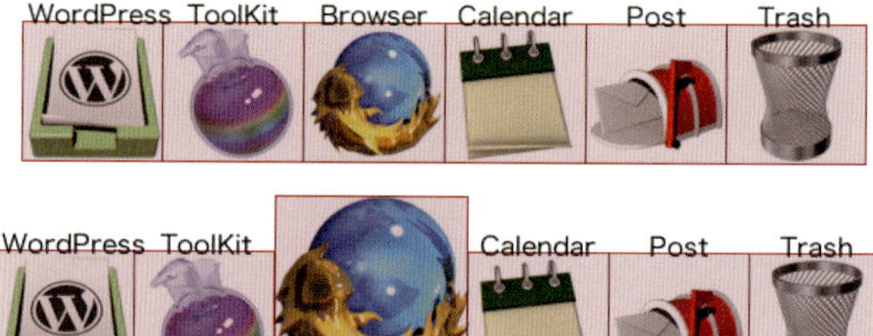

CSS

```
ul#dock li a {
  -webkit-transition:all 0.15s linear;
  -moz-transition:all 0.15s linear;
  -o-transition:all 0.15s linear;
  transition:all 0.15s linear;
}
ul#dock li:hover a {
```

```
  -webkit-transform-origin: center bottom;
  -moz-transform-origin: center bottom;
  -ms-transform-origin: center bottom;
  -o-transform-origin: center bottom;
  transform-origin: center bottom;
  -webkit-transform: scale(1.5);
  -moz-transform: scale(1.5);
  -ms-transform: scale(1.5);
  -o-transform: scale(1.5);
  transform: scale(1.5);
}
```

(上記の transform-origin および transform の各行 ― ❶)

span要素の値を設定する

次に、span要素を見ていきましょう。ロールオーバー前後で変化させるものは透明度（❶）と、下からの位置（❷）です。また、transition-timing-functionにも注目してください（❸）。span要素については少し加速度をつけて出したいので、「ease」にします（デフォルト値がeaseなので、ソースコードでは省略します）。このサンプルでは、今まではすべて「linear」を設定していましたよね。細かいですが、こういった動きについてもひとつひとつ考えていくことが必要になってきます。

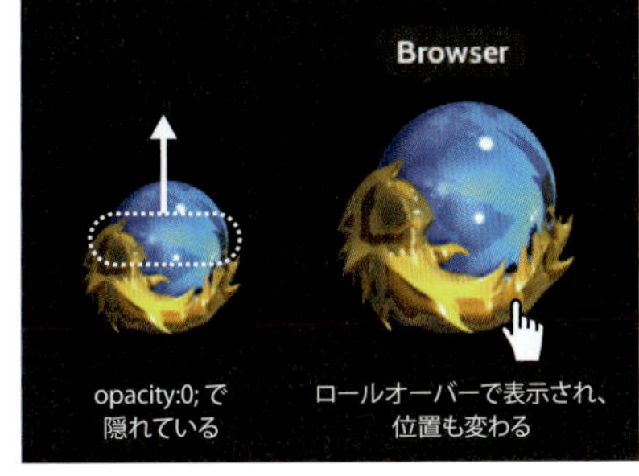

CSS

```
ul#dock li {
  position: relative;
}
ul#dock li span {
  background: rgba(255, 255, 255, 0.2);
  color: #fff;
  position: absolute;
  left:0;
  opacity:0;                                ❶
  bottom: 50px;                             ❷
  visibility:hidden;
  -webkit-transition:all 0.3s;
  -moz-transition:all 0.3s;
  -o-transition:all 0.15s;                  ❸
  transition:all 0.3s;
  border-radius:10px;
}
ul#dock li:hover span {
  opacity:1;
  bottom: 130px;
  visibility:visible;
}
```

さて、ここまででメインの動きは終了です。あとはよりリアルになるように細部を調整していきます。

Dock部分の背景と反射

Dock部分の背景は透過PNGを使って透明感を出します。
この場合は幅が可変になる必要があるので、border-imageプロパティを使って対応します。

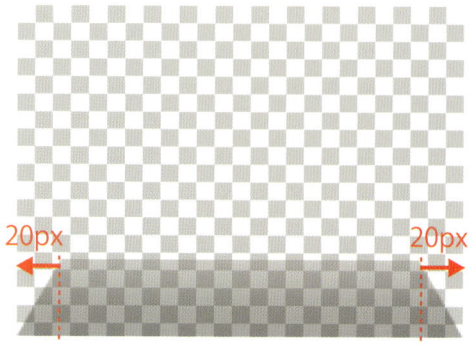

Dock部分の背景として、透過PNGファイルdock_bg.pngを用意した。

CSS

```
ul#dock{
  -webkit-border-image: url(../img/dock_bg.png) 0 20 / 0 20px stretch;
  -moz-border-image: url(../img/dock_bg.png) 0 20 / 0 20px stretch;
  -o-border-image: url(../img/dock_bg.png) 0 20 0 20 / 0 20px 0 20px stretch;
  border-image: url(../img/dock_bg.png) 0 20 / 0 20px stretch;
}
```

背景では透明感を出してガラスの雰囲気を出したので、アイコンを反射させてさらにリアリティを追究しましょう。

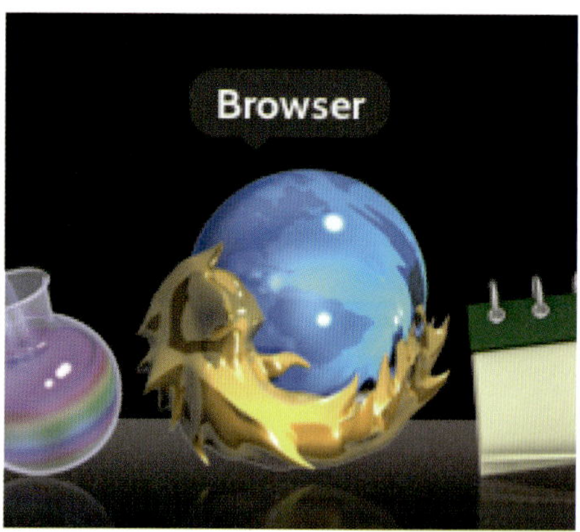

アイコンが反射していて、まるでガラスに映っているかのように見える。

CSS

```
ul#dock li a {
  -webkit-box-reflect: below 0 -webkit-gradient(linear, left top, left bottom,
   from(transparent), color-stop(0.45, transparent), to(rgba(255, 255, 255,
   0.25)));
}
```

背景を固定する

最後に、このサンプルに合う背景をつければ完成です。
ここで、背景でももう一工夫します。
CSS3での新たなbackground-sizeプロパティで、ブラウザのウィンドウサイズに合わせてリサイズするようにしましょう。

CSS

```
body{
  background:#000 url(../img/bg.jpg) no-repeat center center fixed;
  -webkit-background-size: cover;
  -moz-background-size: cover;
  -o-background-size: cover;
  background-size: cover;
}
```

ブラウザのウィンドウサイズが変わると、縦横比を保ったまま背景もリサイズする。

このSectionでは、いろいろな要素とプロパティを組み合わせて複雑に見える動きを実装しましたが、ひとつずつの動きは決して難しくありません。
あわてずにひとつずつ押さえていくようにしましょう。

Section 3 レイアウト

3-1

column-count column-rule column-gap

新聞のような段組を使って、更新しやすいWebマガジンスタイル

新聞のような段組みを使うと、横長の画面でもより効果的なレイアウトを組むことができます。

どの記事も、月ごとに入れ替わるという更新頻度の高いサンプルを見てみましょう。
真ん中の特集部分の文章が2段組になっています。これが例えば1段組だった場合、行が長く冗長になってしまって非常に読みにくくなってしまうのですが、段組をすることによって可読性があがり、読みやすくなります。

1段組でこの行の長さだと冗長で冗長で読みにくい。

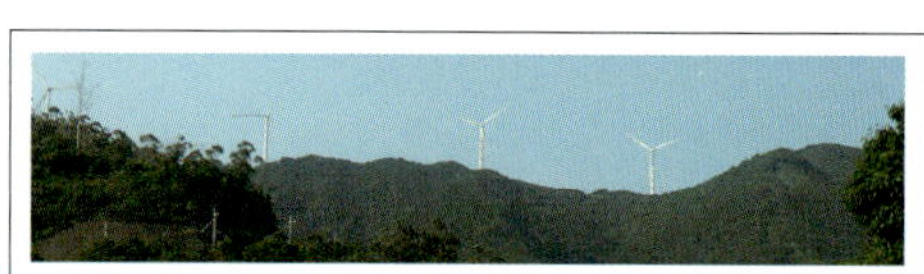

2段組にすることで可読性があがる。

➔ 段組にするには1プロパティを追加するだけ

CSS

```
p{
  -webkit-column-count: 2;
  -moz-column-count: 2;
  column-count: 2;
}
```

column-countプロパティを使って、値の数字を段組の数として指定します。

➔ 段組間を調整する

ただ、このままだと隙間が空いただけで見にくいので、段組間のボーダーと間隔を調整します。

CSS

```
p{
  -webkit-column-rule: 1px dotted #ccc;
  -moz-column-rule: 1px dotted #ccc;     ❶
  column-rule: 1px dotted #ccc;
  -webkit-column-gap: 40px;
  -moz-column-gap: 40px;                 ❷
  column-gap: 40px;
}
```

❶ 段組間のボーダーを設定します。
❷ 段組間の間隔を設定します。

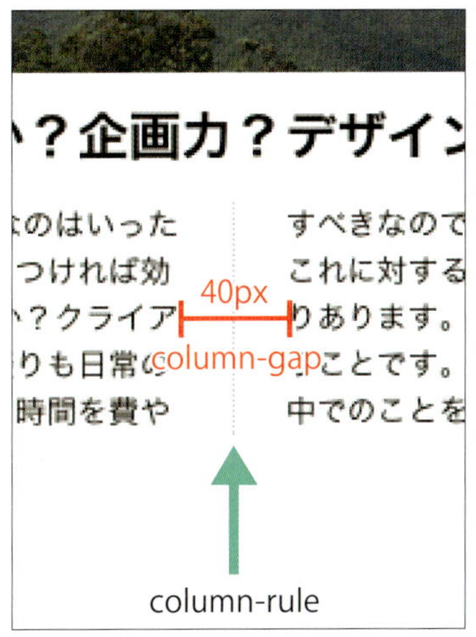

本文の長さを気にしなくていいので更新も楽にできる

このプロパティでは、column-countプロパティが設定されている要素全体が均等に分割されるので、本文が長くなっても均等な高さに分割してくれます。更新も楽にできるでしょう。

何がいちばん大事なのか？企画力？デザイン力？

Webサイトを作る上で、いちばん大事なのはいったい何なのでしょうか？何にいちばん気をつければ効果的なWebサイトができるのでしょうか？クライアントの要求は膨大です。さらに、無茶振りも日常のごとく。いったいどこにいちばんお金と時間を費やすべきなのでしょうか？
これに対する答えは、おそらく100人いれば100通りあります。人によってやり方も考え方も違うということです。今回は、わたしが今まで経験してきた中でのことを述べてみたいと思います。Webサイトを作る上で、いちばん大事なのはいったい何なのでしょうか？何にいちばん気をつければ効果的なWebサイトができるのでしょうか？クライアントの要求は膨大です。さらに、無茶振りも日常のごとく。
いったいどこにいちばんお金と時間を費やすべきなのでしょうか？
これに対する答えは、おそらく100人いれば100通りあります。人によってやり方も考え方も違うということです。今回は、わたしが今まで経験してきた中でのことを述べてみたいと思います。

段組を増やすときはcolumn-countの値を変えるだけ

このプロパティでいちばんうれしいのは、今まで煩雑だった横並びの段組が数字ひとつでできることです。
あまり分割しすぎると逆に読みにくくなってしまうので、やりすぎないように注意しましょう。

何がいちばん大事なのか？企画力？デザイン力？

Webサイトを作る上で、いちばん大事なのはいったい何なのでしょうか？何にいちばん気をつければ効果的なWebサイトができるのでしょうか？クライアントの要求は膨大です。さらに、無茶振りも日常のごとく。いったいどこにいちばんお金と時間を費やすべきなのでしょうか？
これに対する答えは、おそらく100人いれば100通りあります。人によってやり方も考え方も違うということです。今回は、わたしが今まで経験してきた中でのことを述べてみたいと思います。

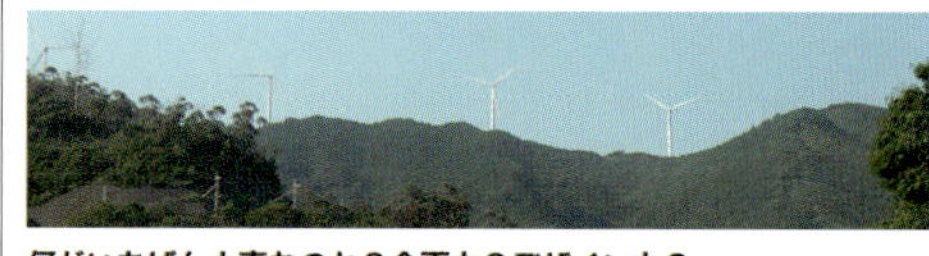

何がいちばん大事なのか？企画力？デザイン力？

Webサイトを作る上で、いちばん大事なのはいったい何なのでしょうか？何にいちばん気をつければ効果的なWebサイトができるのでしょうか？クライアントの要求は膨大です。さらに、無茶振りも日常のごとく。
いったいどこにいちばんお金と時間を費やすべきなのでしょうか？
これに対する答えは、おそらく100人いれば100通りあります。人によってやり方も考え方も違うということです。今回は、わたしが今まで経験してきた中でのことを述べてみたいと思います。

左がcolumn-count:3で3段組にした図。右がcolumn-count:4で4段組にした図。値を変えるだけで段組を変えられる。

Column 背景の新聞紙に見立てた枠は、border-image

今まで設定が面倒だったアナログ風の枠については、border-imageプロパティを使って、コンテンツの幅や高さが伸縮しても問題のないようにしています。
ぜひサンプルで確認してみてください。

3-2 flexbox box-sizing border-image flex-order box-flex

デザイン性の高いリキッドレイアウト

floatプロパティを使わないレイアウト、さらに幅が可変しても対応するborder-imageプロパティを使って、デザイン性の高いリキッドレイアウトを作ってみましょう。

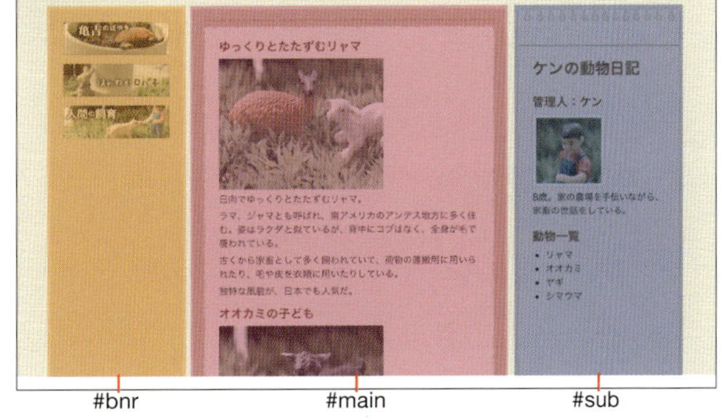

floatを使わないレイアウト組み

メインカラム、サブカラム、そしてバナーのみのカラムがあるレイアウトを考えてみます。
デザインとしてはバナーがいちばん左にありますが、HTMLを書く順序としては、メイン、サブ、バナーの順が妥当です。
まず普通に並べてみるときのレイアウト組みを考えてみましょう。

HTMLの順に並べたときのレイアウト。

HTML

```
<div id="container">
  <div id="main">～</div>
  <div id="sub">～</div>
  <div id="bnr">～</div>
</div>
```

CSS

```
div#container{ ------------------ ❶
  display: -webkit-box;
  display: -moz-box;
  display: flexbox;
}
div#main{
  width: 53%;
  margin-right: 15px;
}
div#sub{
  width: 28%;                  ---- ❷
  margin-right: 15px;
}
div#bnr{
  width: 15%;
}
```

❶ 親要素であるdiv#containerに対して、display: flexbox;を指定すると、中の子要素はすべて横並びになり、高さも最大のものに統一されます。

❷ それぞれの横幅を決めますが、ここで%単位で指定すると簡単にリキッドレイアウトになります。あわせてマージンも設定しておきましょう。

面倒なpaddingとborderの値を含めてしまおう

リキッドレイアウトで面倒なのは、paddingとborderの値をwidthから差し引かなければならないことです。これを回避するためにbox-sizingを使って、paddingとborderの値をwidthに含めてしまうという設定にしておきます。

CSS

```
div#main, div#sub, div#bnr{
  -webkit-box-sizing: border-box;
  -moz-box-sizing: border-box;
  box-sizing: border-box;
}
```

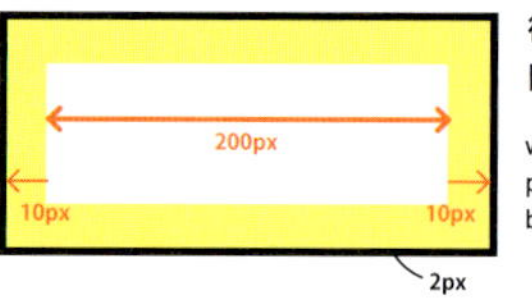

従来のボックスモデル
box-sizing : content-box;
width:200px;
padding:10px;
border:2px;
全体の領域では…
224px
200px+(10px×2)+(2px×2)

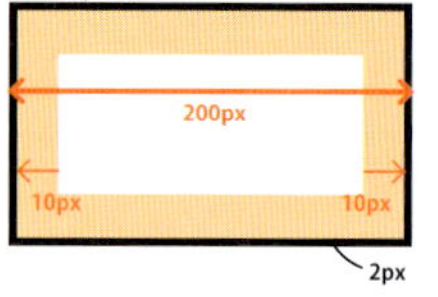

新しいボックスモデル
box-sizing : border-box;
width:200px;
padding:10px;
border:2px;
全体の領域では…
200px

並び順が数字で管理できるのがうれしい

ここで、カラムの並び順を調整します。
バナーのカラムをいちばん左に持ってくるように数字で指定します。順番が変わったら間のマージンをつける場所も忘れずに変更しておきましょう。

CSS

```
div#main{
  -webkit-box-ordinal-group: 2;
  -moz-box-ordinal-group: 2;
  flex-order: 2;
  margin-right: 15px;
}
div#sub{
  -webkit-box-ordinal-group: 3;
  -moz-box-ordinal-group: 3;
  flex-order: 3;
}
div#bnr{
  -webkit-box-ordinal-group: 1;
  -moz-box-ordinal-group: 1;
  flex-order: 1;
  margin-right: 15px;
}
```

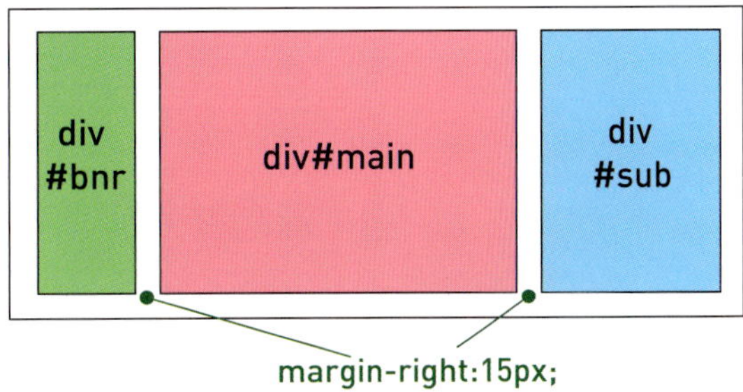

バナーのカラムを200px以下にしたくない場合は?

ここで考えてほしいのはバナーのカラムです。ここには指定サイズのバナー画像がいくつか入ることが考えられます。ウィンドウサイズが小さくなって各カラムの幅が小さくなっても、ここだけは固定サイズにしたい場合はどうしたらよいでしょうか。
そういうときには、box-flexプロパティを使います。box-flexが指定されているカラムは幅が可変になりますので、#mainと#subにこれを入れておきます。
また、バナーのカラムの幅を200pxの固定に変更しておきます。

CSS

```
div#main{
  -webkit-box-flex: 1;
  -moz-box-flex: 1;
  box-flex: 1;
}
div#sub{
  -webkit-box-flex: 1;
  -moz-box-flex: 1;
  box-flex: 1;
}
div#bnr{
  width: 200px;
}
```

ウィンドウのサイズを変えた場合の比較。

さて、ここまででレイアウトは完成です。
あとは背景を設定しましょう。

各カラムの背景の設定

このような可変なレイアウトに大変便利なのがborder-imageプロパティです。

CSS

```
div#main{
  -webkit-border-image: url(../img/main_bg.jpg) 45 40 / 45px 40px repeat;
  -moz-border-image: url(../img/main_bg.jpg) 45 40 / 45px 40px repeat;
  -o-border-image: url(../img/main_bg.jpg) 45 40 45 40 / 45px 40px 45px 40px
   repeat;
  border-image: url(../img/main_bg.jpg) 45 40 / 45px 40px repeat;
}
div#sub{
  -webkit-border-image:url(../img/sub_bg.jpg) 75 26 20 26 / 75px 26px 20px 26px
   round;
  -moz-border-image:url(../img/sub_bg.jpg) 75 26 20 26 / 75px 26px 20px 26px
   round;
  -o-border-image:url(../img/sub_bg.jpg) 75 26 20 26 / 75px 26px 20px 26px round;
  border-image: url(../img/sub_bg.jpg) 75 26 20 26 / 75px 26px 20px 26px round;
}
```

border-imageプロパティはOperaだけバグがあり、border-image-sliceとborder-image-widthにショートハンドが使えず、4つの数字をすべて書かなければならない。

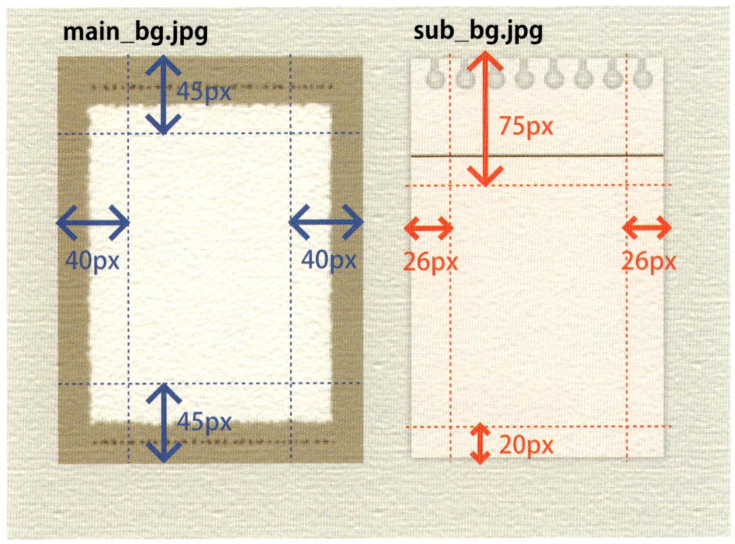

四辺の必要な部分だけを残しておくと、幅や高さが変わっても画像が劣化することなくきれいな背景となります。
Webで制作するコンテンツは、高さが変わることが多々ありますので、そういったときに便利なプロパティです。
最後にバナーのカラムの背景ですが、bodyの背景のテクスチャが透けて見えるように透過色を入れておくと、全体的に統一のとれたデザインとなります。

CSS

```
div#bnr{ background-color: rgba(193,174,132,0.5); }
```

Section 3

Column **スマートフォンでも便利なリキッドレイアウト**

iPhoneはデバイスの解像度がどの端末も同じですが、Android端末となるとかなりばらつきがあります。Mobile SafariもAndroid端末にデフォルトで入っているブラウザもこれらのプロパティはすべて使えるので、今後はこういったリキッドレイアウトの需要も増えてくるでしょう。

Section 4 テーブル

4-1

nth-child gradient rgba

情報をシンプルに見やすくするテーブル

情報量の多いテーブルはどうしても見にくくなってしまいがちです。デザインもできるだけシンプルで情報が見やすいように、さらにjQueryプラグインを使って、ユーザーで並び替えのできる見やすいテーブルを作ってみましょう。

⇕入荷日	▾商品コード	⇕商品名	⇕単価	⇕在庫
2011.05.02	A-101	方眼模造紙プルタイプ白	880	121
2011.04.20	A-102	蛍光ペン　3色セット	315	505
2011.04.25	A-103	油性マーカー　太字　黒	120	321
2011.04.14	A-104	付箋紙	415	102
2011.04.12	A-105	画びょう　1ケース（500個入）	798	53
2011.04.12	A-106	のり付パネル　A1	8,900	12
2011.04.18	A-107	チャック式ストラップ付名札　ブルー	112	52
2011.04.07	A-108	ホワイトボードマーカー	170	535
2011.04.08	A-109	マルチペーパー　スーパーエコノミー　A4	298	135
2011.04.18	A-110	カードインデックスA4　ポケット数/11枚	210	120
2011.04.12	A-111	ハードタイプ（再生PET仕様）　A2	2,520	83
2011.04.04	A-112	記章バラ　小	300	21
2011.04.13	A-113	クローク札　1箱（50セット入）	3,980	23
2011.04.26	A-114	合皮トレーボックスセット　ブラック	680	54
2011.04.14	A-115	仕切り板付ボックスユニット	1,580	302
2011.04.19	B-101	スチール印箱　大	1,980	23
2011.04.20	B-102	手提金庫　ブルー	7,499	15

➔ 見出しを見やすくしよう

まず見出しから設定していきましょう。見出しのデザインは、アクのないあっさりした感じが、見る人に安心感を与えます。

HTML

```
<thead>
  <tr>
    <th scope="col"><span>入荷日</span></th> ------------- ❷
    (略)
    <th scope="col"><span>在庫</span></th>
  </tr>
</thead>
```

CSS

```
thead th{
  background-color:#69C; -------------- ❶
  background: -webkit-gradient(linear, left top, left bottom, color-stop(1.00,
 #244386), color-stop(0.00, #4375a8));
  background: -webkit-linear-gradient(top, #4375a8 0%, #244386 100%);
  background: -moz-linear-gradient(top, #4375a8 0%, #244386 100%);
  background: -o-linear-gradient(top, #4375a8 0%, #244386 100%);
  background: linear-gradient(top, #4375a8 0%, #244386 100%);
  color:#fff;
  (略)
;}
```

グラデーションが非対応のブラウザのための背景色も忘れないようにしましょう(❶)。

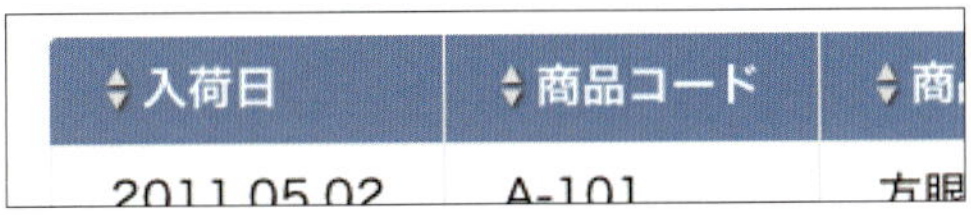

♦入荷日	♦商品コード	♦商
2011.05.02	A-101	方眼

グラデーションが非対応の場合の見出しのデザイン。

また、現時点ではグラデーションと背景画像をひとつのセレクタに対して指定することはできないので、th要素の中にspan要素で見出しを入れてアイコンをつけています(❷)。

CSS

```
thead th span{
  background:url(img/arrow.png) no-repeat 0 1px;
  padding-left:12px;
}
```

➔ 情報量が多いときはユーザーへの配慮も忘れずに

今やテーブルで、奇数行・偶数行の背景色を分けることは、ユーザーへの配慮として最低限のことですよね。ここで、nth-childを使い、偶数行に対して背景色をつけておきます。

CSS

```
tbody tr:nth-child(2n){
  background: rgba(239,239,239,0.5);
}
```

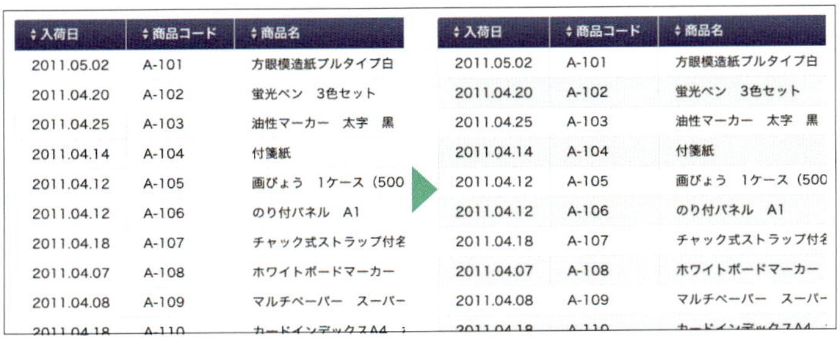

♦入荷日	♦商品コード	♦商品名
2011.05.02	A-101	方眼模造紙プルタイプ白
2011.04.20	A-102	蛍光ペン　3色セット
2011.04.25	A-103	油性マーカー　太字　黒
2011.04.14	A-104	付箋紙
2011.04.12	A-105	画びょう　1ケース（500
2011.04.12	A-106	のり付パネル　A1
2011.04.18	A-107	チャック式ストラップ付名
2011.04.07	A-108	ホワイトボードマーカー
2011.04.08	A-109	マルチペーパー　スーパー

▶

♦入荷日	♦商品コード	♦商品名
2011.05.02	A-101	方眼模造紙プルタイプ白
2011.04.20	A-102	蛍光ペン　3色セット
2011.04.25	A-103	油性マーカー　太字　黒
2011.04.14	A-104	付箋紙
2011.04.12	A-105	画びょう　1ケース（500
2011.04.12	A-106	のり付パネル　A1
2011.04.18	A-107	チャック式ストラップ付名
2011.04.07	A-108	ホワイトボードマーカー
2011.04.08	A-109	マルチペーパー　スーパー

薄い色だが、偶数行に色がつくだけで可読性がぐっとあがる(色のつけすぎに注意)。

より見やすくする工夫（jQueryプラグインの利用）

行が長くなると、情報を見つけにくくなるのはどうしようもないことです。もっと見やすくする工夫としてどんなものが必要か、まず考えてみましょう。

❶自分がどのセルにいるのかわかりやすいように、カーソルのあるセルの属する行と列に色をつける
❷見出しをクリックすると、その列を基準にソートさせる
❸❷で見出しをクリックした列がすぐにわかるように色をつける

入荷日	商品コード	商品名	単価	在庫
2011.05.02	A-101	方眼模造紙ブルタイプ白	880	121
2011.04.20	A-102	蛍光ペン　3色セット	315	505
2011.04.25	A-103	油性マーカー　太字　黒	120	321
2011.04.14	A-104	付箋紙	415	102
2011.04.12	A-105	画びょう　1ケース（500個入）	798	53
2011.04.12	A-106	のり付パネル　A1	8,900	12
2011.04.18	A-107	チャック式ストラップ付名札　ブルー	112	52

❶カーソルのあるセルの属する行と列に色をつける。

入荷日	商品コード	商品名	単価	在庫
2011.04.18	A-107	チャック式ストラップ付名札　ブルー	112	52
2011.04.25	A-103	油性マーカー　太字　黒	120	321
2011.04.07	A-108	ホワイトボードマーカー	170	535
2011.04.18	A-110	カードインデックスA4　ポケット数/11枚	210	120
2011.04.08	A-109	マルチペーパー　スーパーエコノミー　A4	298	135
2011.04.04	A-112	記章バラ　小	300	21
2011.04.20	A-102	蛍光ペン　3色セット	315	505

❷見出しをクリックすると、その列を基準にソートさせる。

これらはJavaScriptを使わないと実装できないので、これらの機能をもつjQueryプラグインを使ってみましょう。
ここで使うのは「CSS3GridTable」というもので、この書籍用に作成しました。
機能は、先に考えた工夫をふまえた、以下の4つです。

(1) ロールオーバーしたセルの属する行と列のセル（th、td）に対して「class="over"」が付加される
(2-1) 見出しを1回クリックすると、その列が昇順になり、その列の見出しに「class="asc"」が付加される

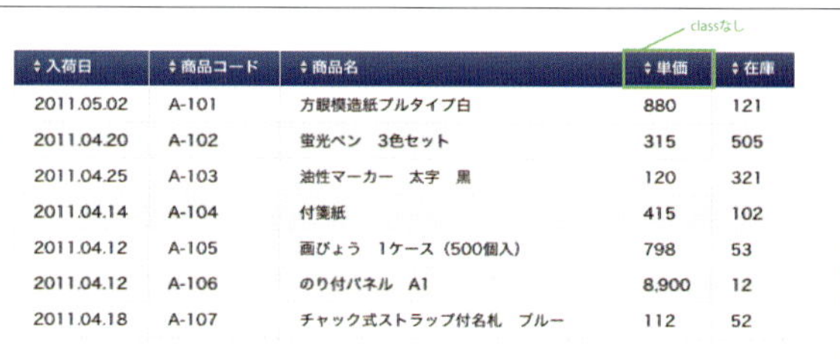

入荷日	商品コード	商品名	単価	在庫
2011.05.02	A-101	方眼模造紙ブルタイプ白	880	121
2011.04.20	A-102	蛍光ペン　3色セット	315	505
2011.04.25	A-103	油性マーカー　太字　黒	120	321
2011.04.14	A-104	付箋紙	415	102
2011.04.12	A-105	画びょう　1ケース（500個入）	798	53
2011.04.12	A-106	のり付パネル　A1	8,900	12
2011.04.18	A-107	チャック式ストラップ付名札　ブルー	112	52

通常の状態。

入荷日	商品コード	商品名	単価	在庫
2011.05.02	A-101	方眼模造紙ブルタイプ白	880	121
2011.04.20	A-102	蛍光ペン　3色セット	315	505
2011.04.25	A-103	油性マーカー　太字　黒	120	321
2011.04.14	A-104	付箋紙	415	102
2011.04.12	A-105	画びょう　1ケース（500個入）	798	53
2011.04.12	A-106	のり付パネル　A1	8,900	12
2011.04.18	A-107	チャック式ストラップ付名札　ブルー	112	52

ロールオーバー時（1）。

(2-2) もう一度同じ見出しをクリックすると、その列は降順になり、その列の見出しに「class="desc"」が付加される

(3) 見出しをクリックした列のセル（th、td）に対して「class="active"」が付加される

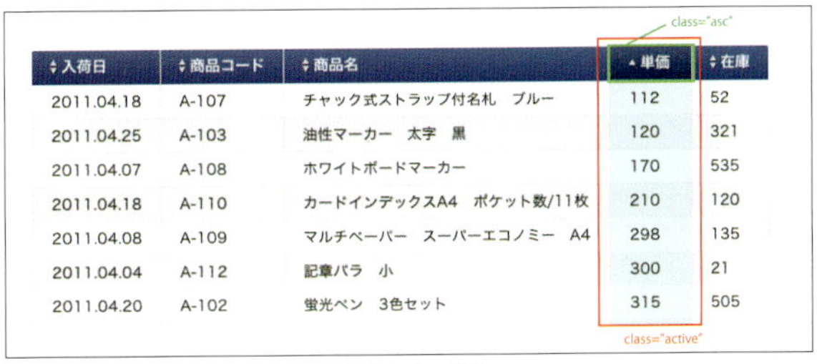

class="asc"

入荷日	商品コード	商品名	単価	在庫
2011.04.18	A-107	チャック式ストラップ付名札　ブルー	112	52
2011.04.25	A-103	油性マーカー　太字　黒	120	321
2011.04.07	A-108	ホワイトボードマーカー	170	535
2011.04.18	A-110	カードインデックスA4　ポケット数/11枚	210	120
2011.04.08	A-109	マルチペーパー　スーパーエコノミー　A4	298	135
2011.04.04	A-112	記章バラ　小	300	21
2011.04.20	A-102	蛍光ペン　3色セット	315	505

class="active"

見出しが一回クリックされたとき(2-1)、(3)。

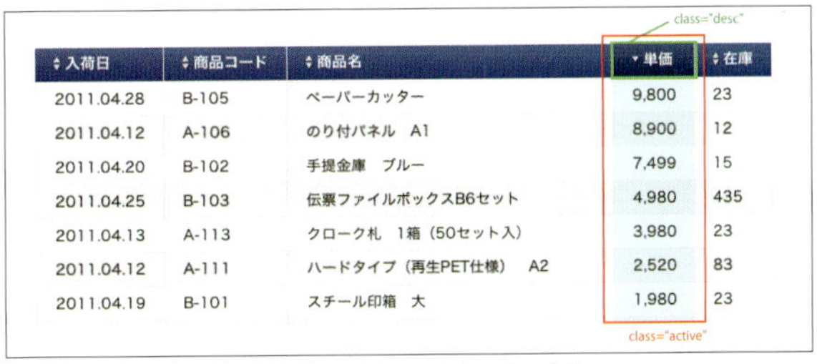

class="desc"

入荷日	商品コード	商品名	単価	在庫
2011.04.28	B-105	ペーパーカッター	9,800	23
2011.04.12	A-106	のり付パネル　A1	8,900	12
2011.04.20	B-102	手提金庫　ブルー	7,499	15
2011.04.25	B-103	伝票ファイルボックスB6セット	4,980	435
2011.04.13	A-113	クローク札　1箱（50セット入）	3,980	23
2011.04.12	A-111	ハードタイプ（再生PET仕様）　A2	2,520	83
2011.04.19	B-101	スチール印箱　大	1,980	23

class="active"

もう一度同じ見出しがクリックされたとき(2-2)、(3)。

こういったクラスが付加されることにより、CSSでそこだけのスタイルを設定できるようになります。

CSS

```
/*ロールオーバー時にうすい黄色の背景を追加*/
td.over{
  background: rgba(248,246,213,0.3);
}
/*見出しをクリックした列のth内の三角のアイコンを変更する*/
thead tr th.asc span{
  background:url(../img/asc.png) no-repeat 0 5px;  /*上向き*/
}
thead tr th.desc span{
  background:url(../img/disc.png) no-repeat 0 5px; /*下向き*/
}

/*見出しをクリックした列のセルにはうすい青色の背景を追加*/
tbody tr td.active{
  background: rgba(218,243,251,0.5);
}
/*見出しをクリックした列のthの背景を少し濃くする*/
thead tr th.active{
  background-color: #4580ba;
  background: -webkit-gradient(linear, left top, left bottom, color-stop(1.00,
   #162c5a), color-stop(0.00, #3c6896));
  background: -webkit-linear-gradient(top, #3c6896 0%, #162c5a 100%);
  background: -moz-linear-gradient(top, #3c6896 0%, #162c5a 100%);
  background: -o-linear-gradient(top, #3c6896 0%, #162c5a 100%);
  background: linear-gradient(top, #3c6896 0%, #162c5a 100%);
  color:#fff;
}
```

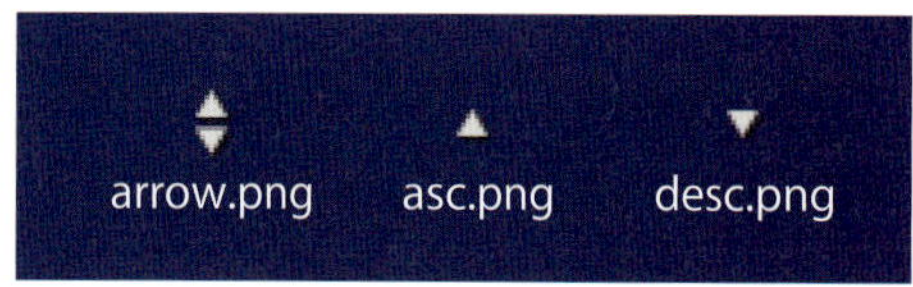

クリックによって変更する見出し部分のアイコン。

ここで、グラデーション以外の背景色には不透明度がかかっていることに注目してください。これにはきちんと理由があります。
最初につけた偶数行への背景（グレー）はtr要素に対して指定しています。
その後のjQueryでは列ごとのtd要素に背景をそれぞれ設定しています。
そうすると、tr要素の背景色とtd要素の背景色が重なったときは、色が乗算されていい感じになるのです（Firefox、Chrome、Safariのみ）。
以上で、デザイン部分の設定は終了です。

(C)
(A)
(B)

(A) 偶数行目 background: rgba(239,239,239,0.5);
(B) class="over"のついたセル background: rgba(248,246,213,0.3);
(C) class="active"のついたセル background: rgba(218,243,251,0.5);

※一部ブラウザは除く。

次に、jQueryの導入をみていきましょう。
このChapterには、いくつかjQueryを導入する部分があります。起動方法やカスタマイズは少しずつ異なりますが、ダウンロードから組み込みまではほぼ同じですので、覚えておきましょう。

CSS3GridTableの使用方法

このプラグインは以下の機能をテーブルに追加します。

- 項目のソート機能
  各項目を降順、昇順にソートします。
- 行・列のハイライト機能
  現在マウスカーソルがある行・列をハイライトします。
- 項目の編集機能（標準はオフ）
  セルごとにその場で編集できるようにします。

●Step 1 - ファイルのダウンロード

本書サポートサイトからjquery.css3gridtable.zipをダウンロードして解凍すると以下のファイルが解凍されます。

-jquery.css3gridtable.js
-sample.html
-/img (背景画像など)

●Step 2 - HTMLに組み込み

headタグの末尾に次のHTMLを記述し組み込みます。

HTML

```
<script type="text/javascript" src="http://code.jquery.com/jquery-1.5.2.min.js">
</script>
<script src="./jquery.css3gridtable.js" type="text/javascript"></script>
```

jsのディレクトリはお使いの環境に合わせて変更してください。

●Step 3 - プラグインの起動

次のスクリプトをHTMLに記述しプラグインを実行します。対象とするテーブルのclassに「grid」を指定した場合を想定しています。

HTML

```
<script type="text/javascript">
$(function(){
  $("table.grid").css3gridTable();
});
</script>
```

ここまでで、このSectionのサンプルで使った機能は実装できます。
さらに編集機能を追加する場合は次のステップに進みましょう。

● Step 4 - カスタマイズ

編集機能を有効にする場合は、以下のように引数を渡します。

HTML

```
<script type="text/javascript">
$(function(){
  $("table.grid").css3gridTable({
    editable : true,
    onChange : function(col,row,value){
      alert("cell(" + col + "," + row + ") is changed! :" + value);
    }
  });
});
</script>
```

編集機能自体は、データベースと連携させたりして使うことがほとんどですので、デザイナーやフロントエンドエンジニアだけで実装する機会は少ないかもしれません。
ですが、UIデザインのことまで考えると、編集しているときにどう画面が変わったらユーザーは使いやすいのか？ といったところまで、デザイナーも今後は関わっていくことになると考え、編集機能も実装しました。
実際にサイトでのユースケースを考え、研究してみてください。

Column サンプル上ではjQueryの読み込みにCDNを利用

サンプルコードではjQueryの読み込みのためのHTMLをhead要素内に

HTML

```
<script type="text/javascript"
  src="http://code.jquery.com/jquery-
   1.5.2.min.js">
</script>
```

と記述しました。
これはjQueryファイルを保存せず、インターネット上（CDN=Content Delivery Network）にあるjQueryを利用する方法です。
ちなみにGoogle Ajax API CDNやMicrosoft CDNも利用可能なので、気軽に使えます。
ただし、インターネットがつながっていない環境では動作しなくなりますのでご注意ください。

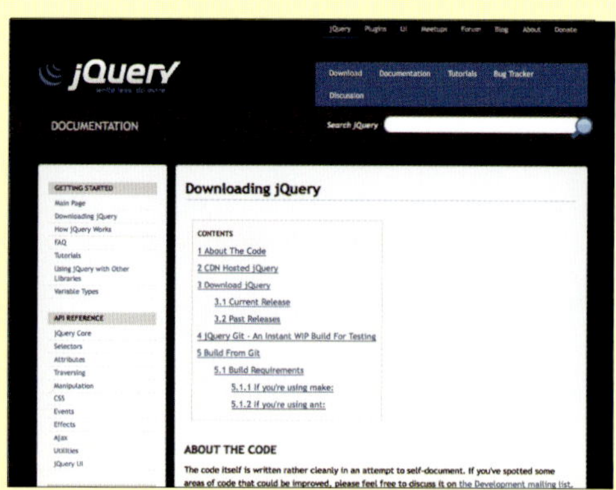

http://docs.jquery.com/Downloading_jQuery
jQueryダウンロードページ、CDNのURLも記載されている。

Column　テーブルのデータをサーバとやりとりする仕組み

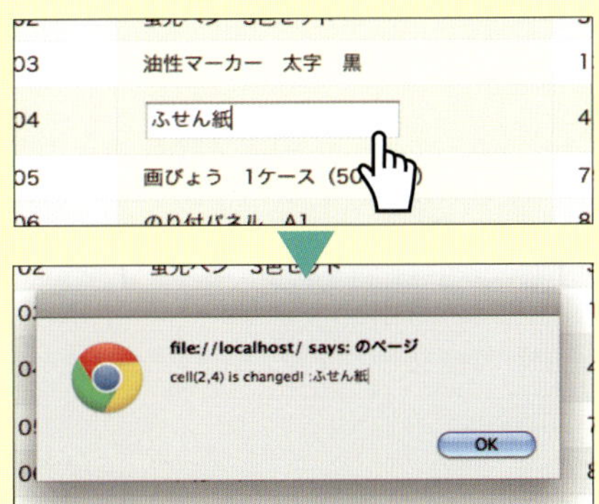

CSS3GridTableプラグインではテーブルのセルをその場で編集する機能を備えています。
サンプルのStep4で編集機能を有効にした場合、セルをクリックすることで右図のようにセル内を編集することができ、編集後はウィンドウで確認画面が出るようになっていますが、これだけだとブラウザを更新したときに、最初の値に戻ってしまいます。
実際にこのデータをサーバへ送信し、データベースやCSVファイルなどに保存する場合はどうしたらよいでしょうか？
P218のHTMLソースを、次のように変更します。

変更前

HTML

```
onChange : function(col,row,value){
  alert("cell(" + col + "," + row + ") is changed! :" + value);
}
```

編集後にウィンドウで確認画面を出す

変更後

HTML

```
onChange : function(col,row,new_value){
  $.post( "サーバのURL" , { cell : [col,row], value : new_value } );
}
```

編集後にjQueryのpost関数でデータをサーバに送る

こうすることで、編集したデータを編集後にサーバに送ることができます。ですがこれだけでは、実際に編集したデータをHTMLに反映することはまだできません。送ったままの一方通行にすぎないからです。
反映するためには、送ったデータをまずサーバ側で受け取り保存する処理が必要になります。この処理は、CGI等のスクリプトで行ないます。仕組みを図解しましたのでごらんください。ここでは、サーバ側で受け取ったデータをCSVファイルに保存するとします。この❶〜❸が繰り返し行なわれることでサーバとのデータのやりとりが行なわれ、Webサイトの管理画面のような仕組みができるのです。
❸のCSVをHTMLに出力する際に便利なプラグインを紹介しておきます。
「CSV2Table」プラグイン
http://plugins.jquery.com/project/csv2table

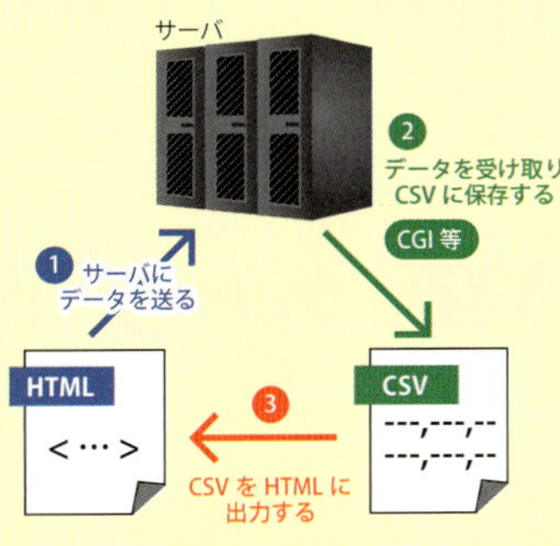

HTML

```
<div id="view1"></div>
<script type="text/javascript">
$(function(){
  $('#view1').csv2table
   ('./data/Book12.csv');
});
</script>
```

読み込ませるCSVファイルを指定しておき、さらに出力させるidを持つ空要素をHTMLに準備しておくだけで設置は完了です（詳細はプラグインサイトを参照してください）。
これらを組み合わせてサーバ側でCSVで保存することができれば、テーブルを使った編集・閲覧機能を作ることができます。

jQueryで何ができるかを知ることで、より進んだインターフェイスを作ることができるでしょう。

Section 5 ギャラリー

5-1

transition :target margin-top

target擬似クラスを使った縦方向のスライドショー

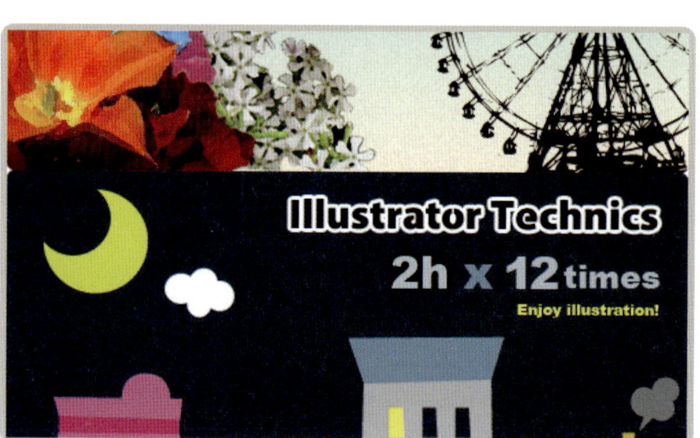

上下の動きにこだわった縦方向のスライドショーが、CSSだけでここまで実装可能です。どうしてもそれだけでできないことには、jQueryを使って補いましょう。

スライドショーの実装は、実はjQueryを使えば簡単にできます。また、CSSのみでもフェードイン／アウトで切り替わるものなら簡単に実装できます。しかしこのサンプルでは動きにこだわります。コンテンツを順番に並べ、下のものを参照するときは下向きにスライドし、上のものを参照するときは上向きにスライドするようにしました。順番にスライドする仕組みを、ひとつずつ見ていきましょう。

ナビゲーションの基本構造

HTML

```
<nav>
  <ul class="btn">
    <li><a href="#nav01">nav01</a></li>
    <li><a href="#nav02">nav02</a></li>
    <li><a href="#nav03">nav03</a></li>
  </ul>
</nav>
<div id="keyvisual">
  <span id="nav01"></span>
  <span id="nav02"></span>
  <span id="nav03"></span>
  <section><コンテンツ1></section>
  <section><コンテンツ2></section>
  <section><コンテンツ3></section>
</div>
```

CSS

```
ul.btn{
  right:-10px;
  top:130px;
  (略)
}
ul.btn li a{
  display:block;
  width:8px;
  height:8px;
  border: 1px solid #000;
  background-color:#000;
  (略)
}
ul.btn li a:hover{
  background-color:#999;
}
```

ナビゲーションは、スライドの雰囲気を出すために小さなボタンをli要素で設定し、ポジション配置をしています（右図）。
また、ロールオーバーすると中の色がグレーに変わるようにしました。

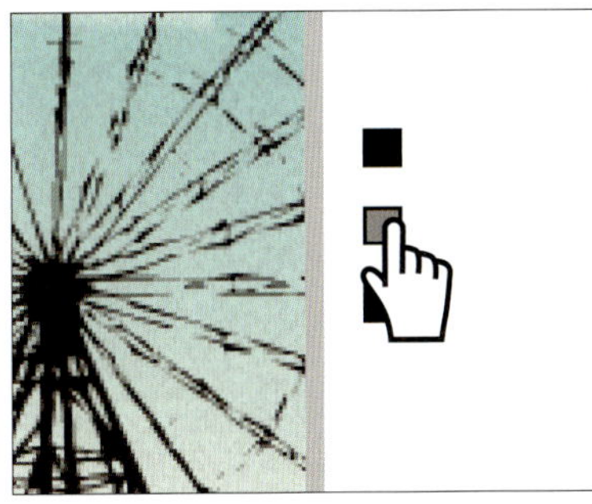

それでは実際に、スライドの動きについて見ていきましょう。
実際の動きを見てみると、コンテンツ部分（各section）にページ内リンクしているように見えるのですが、実はspan要素にページ内リンクし、target擬似クラスが反応するようになっているところがポイントです。

ナビゲーションをクリックすると、各idを持つspan要素がターゲットの対象となります。
そのtarget擬似クラスによって認識されたspan要素に対して、margin-topが変化する（つまり上下に動く）ようなアニメーションを作るというわけです（❶）。この結果、全体が上下に動く移動が実現するのです！

Ⓐ 元のspan要素とsection要素を並べた状態。
span要素の高さを30pxとしていますが、これは任意の値でかまいません（1pxでもOK）。
ただ0pxにしてしまうとアニメーションがスムーズに動きませんので、それを回避するために若干の高さを持たせています。
また、div#keyvisual部分には、他の部分を隠しておくために「overflow:hidden」を設定しています（❷）。
さらに30pxのspan要素が3つ分＝90pxが入り込むので、最初に「margin-top:-90px;」として（❸）、ひとつめのsection（Photoshop Technics）がぴったり出るように調整しておきます。

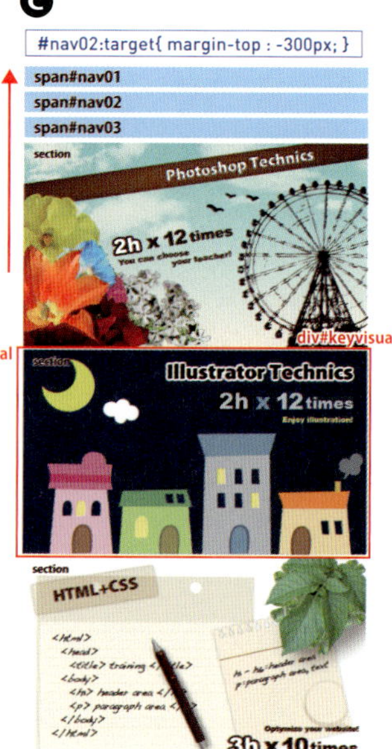

Ⓑ 最初に読み込まれたときの状態。

Ⓒ a#nav02をクリックしたときの状態。
最初の状態Ⓑから、sectionひとつ分＝300px（④）上に動けば、ふたつめのsection（Illustrator Technics）がぴったり出るようになりますよね。
ここで「#nav02:target{margin-top:-300px;}」（⑤）とすると、「nav02というidにとぶリンクがクリックされたとき」という状態が取得でき、全体が上に300px移動するというわけです。こうして、目標の場所にスライドする仕組みが完成します。
同じように考えると、#nav03のときは、最初の状態（B）からsectionふたつ分＝600pxということで、「#nav02:target{margin-top:-600px;}」（⑥）となるのです。

CSS

```
div#keyvisual{
  width:500px;
  height:300px;
  overflow:hidden; ---------------------------------- ②
  （略）
}
span{
  -webkit-transition:margin-top .8s ease;--
  -moz-transition:margin-top .8s ease;     |------- ①
  -o-transition:margin-top .8s ease;
  transition:margin-top .8s ease;----------
  display:block;
  height:30px;
}
#nav01{
  margin-top:-90px; --------------------------------- ③
}
#nav02:target{
  margin-top:-300px; -------------------------------- ⑤
}
#nav03:target{
  margin-top:-600px; -------------------------------- ⑥
}
section{
  width:500px;
  height:300px; ------------------------------------- ④
  （略）
}
```

今回はスライドが3つだけのサンプルですが、これが4つや5つに増えても、同じように

CSS

```
#nav04:target{margin-top:-900px;}
#nav05:target{margin-top:-1200px;}
```

となっていきます。
またsection要素の高さが変わると、スライドの移動距離も高さに応じて倍数で変化するのも納得できるでしょう。

CSSのみでできるのはここまでです。
こだわっていた動きは実装できたのですが、ここでひとつ、ユーザー側から見てどうしても必要な、でもCSSだけではどうしても実装できないことがあります。

右図のようにコンテンツが表示されているときに、該当するナビゲーションの色を変えて現在の位置を明示することです。
現在の位置がわからないと、ユーザーはどのボタンを押せばよいのか迷ってしまい、あまりよくありません。
これを実装するためにはJavaScriptなどを使うしか手がないのですが、ここでは数行の処理で書ける、jQueryを使っていきましょう。

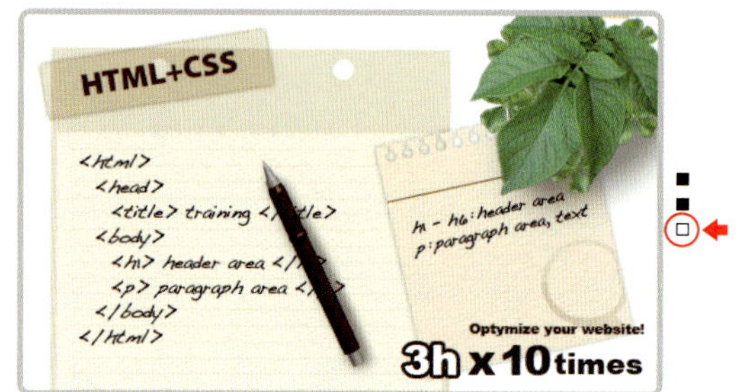

jQueryで機能を追加する

やみくもに組んでいくのではなく、まずどういったことが必要かを考える癖をつけましょう。
「今回は、メニューボタン（a要素）をクリックしたとき、クリックしたものだけに別のスタイルをつけたい」というのが目的です。
別のスタイルをつけるということは、「クラスを追加する」ということで解決できますよね。
ということで、jQueryで追加する機能はこちらです。

「クリックしたa要素に対して、クラスを追加する」

jQueryの「addClass」というメソッドを使い、ここでは「on」という名前のクラスが追加されるようにしていきます。
こうすることで、現在表示されているコンテンツ部分に対応するボタンのデザインを、
CSSで自由に変更することができるようになります。
それでは、HTMLのhead内にjQueryを読み込ませます。

HTML

```
<script type="text/javascript" src="http://code.jquery.com/jquery-1.5.2.min.js">
</script>
```

次に、設定を書いていきます。

CSS

```
<script>
$(function(){
  $("ul.btn li a").click(function(){
    $("a.on").removeClass("on"); ---------❶
    $(this).addClass("on"); -------------❷
  });
});
</script>
```

まず最初の処理として、あらかじめa要素に「class="on"」がついていたら、それを外すことをしておきます（❶）。
これがないと、次のメニューをクリックしたときにもずっとクラスがつきっぱなしになってしまいます。他の要素がクリックされたら、まずクラスを外す「removeClass」というメソッドを設定しておきましょう。そして次に、クリックした要素に対して「class="on"」を改めてつける処理をします（❷）。

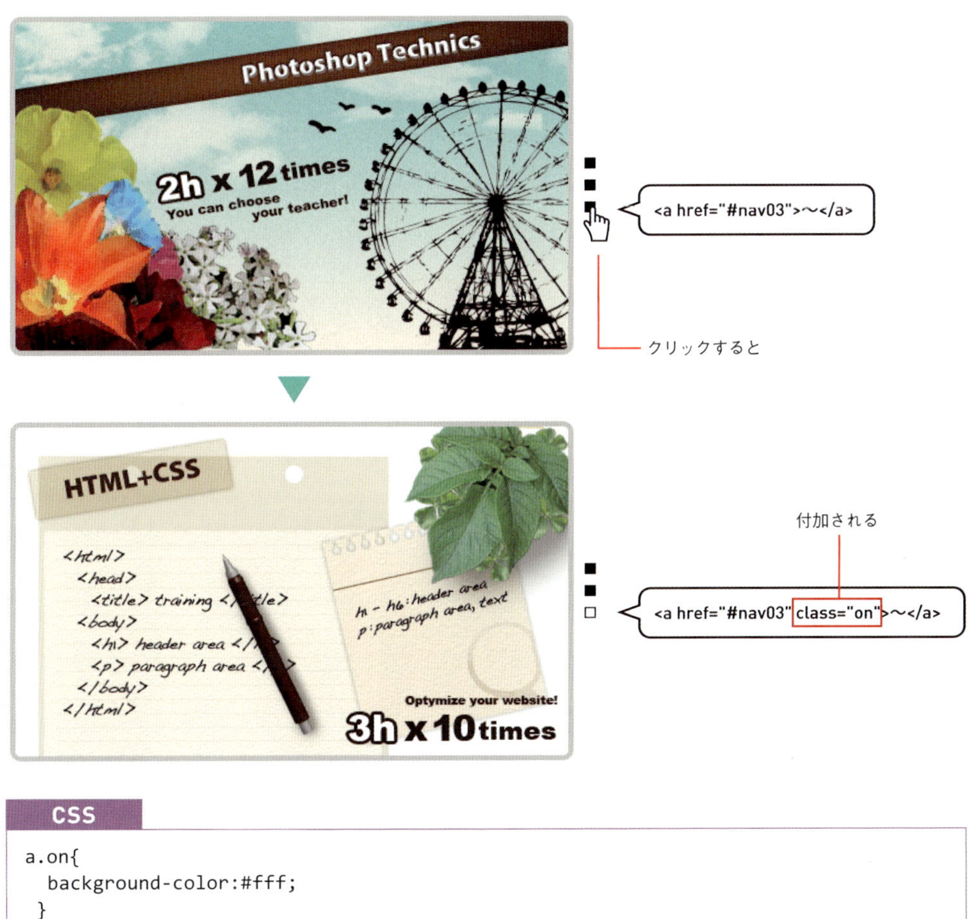

CSS
```
a.on{
  background-color:#fff;
 }
```

CSSの技術とJavaScriptのハイブリッド

このようにして、どうしてもCSSだけでは不可能なところだけ部分的にjQueryを使うことで、目的としていたスライドショーを作ることができました。
jQueryが苦手な方はむやみにいろいろなプラグインを使おうとせず、できるところまでは自分のできる技術で作り、どうしてもできないところだけプラグインに頼るのもよいでしょう。

Section 5 ギャラリー

5-2

box-shadow border-image transition :target

CSSだけで作る LightBox風の写真ギャラリー

サムネイルをクリックしたら画面中央にフローティングウインドウとともに拡大写真が現れます。ここまでの作業をJavaScriptを使わずCSSだけで実現しましょう。

Column IE9でも機能的には使える

transitionを使ってウインドウを「ふわっ」と表示しているので、transitionをサポートしていないIE9では、「パッ」と出現します。これでも「拡大写真を表示させる」という目的は達成しているといえます。

target擬似クラスに対応していないIE8以下では、残念ながら非対応のテクニックとなります。

サムネイルと拡大写真をそれぞれ用意する

target擬似クラスは、クリックされた<a href="#○○">の○○のidが付けられた要素に対して、CSSの設定をします。
まずはHTMLのマークアップからやってみましょう！

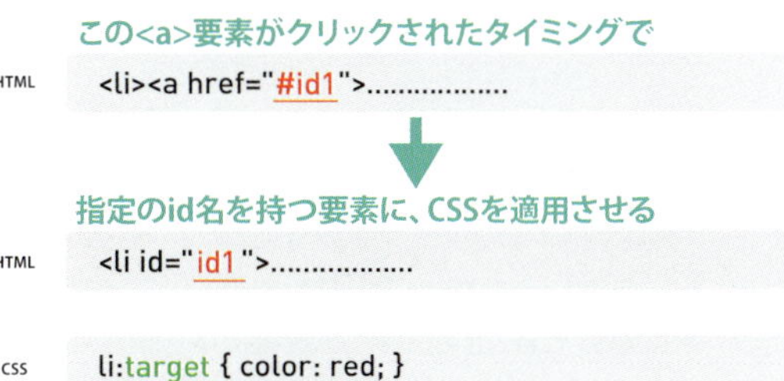

HTML

```
<ul id="detail">
  <li id="id1"><a href="#close"><img src="img/DSC_0184.jpg" alt="" /><span>Click
to CLOSE</span></a></li>
  …（略・詳細写真をマークアップします）
  <li id="id18"><a href="#close"><img src="img/DSC_0276.jpg" alt="" /><span>Click
to CLOSE</span></a></li>
</ul>

<ul id="thumbnail">
  <li><a href="#id1"><img src="img/DSC_0184.jpg" alt="" /></a></li>
  …（略・サムネイルをマークアップします）
  <li><a href="#id18"><img src="img/DSC_0276.jpg" alt="" /></a></li>
</ul>
```

サムネイルと拡大写真はそれぞれ対になるように注意しましょう。
これだけで「ページ内リンク」ができたも同然です。クリックすると、対応するid名の拡大写真の場所にページ内リンクするはずです。
あとはCSSで一気に見た目を変えます。このページがCSSによってどういう位置にどう重ねられるのかは右図を参照してください。

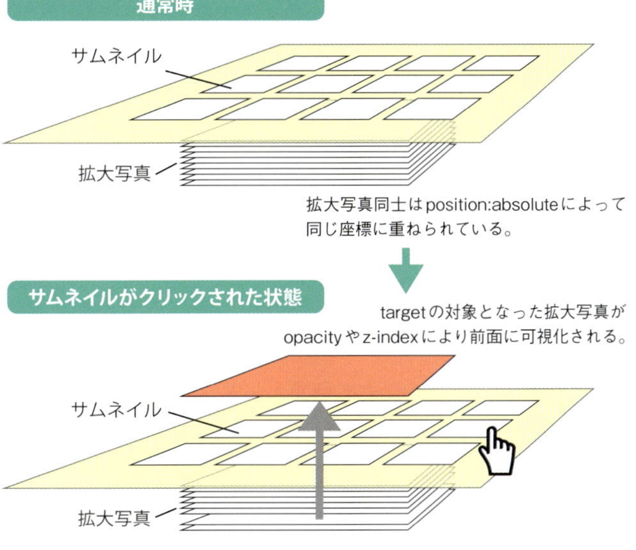

Section 5

さて、サムネイルの並べ方は好きなようにしていただいて結構です。ここでは拡大写真のスタイルを見てみましょう。
拡大写真を囲っているul#detailは、ユーザがブラウザをリサイズしても常に中央に配置する方法です。これ自体は以前から使われてきた方法です(❶)。
今回は、拡大写真の周りを画像の枠で装飾しました。詳しくはChapter2のborder-imageの項(P.078)を参照してください。
ul#detail liではz-indexを負の数にして、サムネイルの邪魔にならないように配慮しました(❷)。
position: absoluteで写真は全部同じ位置(画面中央)に重なります。opacityで透明度をゼロ(❸)にしているからといって安心してはいけません。不可視(visibility: hidden)にしないと環境により、かなり動作が重くなるので要注意です(❹)。
最後のtargetの指定は透明度、深度、可視状態を変更しています(❺)。
#id1:target,……,#id18:target {などと律儀に書く必要はありません。まとめて記述しましょう。

CSS

```
ul#detail {
  position: absolute;            ❶
  top: 50%;
  left: 50%;
  margin: -265px 0 0 -245px;
}

ul#detail li {
  opacity: 0;                    ❸
  visibility: hidden;            ❹
  -webkit-box-shadow: 0 0 5px #fff;
  box-shadow: 0 0 5px #fff;
  -webkit-transition: opacity 1s;
  -moz-transition: opacity 1s;
  -o-transition: opacity 1s;
  transition: opacity 1s;
  position: absolute;
  z-index: -1;                   ❷
}

ul#detail li:target {            ❺
  opacity: 1;
  z-index: 1;
  visibility: visible;
}
```

Column **visibilityによるパフォーマンス対策は必須**

今回のサンプルにあったとおり、非表示状態の場合opacity: 0だけでなく、必ずvisibility: hiddenにしておいて、表示状態でvisibility: visibleに切り替えましょう。この管理が出来ているものと出来てないものだと、ブラウザ内部的にはかなりの負荷がかかりますので決して怠ってはいけません。

5-3

transform transition

ロールオーバーで差がつく、スタイリッシュなギャラリー

**アニメーションは、多く使えばよいというものではありません。
特に写真がメインのコンテンツでは、写真がきちんと映えるように無駄なものは省き、最小限でかつ効果的な動きを出す必要があります。**

このサンプルは服の写真がメインなので、他のデザインは最小限に抑えています。ロールオーバー時の動きも、写真が引き立つようなものを考えてみましょう。目的の写真が消えてしまわないように、透明度が60%のグレーの色をかぶせます。そして、ひとことコメントを書き添えることによって、ユーザーの期待もより高まるのではないでしょうか。

さらにもうひと工夫。ロールオーバー時に写真全体を、少しだけ大きくします。
この大きさの変化によって、目的となる写真にさらにフォーカスされますが、大きさに注意しましょう。大きくなりすぎると、そのアニメーション自体に目がいってしまい、肝心の中の写真から視線が外れてしまいます。

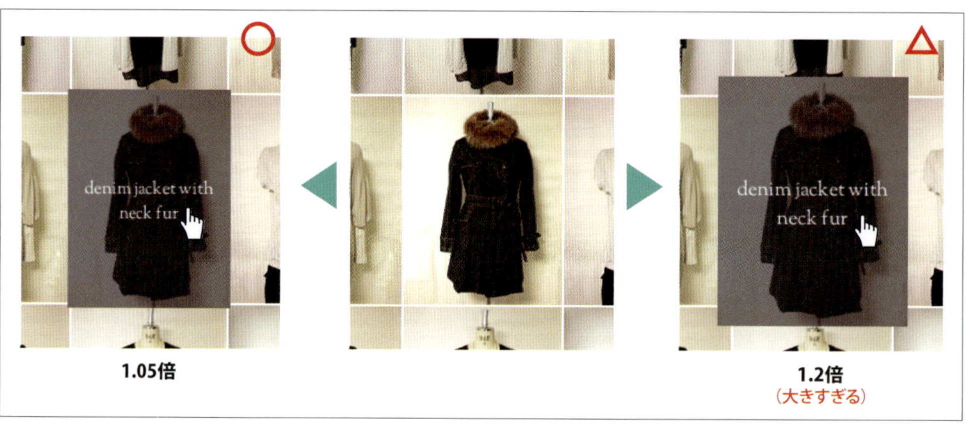

写真にロールオーバーすると、画像が大きくなってキャプションがフェードインするようにする。しかしどのくらい大きくするかには注意する必要がある。

基本構造

個別の写真枠について、article要素でくくり、その直下をa要素で指定します。
div要素内は、透明度が60%のグレーの背景とコメントが含まれますが、通常時はopacity:0で見えなくしており、ロールオーバー時にフェードインさせます（❶）。
後ろのColumn「HTML5からはブロック要素とインライン要素の概念がない」も参照してください。

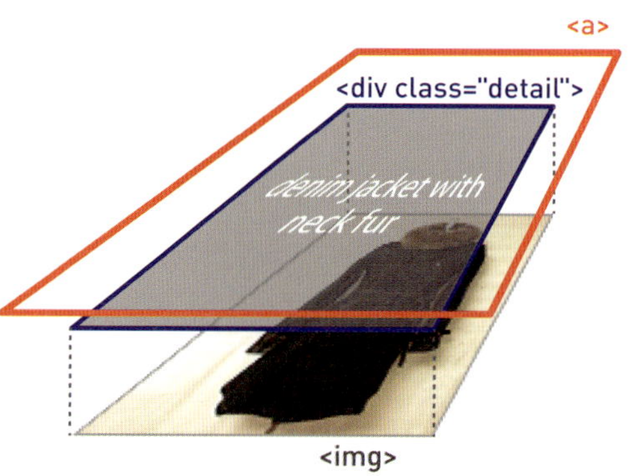

HTML

```
<article>
  <a href="#">
    <img src="img/img01.jpg" alt="" />
    <div class="detail">
      <p>denim jacket with neck fur</p>
    </div>
  </a>
</article>
```

❶ <div class="detail">〜</div>

ロールオーバー時の大きさの設定

全体のa要素にロールオーバーしたときに、大きさが1.05倍に拡大する設定をしていきます(❷)。transformプロパティによる拡大の基準点は、デフォルトでは中心なのでこのままでよいのですが、念のため基準点も記述しておきます(❸)。

CSS

```
article a{
  display:block;
  position:relative;
  -webkit-transition:transform 0.4s;
  -moz-transition:transform 0.4s;
  -o-transition:transform 0.4s;
  transition:transform 0.4s;
  (略)
}
article a:hover{
  -webkit-transform:scale(1.05,1.05);
  -moz-transform:scale(1.05,1.05);
  -ms-transform:scale(1.05,1.05);          ❷
  -o-transform:scale(1.05,1.05);
  transform:scale(1.05,1.05);
  -webkit-transform-origin:center center;
  -moz-transform-origin:center center;
  -ms-transform-origin:center center;      ❸
  -o-transform-origin:center center;
  transform-origin:center center;
  (略)
}
```

ロールオーバー時に出現するdiv要素の設定

次に、ロールオーバー時に出現する、透明度が60%のグレーの背景と、コメントです。
div要素自体ははじめは見えなくしておき(❹)、positionプロパティを使って写真の位置に重ねます(❺)。
そしてロールオーバーしたときに、フェードインさせます(❻)。

Section 5

CSS

```
article a div{
  position:absolute;
  top:0;                  ⑤
  left:0;
  background-color:rgba(50,50,50,0.6);
  opacity:0;              ④
  visibility:hidden;
  -webkit-transition:opacity 0.4s ease;
  -moz-transition:opacity 0.4s ease;
  -o-transition:opacity 0.4s ease;
  transition:opacity 0.4s ease;
  (略)
}
article a:hover div{
  opacity:1;              ⑥
  visibility:visible;
}
```

これで、シンプルですが洗練されて見応えのあるギャラリーが完成です。
最小限の動きでもきちんと魅せることはできる、ということをしっかりおさえておきましょう。

Column HTML5からはブロック要素とインライン要素の概念がない

HTML5では、「ブロック要素」「インライン要素」という概念がなくなります。
改行されるかされないかというスタイルの仕様は今までと変わりませんが、例えばdiv要素を、その上からa要素でくくることが可能になります。

5-4

mask-image

マスクを適用して画像の形も自由自在、テクスチャ表現も簡単に

写真がメインのコンテンツなどで、写真のエッジの処理をふわふわにしたり、ぼかしたり……。写真の加工なしで簡単にテクスチャもかけられます。
アナログ風なデザインの中に、写真を四角いままポンと置くのはもったいない！　透過PNGとCSSを使って簡単にマスクをかけてみましょう!

マスクの仕組み

マスクは、アルファチャンネルが認識されれば何色でもかまいません。色がついた部分が出力され、透明な部分では写真は隠されます。グラフィックソフトと同じ感覚です。例を見てみましょう。

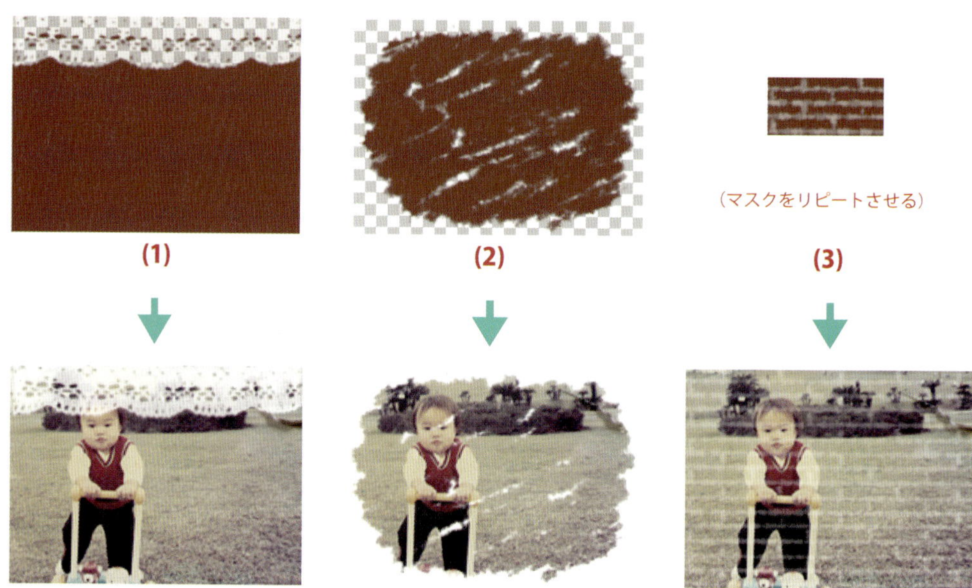

グレーと白の格子は透明部分、わかりやすくマスクは茶色にしている。
マスク画像で透明になっている部分は、下の写真では隠れているのがわかる。

スタイルを指定してマスクをかける

このサンプルでは、上の「マスクの仕組み」で説明した(2)のマスクをmask.pngとして使います。

HTML

```
<img src="photo1.jpg" />
```

CSS

```
img{
  -webkit-mask-image:url(mask.png);
  mask-image:url(mask.png);
}
```

指定した画像にマスクが適用される。

マスクのリピートの調整

通常、(3)のようにマスクが小さいと、デフォルトでは要素のある分だけマスクが繰り返されます。今回のように特に繰り返す必要のないときは、念のためリピートをなしにしておきましょう。
これで完成となります。

CSS

```
img{
  -webkit-mask-repeat:no-repeat;
  mask-repeat:no-repeat;
}
```

非対応ブラウザへの対策

執筆時現在では、このプロパティはWebkit系のみしか対応していないので、それ以外のブラウザでは通常の四角い画像になってしまいます。
やわらかい雰囲気にしたい！　とせっかくこだわってマスクをかけたのに、まだまだ多くのシェアのあるFirefoxなどで四角い画像になってしまっては、ちょっと残念ですよね。
mask-imageプロパティが対応していないブラウザへのせめてもの対策として、border-radiusプロパティを使って画像を角丸にしておきましょう。
こうした少しの工夫でも、やわらかい雰囲気は十分表現できます。

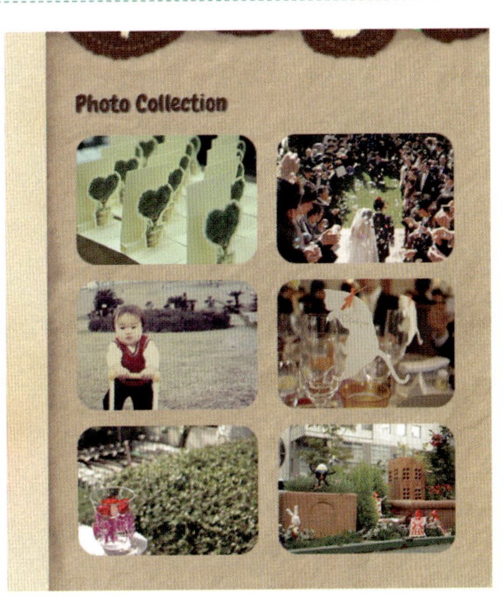

Section 5 ギャラリー

5-5

margin transition

ロールオーバー時に、隠れたキャプションが写真の下から上ってくる

画像とキャプションがあったとします。スペースの関係上、写真をいっぱいに見せたいけど、キャプションもできたら見せたい、という要望があったとしましょう。
本来HTML上で情報を隠すのは良いとは言えません。 しかしスペースの関係上、ユーザのアクションによって表示させるために何らかの方法をとりたい場合の一つとして、 マウスが乗ったら隠れていたキャプションが写真の下から上に登ってくるための工夫をしてみましょう。

重要な点として、ユーザには「マウスが乗ったら、何か出てきそう」という「予感」を与えるインターフェイスを考慮しなくてはなりません。
つまり、ユーザにヒントを与えるために、完全にキャプションを隠すのではなく、アタマをちょっとだけ出して「あ、なにか説明がありそうだ！」と思う心理を働かせるデザインでないといけません。
ここでは、HTML5の新要素figure要素とfigcaption要素を使ってみましょう。もちろん、div要素などを使った従来通りのマークアップでも可能です。

figure要素を画像の大きさに合わせる

写真とキャプションを対とするマークアップを以下のようにしてみました。

HTML

```
<figure>
  <img src="img/beans.jpg" alt="コーヒー豆が容器に入っている" />
  <figcaption><strong>グァテマラ</strong>ちょっと深めに煎れた豆を使うその瞬間の様子。当店で一番人気
   の豆。</figcaption>
</figure>
```

CSSでは、figure要素をimg要素のサイズに合わせます（❶）。
親要素であるfigure要素はoverflow: hiddenにして、はみ出した部分を見えなくします（❷）。

CSS

```
figure {
  width: 295px;       ❶
  height: 220px;
  overflow: hidden;   ❷
  position: relative;
  border: 3px solid #000;
}
```

説明文が入ったfigcaption要素のスタイル

figcaption要素をposition: absoluteによってimg要素の上に重ねてしまいます（❸）。
このままではimg要素とfigcaption要素が重なった状態なので、ここでfigcaption要素のtopプロパティを画像の高さ分だけ下に下げると、隠れて見えないような状態となります。これを待機（通常の）状態としましょう。
本来top: 220px（画像の高さ分）にしたいところ。しかし、これではユーザがマウスオーバーするまでキャプションの存在が全く分かりません、なので ここでアタマをちょっとだけ見せることにします。

よって「グァテマラ」の文字が入っている高さ20px分とfigcaption要素のpadding10px分を差し引いた合計180pxだけ、下に下げて「グァテマラ」だけ見えるようにします(❹)。
hover状態でtopプロパティの値を0(ゼロ)にすると(❺)、マウスオーバーでfigcaption要素が見える状態になりますので、ここでtransitionプロパティを使って、topの値を遷移させましょう(❻)。

CSS

```
figcaption {
  position: absolute; ------------------------------ ❸
  top: 180px; ---------------------------------------- ❹
  -webkit-transition: top 0.4s ease-out;
  -moz-transition: top 0.4s ease-out;          ------- ❻
  -o-transition: top 0.4s ease-out;
  transition: top 0.4s ease-out;
  background: rgba(0,0,0,0.8);
  color: #FFF;
  padding: 10px;
}

figure:hover figcaption {
  top: 0; ---------------------------------------------- ❺
}

figcaption strong:after {
  content: "▼";
  position: absolute;
  right: 20px;
}
```

実際にはfigcaption要素内のstrong要素にも装飾をしています。サンプルを確認してください。

Column :after擬似要素によって「▼」を表示

「グァテマラ」と表示されているだけでは「触ると何かが見えるかもしれない」という期待すらさせないで終わってしまうかもしれません。
場合によっては文字ではなく、画像を差し込んで、より触りたくなるインターフェイスデザインに気を配ってみたいものです。
CSSの技術だけでなくこういった場面ではとくに「ユーザだったらどう思うか?」を考える訓練も大事です。アイコン一つでも試行錯誤をしてみましょう。

Column figure要素とfigcaption要素

figure要素は写真や図や表などを示し、その説明をfigcaption要素としてマークアップできます。

5-6

margin transition transform

斜めから正面に変形しながら動くフォトギャラリー

フォトギャラリーを作ってみます。サンプルをブラウザで操作すると分かるように、「前」「次」のボタンで1つずつ、斜めに向いている写真が正面に向かって移動してくるのがわかります。
立体的にも見えるこの効果は、transformプロパティのskewもしくはmatrixで表現できます。
この作例では、デザイナーにとって敷居の高さを感じるであろうmatrixで解説していきます。数学的ですが一度理解すると実は簡単です。

Column IE9はtransformのみ対応

IE9はtransitionに非対応ですが、transformやtransform-originに-ms-を付けることで、matrix変形だけなら可能です。

まずは右側の写真だけ変形させてみる

li要素にposition: absoluteを指定したことにより、写真の大きさ（今回は横300px,横200px）がli要素のサイズにもなります。
サンプルのmatrixのカッコ内第2引数が0.1なのが何故かは右図を見れば分かるでしょう。

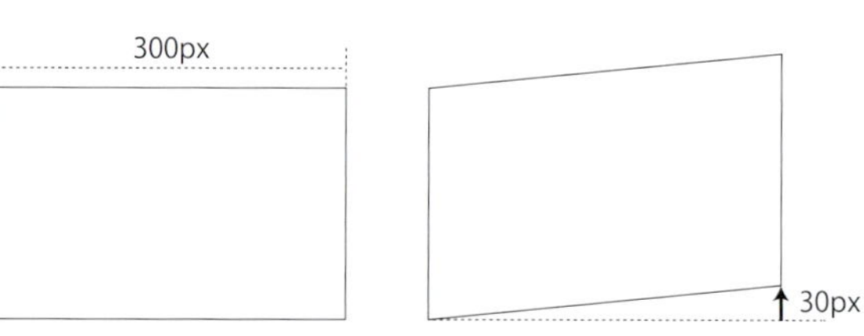

傾斜したい距離 ÷ 画像の幅

$$30 \div 300 = 0.1$$

変形無しの状態、いわゆるデフォルトはmatrix(1,0,0,1,0,0)となります。この値を以下の手順で変化させます。

【デフォルト時】matrix(1,0,0,1,0,0)

【横方向を80%縮小】matrix(0.8,0,0,1,0,0)

【縦方向に-30px傾斜】matrix(0.8,-0.1,0,1,0,0)

【縦方向に-30px移動】matrix(0.8,-0.1,0,1,0,-30)

→ 同様に左側と中央の写真にも変形を適用

傾斜している-0.1の値にマイナスが付いているのは、負の方向(y座標マイナス方向)に向かって傾斜すると言う意味で付いています。逆に反対側の(左側の)写真は、プラス方向なので符号を付けていません。

li要素に指定されているCSSを見てみましょう。

transform-originとtransition、transformには各ベンダープレフィックスを付けてください(-webkit-, -moz-, -o-)。IE9に関してはP239のColumn参照。

CSS

```
li {
  top: 150px;
  position: absolute;
  line-height: 0;
  -webkit-transform-origin: center;
  -moz-transform-origin: center;
  -o-transform-origin: center;
  transform-origin: center;
  -webkit-transition: all 0.5s;
  -moz-transition: all 0.5s;
  -o-transition: all 0.5s;
  transition: all 0.5s;
}

ul li.toLeft {
  left: 100px;
  -webkit-transform: matrix(0.8,0.1,0,1,0,-30);
  -moz-transform: matrix(0.8,0.1,0,1,0,-30px);
  -o-transform: matrix(0.8,0.1,0,1,0,-30);
  transform: matrix(0.8,0.1,0,1,0,-30);
}

ul li.toCenter {
  left: 270px;
  -webkit-transform: matrix(1,0,0,1,0,0);
  -moz-transform: matrix(1,0,0,1,0,0);
  -o-transform: matrix(1,0,0,1,0,0);
  transform: matrix(1,0,0,1,0,0);
}

ul li.toRight {
  left: 500px;
  -webkit-transform: matrix(0.8,-0.1,0,1,0,-30);
  -moz-transform: matrix(0.8,-0.1,0,1,0,-30px);
  -o-transform: matrix(0.8,-0.1,0,1,0,-30);
  transform: matrix(0.8,-0.1,0,1,0,-30);
}
```

HTMLの設定とjQueryプラグイン「transGallery」を適用

写真部分のHTMLは、シンプルなリスト構造だけです。

HTML

```
<div class="photoAlbum">
  <ul>
    <li><a href="#"><img src="img/photo1.jpg" alt="cat" /></a></li>
    ……（省略：写真の数だけ<li>要素が並ぶ）
```

さらにHTMLのヘッド内にはjQueryを読み込み、本書のために作成したjQueryプラグインをli要素に適用します。
これで、ボタンが押されたらli要素にクラス名が付け替えられます。それによってCSSが変形を与えてデモのような動きを見せます。

HTML

```
<script src="js/jquery.transgallery.js"></script>
<script>
$(function (){
  $("div.photoAlbum ul li").transGallery();
  })
</script>
```

Column transform-originを正確に設定しないと変形時に位置がずれる

transform-origin: left top（要ベンダープレフィックス）にすると、図のように位置がずれてしまいました。
どこを変形の基準とするかによって、傾斜させた時点で位置の結果が異なってきます。
こういった左右対称な変形にはtransform-origin: centerにしておくとよいでしょう。

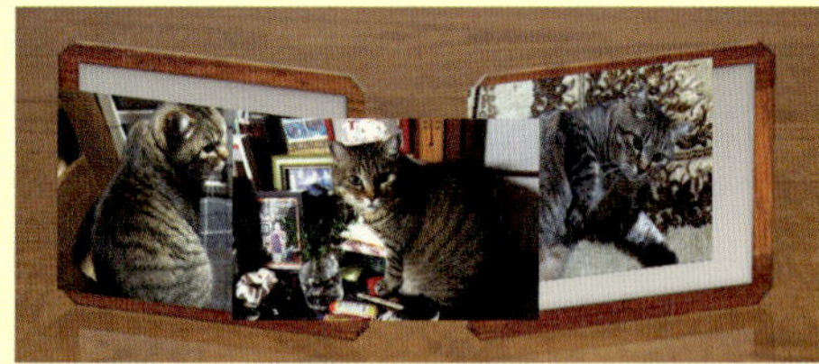

変形の基準を間違えた例。

Column Firefoxではmatrixの5、6番目の引数の単位に注意

執筆時ではFirefox4のmatrixを以下のように記述して動作しました。
-moz-transform: matrix(0.8,0.1,0,1,0,-30px);
WebkitやOpera系と違いとして、「px」の単位が付いているのが分かるでしょう。これはブラウザのバージョンによって異なるので注意が必要です。
以前はOperaで同じような仕様になっていましたが、執筆時では単位なしで動作します。

6-1

transition　target　margin-left

target擬似クラスを使ったトグルスイッチ

target擬似クラスは、ユーザがa要素をクリックした際に、href属性に指定していたハッシュ(#)の後の名前と同じid属性を持った要素に対してCSSでスタイリングを指定できるといったものです。
非常に便利な反面、不便な面も存在します。AとBのスイッチがあるとして、AとBを同時には選択できません。あくまでtargetは「どれか一つが選択された状態」でしかありえないからです。
ですので、フォームのパーツでこういったトグルスイッチを制作する場合、「クリックされた」というキッカケ(イベントって言い方をしますが)は本来JavaScriptで受信するべきです。
今回はtarget擬似クラスの理解を深めるため、トグルスイッチは1個だけ、ON/OFFのみで練習してみましょう。補足としてJavaScript版も用意しました。targetを理解してから、JavaScript版も試してください。

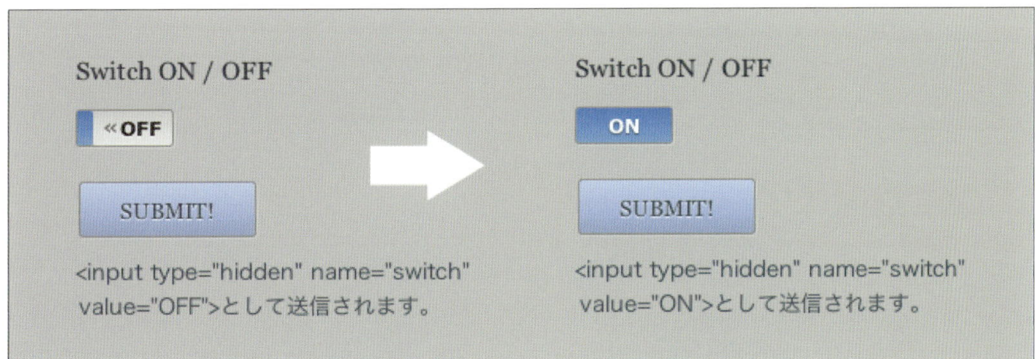

Column　JavaScriptを使った実用的なトグルスイッチ

この項のサンプルはスイッチ部分に関してCSSのみで動作していましたが、複数をONの状態でフォーム送信を行うためにJavaScriptを使ってみました。
「確認ボタン」を押すとONにされた項目がformのaction属性に設定されたURLに送信されるように作られています。
なお、勝手に遷移しようとするので、サンプルのままでは送信を強制的に止めています。使用するときはJavaScriptコード内の「return false;」を削除してください。

トグルスイッチのフォーム
新着メール　Yes
メール送信　«No
カレンダーの通知音　Yes
ロック時の音　Yes
キーボードのクリック　«No
送信される内容は以下の通りです：
ア、新着メール
イ、カレンダーの通知音
ウ、ロック時の音
Result and Check!

仕組みは単純なa要素を2つ用意するだけ

まずはスイッチ部分のHTMLソースがどうなっているか確認してみましょう。

HTML

```
<p class="switchBtn"><a id="on" href="#off">ON</a><a href="#on">OFF</a></p>
```

これを見るとa要素が2つあり、ONの側ではhrefが#offを差しています。逆にOFF側ではhrefが#onを差しています。つまりa要素が押されたら「逆の側のa要素を目標（target）としなさい」と言っているわけですね。
全体のデザインは、右図のようになっています。青い部分がONの状態の部分ですが、ちょっとだけ顔をのぞかせているくらいに調整しています。

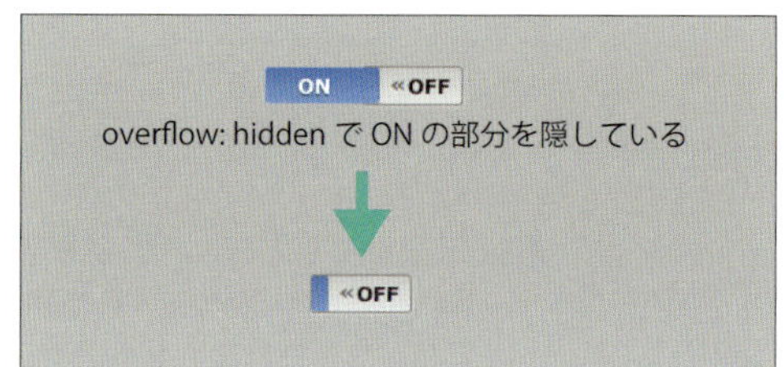

スイッチはtransitionによってアニメーションさせる

動きのヒミツは、target指定されたa要素のmargin-leftを-60pxから0に0.3秒で「遷移」させています。

CSS

```
-webkit-transition: margin-left 0.3s;
-moz-transition: margin-left 0.3s;
-o-transition: margin-left 0.3s;
transition: margin-left 0.3s;
```

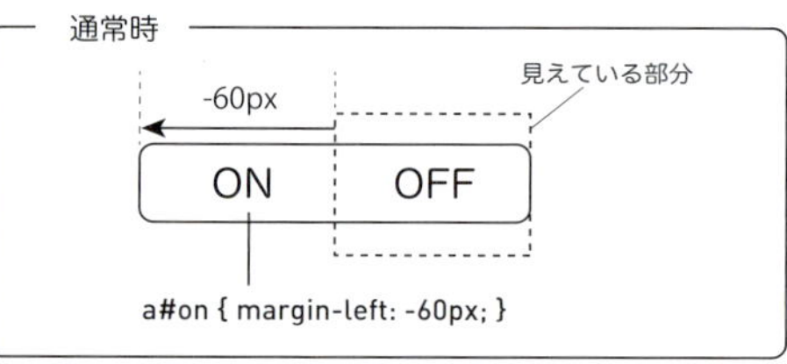

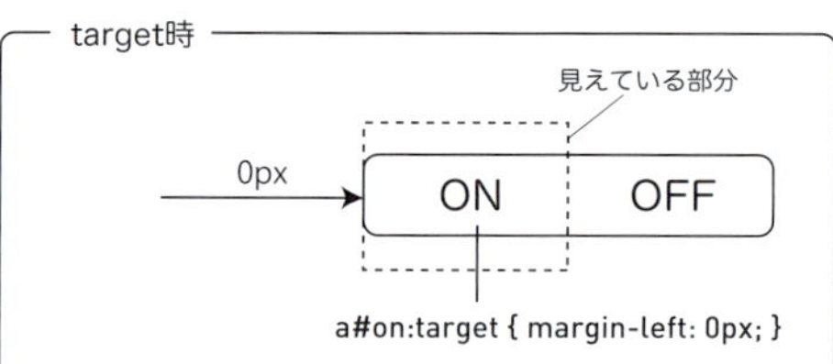

Column IE9ではtransitionを未サポート

IE9ではtransitionはサポートされていません。
ただしtargetに対応しているので、トグルスイッチの機能は果たしている、といっても良いでしょう。

6-2

content :after

目立たない『規約に同意のチェックボタン』もユーザにやさしく

申し込みフォームで良く見かける『規約に同意』のチェックボタンですが、目立たないために見落としがちです。他の入力項目と違って、小さなチェックボックスと文字が少ないからという理由があるので、存在をしっかりとアピールしてやることがユーザへの配慮といえましょう。
チェックボックスではなくボタンにして面積を大きく、ボタンを押したら「同意します」が「同意しました」という文字に変わります。その時点で、見えていなかった確認ボタンが出現します。

before

お申し込みには規約に同意して
□規約に同意

→

after

お申し込みには規約に同意していただく必要があります。
■ 規約に同意します

▼クリックすると

お申し込みには規約に同意していただく必要があります。
☑ 規約に同意しました
確認画面へ

Column 純粋なCSSで擬似クラス:checkedを使う

今回のように外観を変えずにデフォルトのチェックボックを使う際にも「同意します」を「同意しました」に変換する手法があります。
CSS3の擬似クラスの中でも特殊なラジオボタンやチェックボックスの状態によってCSSを切り替える「checked擬似クラス」で比較的簡単に実装できます。
http://www.w3.org/TR/css3-selectors/#checked
HTML側で

HTML
```
<label><input type="checkbox"><span>
同意</span></label>
```

□同意します
▼
☑同意しました

とし、CSS側で

CSS
```
input+span:after{content:"します";}
input:checked+span:after{content:
"しました";}
```

input要素のチェックのON／OFF状態によって、後に続くspan要素の指定を入れ替えています。
サンプルファイルで確認してください。

クリックされたらJavaScriptでa要素にクラス名を付ける

まずはスイッチ部分のHTMLソースがどうなっているか確認してみましょう。

HTML

```
<p class="agreement"><a href="#"><span></span>規約に同意</a></p> ------------ ❶
<input type="hidden" name="agreement" /> -------------------------------- ❷
<p class="confirm"><input type="submit" value="確認画面へ" /></p> ----------- ❸
```

❶は同意ボタン、❷は同意したというフォーム送信用のinput要素、❸は確認へ進むボタンですが最初はdisplay: noneにより見えていません。
後述するJavaScriptによって、クリックされたら「<a href="#" class="checked">」となり、再度クリックすると「<a href="#">」にON/OFFするようにします。

class="checked"で同意ボタンの見た目を変える

まずはスイッチ部分のHTMLソースがどうなっているか確認してみましょう。

CSS

```
p.agreement a:after { content: "します"; }
p.agreement a.checked:after { content: "しました"; }
p.agreement a.checked span { content: url(../img/checkmark.png); } -------- ❹
```

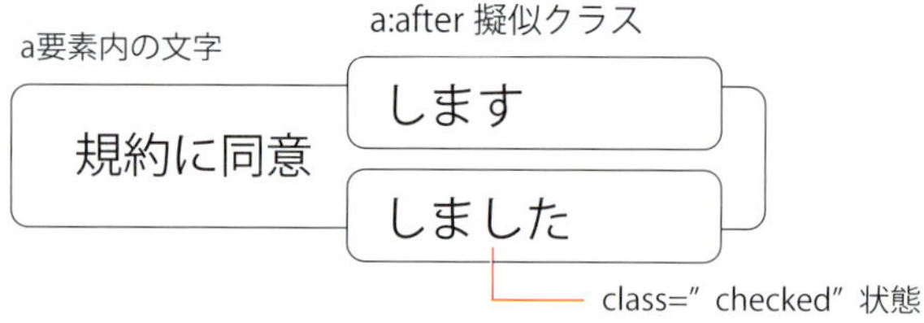

after擬似クラスによって「します」と「しました」の文字を入れ替える。

これでクリックされたら「同意します」と「同意しました」が入れ替わります。
❹の記述はチェックマークの「レ点」を画像で作っておきました。

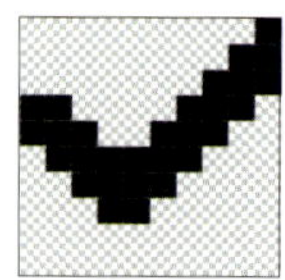

あとはcheckedクラスがついた状態と、そうでない状態のスタイルを作ればCSSは完成です。

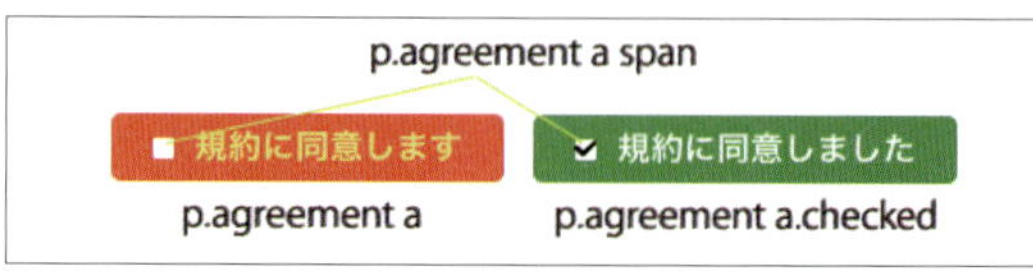

CSS

```
p.agreement a {
  padding: 8px 20px;
  border-radius: 5px;
  text-decoration: none;
  line-height: 1;
  font-weight: bold;
  color: #FF6;
  background: #F33;
  -webkit-transition: all 0.3s;
  -moz-transition: all 0.3s;
  -o-transition: all 0.3s;
  transition: all 0.3s;
}
p.agreement a.checked {
  color: #fff;
  background: #090;
}
p.agreement a span {
  display: inline-block;
  width: 10px;
  height: 10px;
  background: #fff;
  margin-right: 10px;
  border-radius: 1px;
}
```

Column よりよいアクセシビリティのために

この項のサンプルでは確認画面へ進むボタンを完全に消して説明しましたが、ユーザとしては確認ボタンが全く見えないと不安になる場合も考慮したほうがよいでしょう。
そういった場合、ボタンの属性に「disabled」を与えると、一時的にボタンが無効になり、ブラウザの設定では半透明な状態になるのでユーザの不安を取り除くこともできます。

今回のサンプルのJavaScriptで、$("p.confirm").hide(300);と$("p.confirm").show(300);を次のように変更するとよいでしょう。

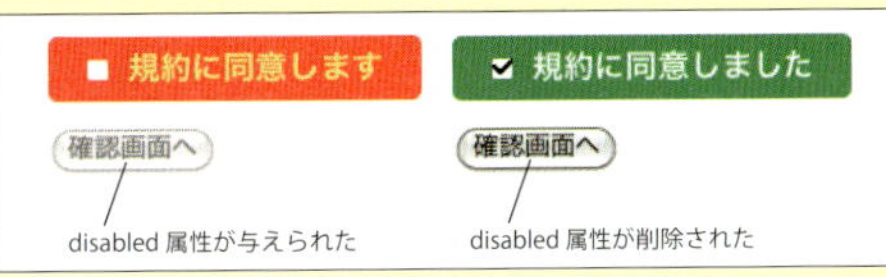

●確認画面へ進むボタンを無効にする

JavaScript

```
$("p.confirm input").attr("disabled","disabled");
```

●確認画面へ進むボタンを有効にする

JavaScript

```
$("p.confirm input").removeAttr("disabled");
```

➡ JavaScriptによってクラス名などを切り替える

下記のJavaScriptはa要素にcheckedクラスをクリックのタイミングで付け替えるプログラム（❺）、さらに非表示のinput要素の値に「同意する」を付けること（❻）、さらに確認ボタンを表示／非表示と切り替えています（❼）。

JavaScript

```
// jQuery使用

$(function (){
  $("p.agreement a").click(function (){
    // もしも<a>要素にclass="checked"がついていたら
    if($(this).hasClass("checked")){
      // class名「checked」を削除
      $(this).removeClass("checked"); ------------------------- ❺
      // input要素のvalue属性を空にする
      $("input[name='agreement']").attr("value",""); ----------- ❻
      // 確認ボタンを0.3秒かけて消す
      $("p.confirm").hide(300); -------------------------------- ❼
    }else{ //<a>要素にclass="checked"が無かったら
      // class名「checked」を追加
      $(this).addClass("checked"); ---------------------------- ❺
      // input要素のvalue属性に「同意する」を入れる
      $("input[name='agreement']").attr("value","同意する");--- ❻
      // 確認ボタンを0.3秒かけて表示する
      $("p.confirm").show(300); -------------------------------- ❼
    }
  });
});
```

6-3

-webkit-font-smoothing box-shadow border-radius background

フォームのパーツを設計してみる

ブラウザが標準で備えているラジオボタンやチェックボックスやセレクトボックスなどを、もっと見やすく、使いやすく、分かりやすく、欲を言えば(場合によっては)楽しく操作できるようにするためのアイデアをテーマとして考えてみたいと思います。
ただし、お問い合わせからアンケートまで、Webサイト上においてユーザとクライアントのコンタクトとして重要な位置づけであるフォームだからこそ、とても注意したいことがあります。
下手したら、使いにくくて、購入の意思を持ったユーザすら逃がしてしまうインターフェイスになってしまう危険があるからです。使用する際には、充分注意しましょう。

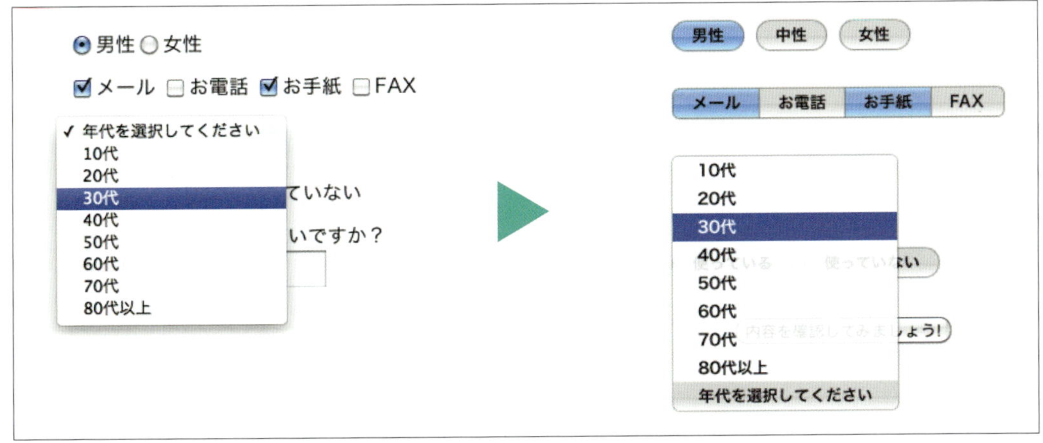

使いにくさの原因を洗い出す

Web制作者や、日頃からインターネットをよく使用している方でしたら、慣れていて大して問題のないインターフェイスであっても、そうでない方にとってはどうでしょう？
たとえば、右の図を見てください。

①通常のラジオボタン ○1 ○2 ○3 ○4 ○5 ○6

②文字をボタンに入れた外観 1 2 3 4 5 6

ユーザは「4」を押したいと思っている。

このレイアウトは横のマージンの開け方にも問題があります。ボタンと文字が全てこれだけくっついていると、慣れている人でも「4に関連するボタンはどっちだろう？」と一瞬戸惑ったりするものです。ユーザの立場だと、この状態が同じフォーム内で何度も続くとうんざりする人もいるということを、制作者は理解しないといけません。
<label>付けをすることによってボタンとテキストの関連づけをすることは当然にしても、<label>付けされているかどうかは、外から見ているだけの一般のユーザには全くわかりません。
ここではアイデアとして、「ボタンの中に値が入っている」というインターフェイスを考えてみます。

フォームに関するCSSの制約

前提として、このようなフォーム関連のインターフェイスは強引にCSSで外観を変えようとも、希望したとおりに変わりません。いや、変えられないように作られている、と言ってもよいでしょう。

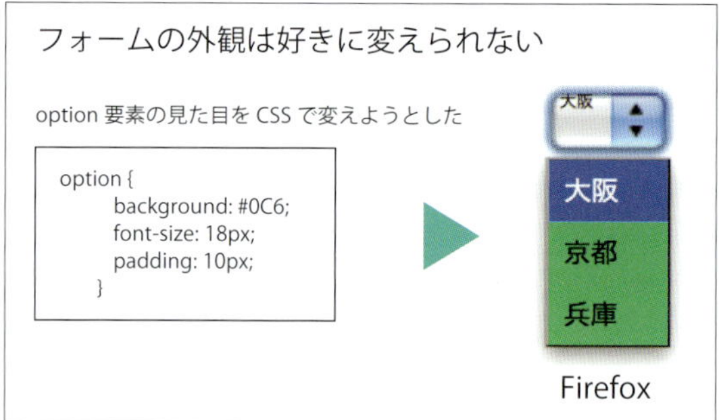

対策として、次のような流れでa要素などをJavaScriptで作って、それにCSSを適用させることにしましょう。

jQueryプラグイン「CSS3Form」で使いやすいフォームに

ここでは本書のために作られたjQueryプラグイン「CSS3Form」を適用させましょう。このプラグインを適用させると、HTML内部では次のようなことが行われます。
それだけで、あなたはCSSでどれだけユーザビリティの高いボタンを作れるかどうかに専念することができます。
そうするためにはhead要素内に次のコードを書きましょう。

JavaScript

```
<script type="text/javascript" src="http://code.jquery.com/jquery-1.5.2.min.js">
</script>
<script type="text/javascript" src="jquery.css3form.js"></script>
<script type="text/javascript">
$(function (){
  $("form").css3form();
});
</script>
```

ラジオボタンやチェックボックスなどのフォームをコーディングしたら、input要素やselect要素の代わりに以下のようなdiv要素やul要素なども作られます。

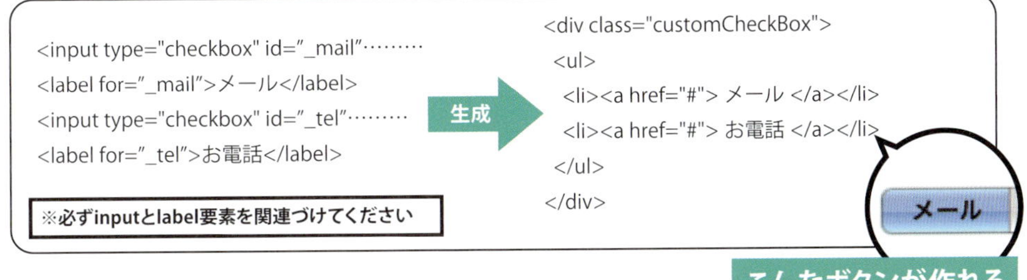

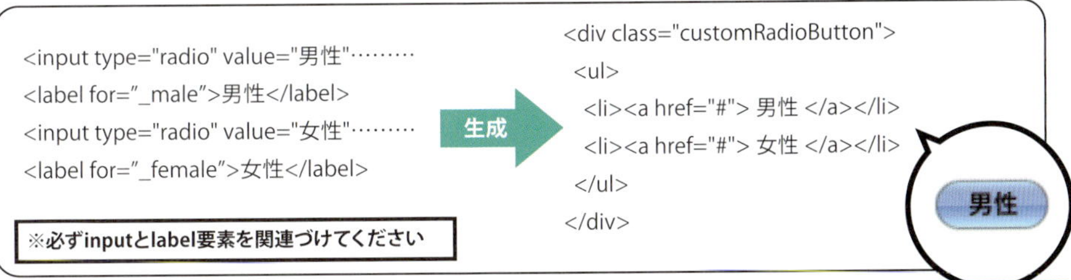

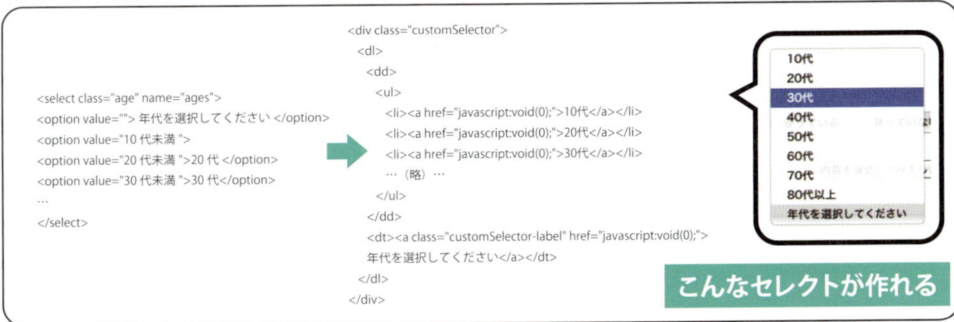

これらのa要素に対してCSSでスタイルを与えていきましょう。今回は右図のようなラジオボタンを作ってみましょう。

CSS

```
div.customRadioButton {
  margin-bottom: 15px;
}

div.customRadioButton ul li {
  display: inline-block;
}
```

```
div.customRadioButton ul li a {
  display: block;
  padding: 5px 15px;
  text-decoration: none;
  font-size: 13px;
  font-weight: bold;
  line-height: 1;
  color: #222;
  border: 1px solid rgba(100,100,100,0.5);
  border-radius: 30px;
  -webkit-box-shadow:  0 0 1px #333;
  box-shadow:  0 0 1px #333;
  background: -webkit-gradient(linear, left top, left bottom, color-stop(1.00,
   #ffffff), color-stop(0.51, #d1d1d1), color-stop(0.50, #dbdbdb),
    color-stop(0.00, #dcdcdc));
  background: -webkit-linear-gradient(top, #dcdcdc 0%, #dbdbdb 50%, #d1d1d1 51%,
   #ffffff 100%);
  background: -moz-linear-gradient(top, #dcdcdc 0%, #dbdbdb 50%, #d1d1d1 51%,
   #ffffff 100%);
  background: -o-linear-gradient(top, #dcdcdc 0%, #dbdbdb 50%, #d1d1d1 51%,
   #ffffff 100%);
  background: linear-gradient(top, #dcdcdc 0%, #dbdbdb 50%, #d1d1d1 51%, #ffffff
   100%);
  }

div.customRadioButton ul li a.checked {
  background: -webkit-gradient(linear, left top, left bottom, color-stop(1.00,
   #bcf4fd), color-stop(0.75, #87c2fb), color-stop(0.51, #6ba8e4),
    color-stop(0.50, #8fbff0), color-stop(0.20, #91bae4),
     color-stop(0.00, #b6e2fd));
  background: -webkit-linear-gradient(top, #b6e2fd 0%, #91bae4 20%, #8fbff0 50%,
   #6ba8e4 51%, #87c2fb 75%, #bcf4fd 100%);
  background: -moz-linear-gradient(top, #b6e2fd 0%, #91bae4 20%, #8fbff0 50%,
   #6ba8e4 51%, #87c2fb 75%, #bcf4fd 100%);
  background: -o-linear-gradient(top, #b6e2fd 0%, #91bae4 20%, #8fbff0 50%,
   #6ba8e4 51%, #87c2fb 75%, #bcf4fd 100%);
  background: linear-gradient(top, #b6e2fd 0%, #91bae4 20%, #8fbff0 50%, #6ba8e4
   51%, #87c2fb 75%, #bcf4fd 100%);
}
```

今度はチェックされたときなど、何らかのユーザのアクションによってインターフェイスの状態を変えようとする場合について考えましょう。

ラジオボタンの場合、name属性の値が一緒のものに関しては重複してチェックされないようにできています。

しかし、そういったこともプラグインが処理してくれますから、「div.customRadioButton ul li a.checked」に対して「チェック状態時のスタイル（今回は水色）」を与えたらよいのです。もちろんフォームを送信しても、チェックされた方の値が送信されるようにできています。

クリックしたらちゃんと青くなった！

CSSの設定方法は基本的にチェックボックスも同じです。
ただ、ピッタリ横並びにしたいとき、li要素にdisplay: inline-block;だと改行のせいで隙間が空くのでfloatしました。
borderで4辺の枠を作ったら横同士が重なるので、border-right: none;で右側だけ消します。
さらに右端のボタンだけ、last-childでボーダーを足します。
最初と最後のli要素の中にあるa要素に対して、端を角丸にしています。
それ以外のCSS設定はラジオボタンと同じです。
「div.customCheckBox ul li:last-child a」が今回で言う「FAX」、「div.customCheckBox ul li:nth-child(1) a」が今回で言う「メール」に該当します。いずれも端なのでちょっとだけスタイルの追加が必要です。

CSS

```
div.customCheckBox ul li {
  float: left;
}

div.customCheckBox ul li a {
  /*【注意！】ラジオボタンと違う点だけここでは解説しています*/
  border-right: none;
}

div.customCheckBox ul li:last-child a { /* 「FAX」ボタンのスタイル */
  border-right: 1px solid rgba(100,100,100,0.5);
  border-radius: 0 6px 6px 0;
}

div.customCheckBox ul li:nth-child(1) a { /* 「メール」ボタンのスタイル */
  border-radius: 6px 0 0 6px;
}
```

メール お電話 お手紙 FAX

チェックボックスも完成。

Column **input内の文字はアンチエイリアス設定が異なる！**

執筆時でのSafariで確認した時に、input type="text"やtextarea内の文字が太く感じました。いくら確認をしても太字になる設定が見つからないので、調べてみたら、「-webkit-font-smoothing」の値が「subpixel-antialiased」になっており、どうやらChromeでも同じ設定になっているようです。
他の文字と同じアンチエイリアスにしたかったら「-webkit-font-smoothing: antialiased;」をinputやtextareaに設定しましょう。

秋葉秀樹 秋葉秀樹

-webkit-font-smoothingの値が「antialiased」の場合（左）と、「subpixel-antialiased」の場合（右）。

セレクト要素の外観も調整

セレクト要素の代わりとなるインターフェイスはdl要素の中のddのさらにulのli要素という、ちょっと深い階層に生成されています。
CSSを書いていきながら解説しましょう。
dl要素をposition: absoluteにして、リストがスライドダウンしても後続の要素の上に重なるようにします。

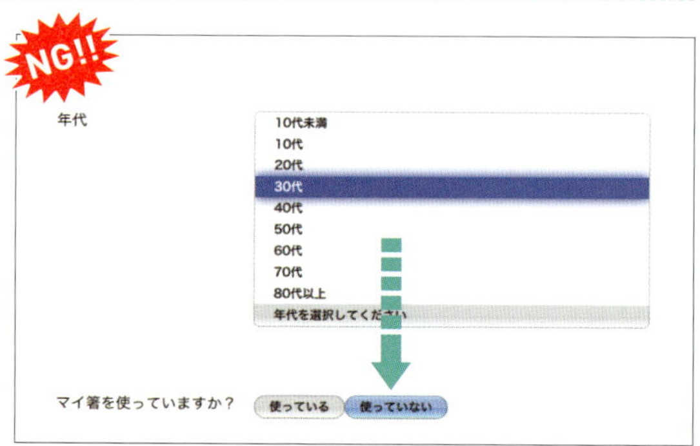

position: absolute;にしないと、選択時に後続の要素が落ちてしまう。

皆さんが書いたselect要素やoption要素は以下のように置き換わります。
FireBugなどで見ると以下のようなソースが生成されているのが分かるでしょう。

HTML

```
<dl>
  <dd>
    <ul>
      <li><a href="javascript:void(0);">10代未満</a></li>
      …略…
      <li><a href="javascript:void(0);">80代以上</a></li>
    </ul>
  </dd>
  <dt><a class="customSelector-label" href="javascript:void(0);">年代を選択してください
</a></dt>
</dl>
```

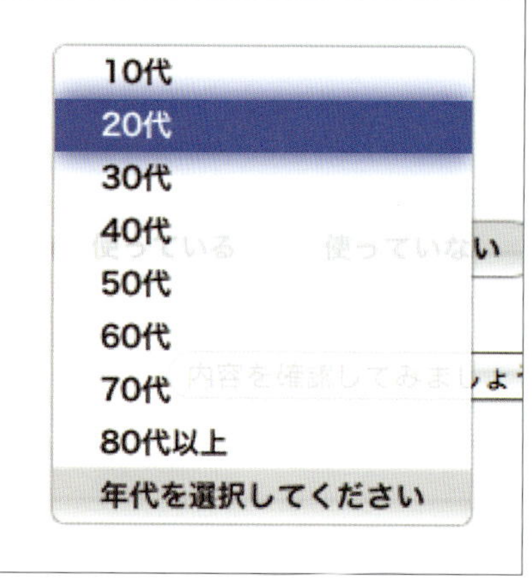

置き換わったHTMLにCSSを当てていき、デザインを変えたセレクトを完成させます。

CSS

```
div.customSelector {
  margin-bottom: 60px;
}

div.customSelector dl {
  position: absolute;
  border-radius: 5px;
  -webkit-box-shadow: 0 0 2px #333;
  box-shadow: 0 0 2px #333;
  background: rgba(255,255,255,0.9);
}

div.customSelector dl dt {
  float: none;
  clear: both;
  width: auto;
  margin: 0;
}

div.customSelector dl dt a {
  text-decoration: none;
  padding: 5px 20px;
  display: block;
  font-size: 13px;
  font-weight: bold;
  border-radius: 0 0 5px 5px;
  line-height: 1;
  color: #222;
  -webkit-box-shadow: 0 0 1px #333;
  box-shadow: 0 0 1px #333;
  background: -webkit-gradient(linear, left top, left bottom, color-stop(1.00,
    #ffffff), color-stop(0.51, #d1d1d1), color-stop(0.50, #dbdbdb),
    color-stop(0.00, #dcdcdc));
  background: -webkit-linear-gradient(top, #dcdcdc 0%, #dbdbdb 50%, #d1d1d1 51%,
    #ffffff 100%);
  background: -moz-linear-gradient(top, #dcdcdc 0%, #dbdbdb 50%, #d1d1d1 51%,
    #ffffff 100%);
  background: -o-linear-gradient(top, #dcdcdc 0%, #dbdbdb 50%, #d1d1d1 51%,
    #ffffff 100%);
  background: linear-gradient(top, #dcdcdc 0%, #dbdbdb 50%, #d1d1d1 51%,
    #ffffff 100%);

}

div.customSelector dl dd {
  margin: 0;
  padding: 0;
  width: 100%;
  float: none;
  -webkit-transition: 0.3s ease-in;
  -moz-transition: 0.3s ease-in;
  -o-transition: 0.3s ease-in;
  transition: 0.3s ease-in;
```

```
}

div.customSelector dl dd ul li a {
  text-decoration: none;
  padding: 5px 20px;
  display: block;
  -webkit-transition: all 0.3s;
  -moz-transition: all 0.3s;
  -o-transition: all 0.3s;
  transition: all 0.3s;
  font-size: 13px;
  font-weight: bold;
  line-height: 1;
  color: #222;
}

div.customSelector dl dd ul li a:hover {
  background: #4574F7;
  color: white;
  -webkit-box-shadow: 0 0 20px #03F;
  box-shadow: 0 0 20px #03F;
}
```

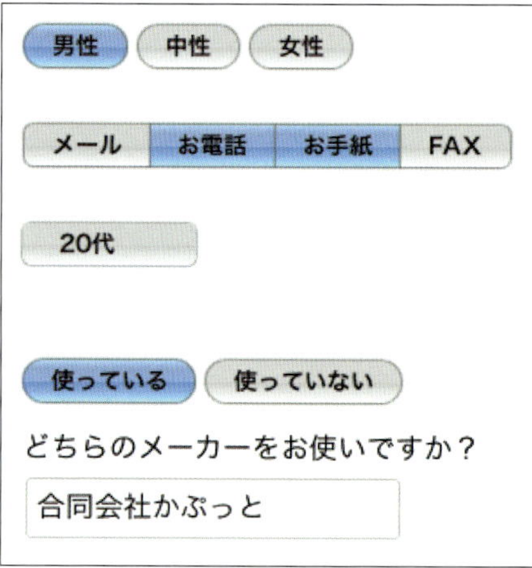

完成した。

Column **重すぎてストレスが……**

試しにhover時に0.3秒かけてtransitionでscaleを1.3倍にしてみたら、もっさりした重さでどう考えても1秒以上はかかっている動きでした。
CSS3で表現力が上がったからといって、なんでも使えばいいというものではないですね。
シャドウやグラデーションなどは内部で複雑な描画処理を行っているので、急に重くなることがあります。そのあたりをしっかり考えてユーザに提供するように心がけましょう。

Column inputやtextareaにborder-imageでメタリックな枠の外観

border-imageを使うと右図のようなテイストのフォームもデザインできます。使ったパーツはこれだけです(下図)。Photoshopで「ベベルとエンボス」などを使って作りました。

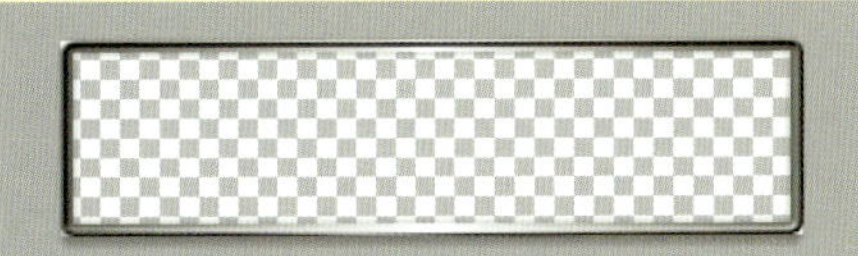

画像の隅っこ以外は広さ分だけ引き延ばされるので、transitionプロパティを使って、例えばwidthなどを「びよーん」と横に伸ばすと、画像も一緒に伸びてくれます。しかも角丸の部分は壊れませんので、キレイに伸びてくれます。
ただし、シャドウなどは急に重たくなるので、使用には注意が必要。

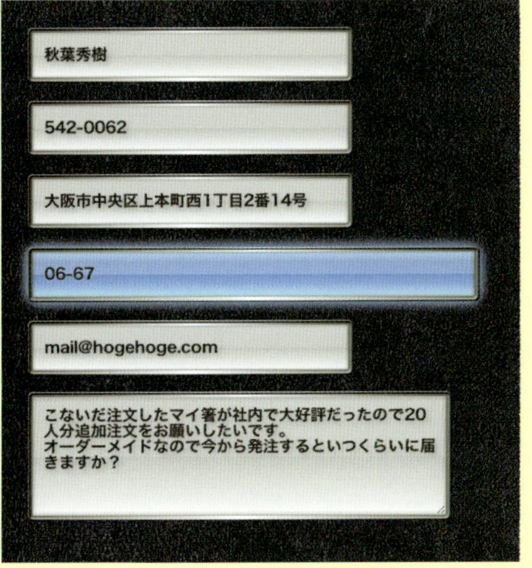

CSS

```
input[type="text"], textarea {
  -webkit-border-image: url(img/border_metal.png) 6;
  -moz-border-image: url(img/border_metal.png) 6;
  -o-border-image: url(img/border_metal.png) 6;
  border-image: url(img/border_metal.png) 6;
  border-width: 6px;
  width: 300px;
  -webkit-transition: -webkit-box-shadow .2s, width 0.4s ease-out;
  -moz-transition: box-shadow .2s, width 0.4s ease-out;
  -o-transition: box-shadow .2s, width 0.4s ease-out;
  transition: box-shadow .2s, width 0.4s ease-out;
  }
input[type="text"]:focus, textarea:focus {
  -webkit-box-shadow: 0 0 15px #87c2fb, 0 0 25px #87c2fb;
  box-shadow: 0 0 15px #87c2fb, 0 0 25px #87c2fb;
  width: 430px;
  }
```

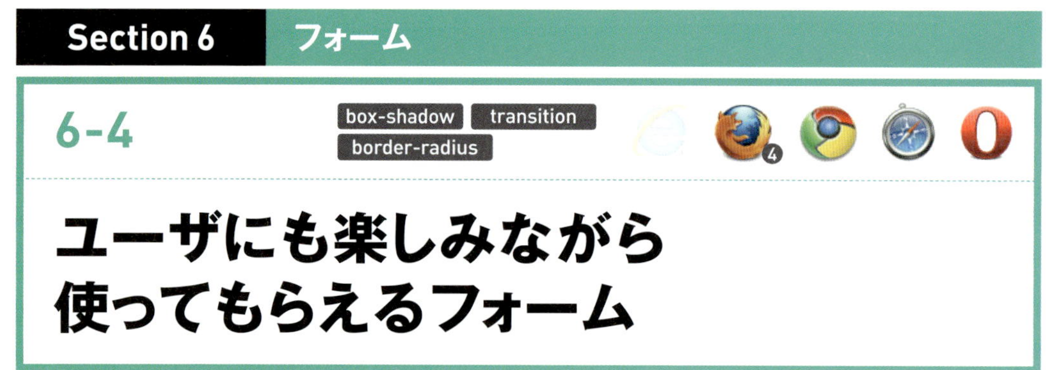

Section 6 フォーム

6-4

ユーザにも楽しみながら使ってもらえるフォーム

6-3「フォームのパーツを設計してみる」をもとに、実際のフォームを完成させましょう。
お問い合わせやアンケートは面倒臭がるユーザが多いですから、ここではもっと入力も楽しく、モチベーションを上げさせて入力を促すようなフォームのデザインについて、考えてみます。

今よりさらに使いやすいフォームのUIを考える

- 文字は大きく、わかりやすくすると気持ち楽に入力ができる
- ボタンも大きく、押す領域は広ければストレスにならない
- サイトコンセプトによっては、多少なりとも光ったり演出があると楽しく感じてもらえる
- リストなどはスライドダウンさせるような動きがあると気持ちよく使ってもらえる

ラジオボタンのデザイン

選択されていない文字の色は白で透明度を70%にしました。これは強く出しすぎると、どちらがチェックされているかが分からなくなるために、あえて「弱く」表現する手法です。

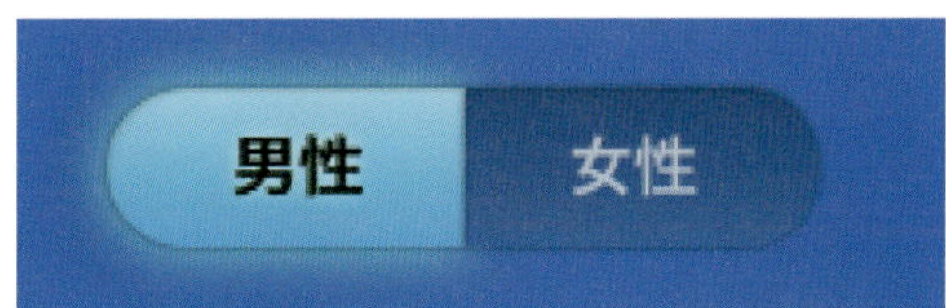

CSS

```
.css3form div.customRadioButton ul li a {
  display: block;
  color: rgba(255,255,255,0.7);
  padding: 10px 25px;
  text-decoration: none;
  font-size: 16px;
  font-weight: bold;
  text-decoration: none;
  -webkit-box-shadow: inset 1px 1px 1px rgba(0,0,0,0.1), 0 0 2px #036;
  box-shadow: inset 1px 1px 1px rgba(0,0,0,0.1), 0 0 2px #036;
  background: -webkit-gradient(linear, left top, left bottom, color-stop(1.00,
   #1c63ab), color-stop(0.00, #244386));
  background: -webkit-linear-gradient(top, #244386 0%, #1c63ab 100%);
  background: -moz-linear-gradient(top, #244386 0%, #1c63ab 100%);
  background: -o-linear-gradient(top, #244386 0%, #1c63ab 100%);
  background: linear-gradient(top, #244386 0%, #1c63ab 100%);
  -webkit-transition: all 0.3s ease-in;
  -moz-transition: all 0.3s ease-in;
  -o-transition: all 0.3s ease-in;
  transition: all 0.3s ease-in;
  -webkit-transform-origin: left top;
  -moz-transform-origin: left top;
  -o-transform-origin: left top;
  transform-origin: left top;
}
```

今回は性別なので2つしかありません。1番目の男性は左だけ角丸にして女性は右側を角丸にしています。このままでは角丸にした側に文字が寄って窮屈なので、paddingで30px空けています。

CSS

```
.css3form div.customRadioButton ul li:nth-last-child(1) a {
  border-top-right-radius: 25px;
  border-bottom-right-radius: 25px;
  padding-right: 30px;
}

.css3form div.customRadioButton ul li:nth-child(1) a {
  border-top-left-radius: 25px;
  border-bottom-left-radius: 25px;
  padding-left: 30px;
}
```

チェックされた状態です。クラス名「checked」がa要素に付くので、以下のような指定ができます。文字を完全な黒にして強調しています。それでも弱かったのでtext-shadowプロパティでうっすらと光彩のような表現にしています。
box-shadowプロパティがちょっと複雑です。最初の設定はinsetで内側にちょっとだけ影をつけて奥行きを出しています。あとの2つの設定は周囲を光らせることが目的です。

CSS

```
.css3form div.customRadioButton ul li a.checked {
  background: -webkit-gradient(linear, left top, left bottom, color-stop(1.00,
   #02b0e6), color-stop(0.00, #99dff5));
  background: -webkit-linear-gradient(top, #99dff5 0%, #02b0e6 100%);
  background: -moz-linear-gradient(top, #99dff5 0%, #02b0e6 100%);
  background: -o-linear-gradient(top, #99dff5 0%, #02b0e6 100%);
  background: linear-gradient(top, #99dff5 0%, #02b0e6 100%);
  -webkit-box-shadow: inset 1px 1px 1px rgba(0,0,0,0.1), 0 0 2px #036, 0 0 30px
   #0FF;
  box-shadow: inset 1px 1px 1px rgba(0,0,0,0.1), 0 0 2px #036, 0 0 30px #0FF;
  color: #000;
  text-shadow:0 0 5px #fff;
}
```

チェックボックスのデザイン

「押せそう」と思わせるためにbox-shadowプロパティでエンボス調の表現にしています。

CSS

```
.css3form div.customCheckBox ul li a {
  background: -webkit-gradient(linear, left top, left bottom, color-stop(1.00,
   #244386), color-stop(0.00, #2a5b8d));
  background: -webkit-linear-gradient(top, #2a5b8d 0%, #244386 100%);
  background: -moz-linear-gradient(top, #2a5b8d 0%, #244386 100%);
  background: -o-linear-gradient(top, #2a5b8d 0%, #244386 100%);
  background: linear-gradient(top, #2a5b8d 0%, #244386 100%);
  font-size: 14px;
  font-weight: bold;
  text-decoration: none;
  line-height: 1;
  padding: 10px 20px 7px;
  color: rgba(255,255,255,0.7);
  border-radius: 3px;
  -webkit-box-shadow: 1px 1px 2px rgba(0,0,0,0.5), inset 1px 1px 1px
   rgba(255,255,255,0.2);
  box-shadow: 1px 1px 2px rgba(0,0,0,0.5), inset 1px 1px 1px
   rgba(255,255,255,0.2);
  -webkit-transition: all 0.1s;
  -moz-transition: all 0.1s;
  -o-transition: all 0.1s;
  transition: all 0.1s;
  display: block;
}
```

hover時には大きくなるようにscaleを10%大きく見せています。
ラジオボタン同様、チェック状態の処理でもbox-shadowプロパティで光彩の演出をしています。

CSS

```
.css3form div.customCheckBox ul li a:hover {
  -webkit-transform: scale(1.1);
  -moz-transform: scale(1.1);
  -ms-transform: scale(1.1);
  -o-transform: scale(1.1);
  transform: scale(1.1);
  color: #fff;
  background: -webkit-gradient(linear, left top, left bottom, color-stop(1.00,
   #1e4bae), color-stop(0.00, #4c89c8));
  background: -webkit-linear-gradient(top, #4c89c8 0%, #1e4bae 100%);
  background: -moz-linear-gradient(top, #4c89c8 0%, #1e4bae 100%);
  background: -o-linear-gradient(top, #4c89c8 0%, #1e4bae 100%);
  background: linear-gradient(top, #4c89c8 0%, #1e4bae 100%);
}

.css3form div.customCheckBox ul li a.checked {
  background: -webkit-gradient(linear, left top, left bottom, color-stop(1.00,
   #02b0e6), color-stop(0.00, #99dff5));
  background: -webkit-linear-gradient(top, #99dff5 0%, #02b0e6 100%);
  background: -moz-linear-gradient(top, #99dff5 0%, #02b0e6 100%);
  background: -o-linear-gradient(top, #99dff5 0%, #02b0e6 100%);
  background: linear-gradient(top, #99dff5 0%, #02b0e6 100%);
```

```
  -webkit-box-shadow: inset 1px 1px 1px rgba(0,0,0,0.1), 0 0 2px #036, 0 0 30px
   #0FF;
  box-shadow: inset 1px 1px 1px rgba(0,0,0,0.1), 0 0 2px #036, 0 0 30px #0FF;
  color: #000;
  text-shadow:0 0 5px #fff;
}
```

セレクトのデザイン

JavaScriptによって生成されたHTMLは、dt要素に「年代を選択してください」という項目が入り、dd要素の中にul要素が入り、その中のli要素にoption要素の内容が列挙されます。

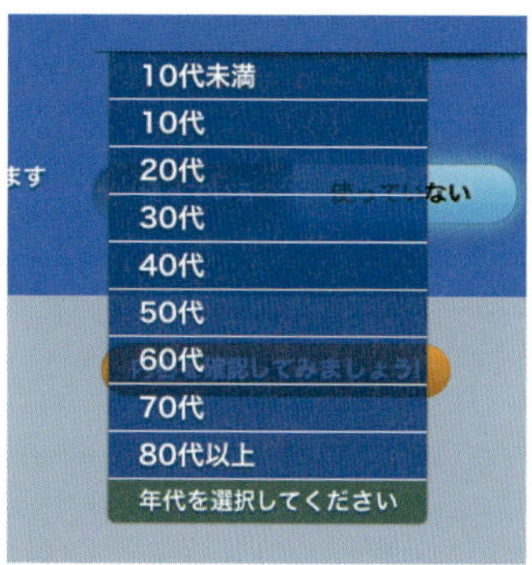

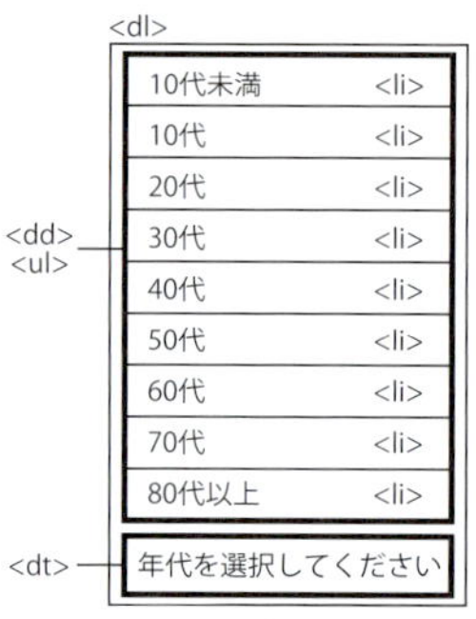

dl要素にposition: absoluteを設定します。これを行わないと後続の要素の下に隠れたりして、使い物になりません。

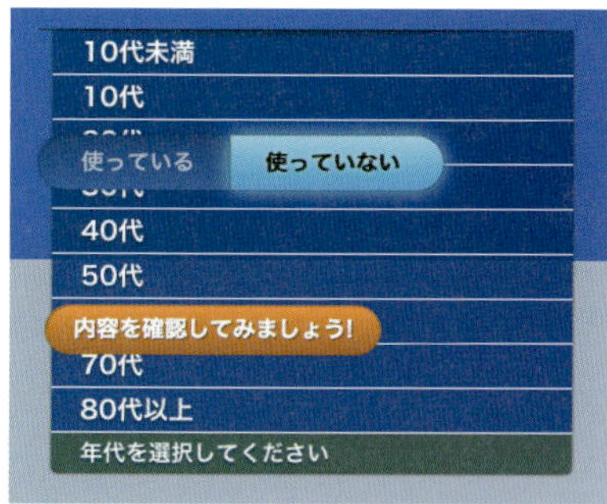

dl要素にposition: absoluteを設定しなかった場合。

親となるdiv要素、dl要素の設定とdt要素の設定から細かく分けて見てみましょう。
div要素には背景画像として用意した「paper_cut.png」を配置しています。壁紙をナイフでカットしたようなイメージです。

背景は透過処理されている。

heightを60pxにしている理由は、中身のdl要素がposition: absoluteしているため、高さが保てなくなり、後続要素がくっついてくるための対策です（❶）。
dl要素では背景色に透過を与えて、後ろがちょっと透けて見えるようにします（❷）。
dt要素のfloat、clear、width、marginプロパティは、「性別」「ご連絡方法」という項目を左側にfloatして使っているため単に解除をしたいだけです（❸）。
dt内のa要素で「年代を選択してください」のスタイルを決めています。特に目新しいことはしていませんね。

CSS

```
.css3form div.customSelector {
  background: url(img/paper_cut.png) no-repeat;
  padding: 1px 0 0 10px;
  height: 60px; ---------------------------------------- ❶
}

.css3form div.customSelector dl {
  position: absolute;
  background: rgba(0,44,133,0.8); ---------------------- ❷
  border-radius: 0 0 5px 5px;
  -webkit-box-shadow: 0 0 2px #333;
  box-shadow: 0 0 2px #333;
}

.css3form div.customSelector dl dt {  --┐
  float: none;                          |
  clear: both;                          |---------------- ❸
  width: auto;                          |
  margin: 0;                          --┘
}

.css3form div.customSelector dl dt a {
  text-decoration: none;
  padding: 5px 20px;
  background: #366;
  border-radius: 0 0 5px 5px;
  display: block;
  color: #fff;
}

.css3form div.customSelector dl dt a:hover {
  border-radius: 0 0 5px 5px;
  -webkit-box-shadow: inset 0 0 30px #68c900;
  box-shadow: inset 0 0 30px #68c900;
}
```

続いてdd要素とその中のリストを見ていきましょう。
dd要素もdt要素と同じく、親のdt要素にかかっているスタイルを解除するための設定をしています。
dd要素の通常時はheightプロパティを0としていますが（❹）、「年代を選択してください」がクリックされたときにJavaScriptによってdd要素に「open」というクラスが付けられます。このとき（dd.openの時）heightプロパティを300pxに指定します（❺）。

これでメニューの開閉のキッカケが作れます。
transitionプロパティを使うことにより、高さ0〜300pxに領域を伸ばすことで上から降りてくるように見せています(❻)。
各li要素内のa要素にふわふわと光がついてくるような演出は、box-shadowとtransitionプロパティの合わせ技によるものです。様々な場面で使えるでしょう。
0.3秒のタイミングは場合によってはもう少し早めてもよいでしょう。あまり遅くしてふわふわさせるとユーザがイライラするかもしれません(❼)。

CSS

```
.css3form div.customSelector dl dd {
  margin: 0;
  padding: 0;
  height:0; ---------------------------------- ❹
  width: 100%;
  float:none;
  overflow: hidden;
  -webkit-transition: 0.3s; ┐
  -moz-transition: 0.3s;    │
  -o-transition: 0.3s;      ├------------------ ❻
  transition: 0.3s;         ┘
}

.css3form div.customSelector dl dd.open{
  height: 300px; ----------------------------- ❺
}

.css3form div.customSelector dl dd ul li a {
  color: #FFF;
  text-decoration: none;
  font-size: 18px;
  font-weight: bold;
  text-shadow: 0 2px 2px #036;
  padding: 5px 20px;
  display: block;
  border-bottom: 1px solid #FFF;
  -webkit-transition: all 0.3s; ┐
  -moz-transition: all 0.3s;    │
  -o-transition: all 0.3s;      ├-------------- ❼
  transition: all 0.3s;         ┘
}

.css3form div.customSelector dl dd ul li a:hover {
  background: #06C;
  -webkit-box-shadow: 0 0 30px #0FF;
  box-shadow: 0 0 30px #0FF;
}
```

その他の処理

メールアドレスが不正な場合、その背景を全く違う系統の色（今回で言えば赤など）にすると、そこに注目されやすくなります。このプラグインではメールアドレスが不正な場合inputに「mail_error」というクラスがつきますので、次のように処理しています。

メールアドレス　hoge.com

CSS

```
.css3form input.mail_error {
  background: #C00;
  color: #fff;
}
```

「マイ箸を使っていますか？」の項目ですが、「使っている」を選択するとさらに質問が現れます。「moreQuestion」というクラス名は、ラジオボタンが押されたときに出現させたいアンケートなので、input要素のクラスに「more」を付けると、これにチェックに入ることにより、はじめてdiv.moreQuestionが出現するように作られています。

Section 6 フォーム

6-5

transform:translate border-image background-size transition

フォームの色々なバリエーション

6-4までのフォームの資産を活かし、HTMLとCSS3Formプラグインはそのままで、CSSだけ変えてフォームデザインのバリエーションを増やしてみましょう。
使いやすさだけを追求するのもひと苦労ですが、さらにユーザが触れてみたくなる、さらに楽しくなるフォーム作りとはなんだろうと考え、デザインのテイストを思いっきり変えてみましょう。

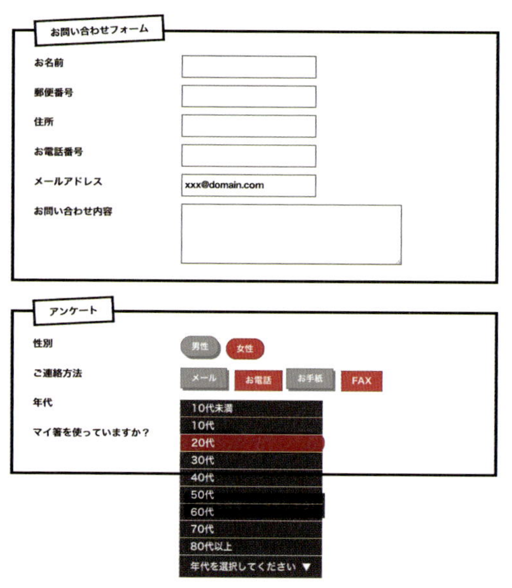

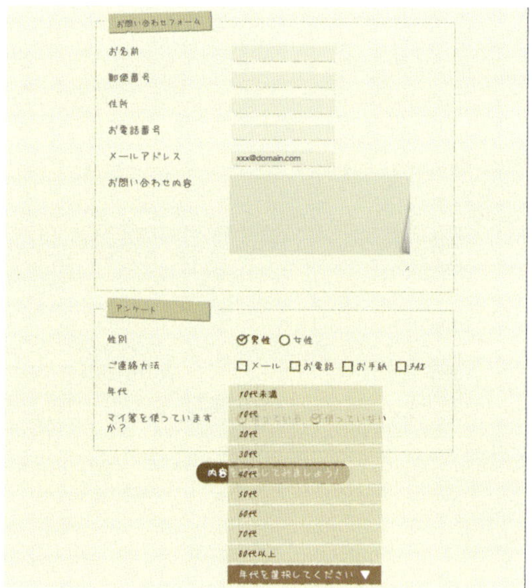

ブロックのようなボタン、シンプルかつ遊び心のあるフォーム

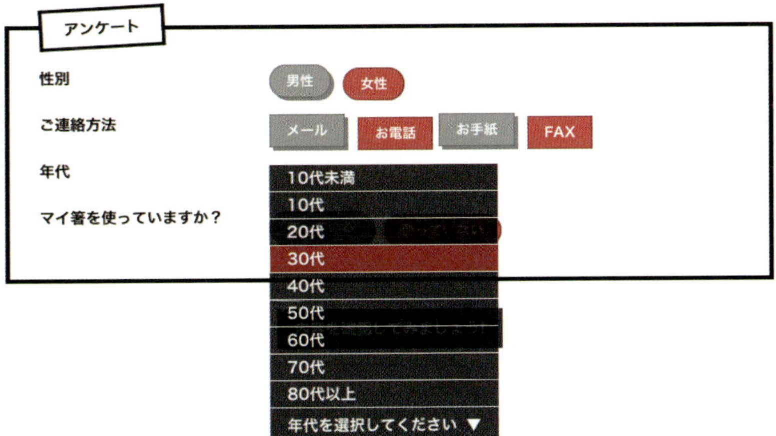

グラデーションのようなテイストと違い、基本黒のボーダーでデザインされたフォームを作ってみましょう。ここでは子供が遊ぶブロックをモチーフにしたボタンのデザインにCSS3の機能を使います。

ラジオボタン、チェックボックスはブロックのように立体的に見せる

下図のようにボタンをブロックに見立てます。
奥行きはbox-shadowプロパティで横と縦の距離を開けて、ぼかし量を0（ゼロ）にすると、それらしく見えます（❶）。
a要素にクラス「checked」がついた時に、box-shadowプロパティの「奥行き」の値をナシにします。それだけだと押し込まれたようには見えません。押し込まれた時にボタンを右下に移動させなければなりませんので、ここではtransform:translate(4px,4px)を指定しています。これによって定位置より右と下にそれぞれ4pxずつ動いてくれます（❷）。
以下にラジオボタンのCSSコードを掲載しますが、チェックボックスも同じ仕組みです。
サンプルファイルで確認してください。

CSS

```
div.customRadioButton ul li {
  float: left;
}

div.customRadioButton ul li a {
  display: block;
  text-decoration: none;
  font-size: 16px;
  font-weight: bold;
```

```
    text-decoration: none;
    padding:10px 20px;
    border-radius:30px;
    margin-right:10px;
    background-color:rgba(130,130,130,0.8);
    -webkit-box-shadow:4px 4px 0 rgba(130,130,130,1), inset 0 0 2px #000;  ⑥
    box-shadow:4px 4px 0 rgba(130,130,130,1), inset 0 0 2px #000;
    color:#fff;
    -webkit-transition:all 0.3s ease;
    -moz-transition:all 0.3s ease;
    -o-transition:all 0.3s ease;
    transition:all 0.3s ease;
    }

  div.customRadioButton ul li a:hover {
    -webkit-transform: scale(1.05);
    -moz-transform: scale(1.05);
    -o-transform: scale(1.05);
    transform: scale(1.05);
    }

  div.customRadioButton ul li a.checked {
    -webkit-box-shadow:inset 0 0 2px #000;
    box-shadow:inset 0 0 2px #000;
    background-color:rgba(197,0,10,0.8);
    -webkit-transform:translate(4px,4px);
    -moz-transform:translate(4px,4px);  ②
    -o-transform:translate(4px,4px);
    transform:translate(4px,4px);
  }
```

セレクトを作る

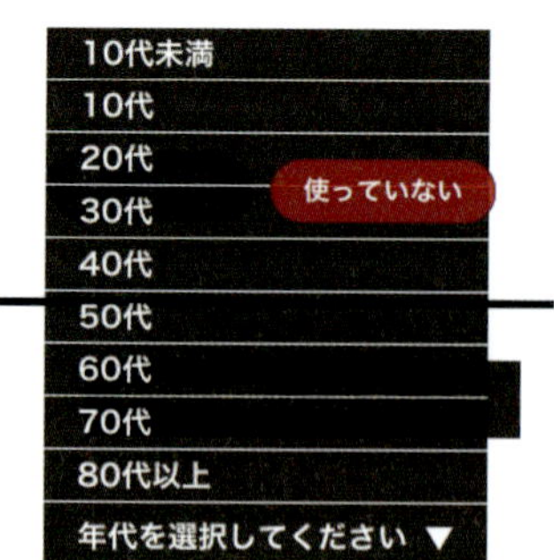

塗りや線や影のテイスト以外は6-4のフォームと同じCSSの設定にしたら、後続のchecked状態のボタンが上に来てしまいました。

これはtransform:translate(4px,4px)と設定しているところが原因です。これを設定すると重ね順が上に来てしまう仕様になっているので、セレクトのdl要素にはz-index:1とします。これで解決できました(❶)。

あと、「下にリストが表示されますよ」とユーザに知らせたいので「年代を選択してください」のa要素のafter擬似要素に"▼"をつけます(❷)。

以下、セレクトのCSSコードだけ抜粋します。

CSS

```
div.customSelector dl {
  position: absolute;
  z-index: 1; ---------------------------- ❶
}

div.customSelector dl dt a {
  text-decoration: none;
  padding: 10px 20px;
  background: #333;
  display: block;
  color: #fff;
}

div.customSelector dl dt a:after {
  content: "▼"; ---------------------- ❷
  padding-left: 10px;
}

div.customSelector dl dd {
  margin: 0;
  padding: 0;
  width: 100%;
  float: none;
  -webkit-transition: all 0.3s ease-in;
  -moz-transition: all 0.3s ease-in;
  -o-transition: all 0.3s ease-in;
  transition: all 0.3s ease-in;
}

div.customSelector dl {
  background: rgba(0,0,0,0.8);
  border-radius: 0 0 5px 5px;
}

div.customSelector dl dd ul li a {
  color: #FFF;
  text-decoration: none;
  font-size: 18px;
  font-weight: bold;
  padding: 5px 20px;
  display: block;
  border-bottom: 1px solid #FFF;
}

div.customSelector dl dd ul li a:hover {
  background-color:rgba(197,0,10,0.8);
}
```

手書き／アナログ調のフォーム

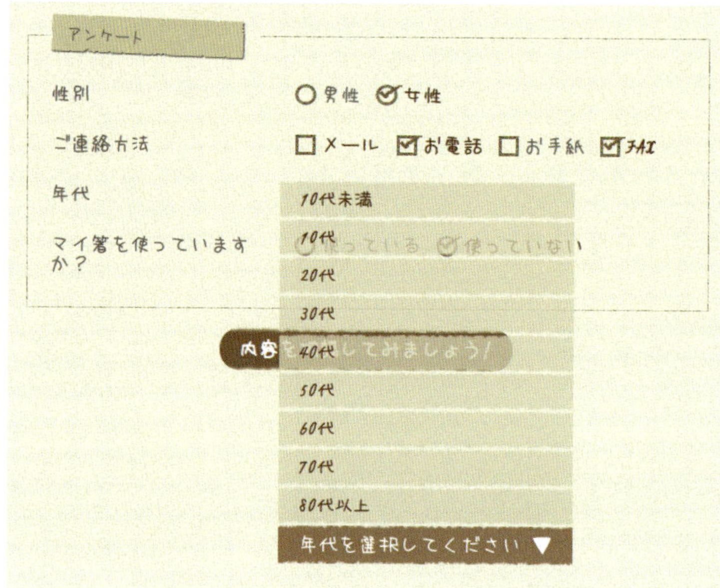

堅いイメージを一新して、手書き風にチャレンジしましょう。フォントもWebフォントを使い、ボタンやセレクトは今までと違い、画像を使ってみます。
fieldset要素のボーダーを画像にします。ここではどれだけ伸縮しても大丈夫なborder-imageを使い、手書き風の枠で囲んであげます。
legend要素は少し傾けています。ここも背景画像を使用しています。

文字入力やテキストエリアのfocus時に背景画像をアニメーション

用意した画像を背景として配置し、入力できる状態になったらbackground-positionの位置を移動させる演出を実現しています（❶）。

CSS

```
textarea[name="inquiry"] {
  width: 280px;
  height: 150px;
  border: none;
  padding: 15px 30px;
  color: #60585A;
  background: url(img/texarea_bg.jpg) -10px 0px no-repeat;
  -webkit-transition: background-position 0.5s;
  -moz-transition: background-position 0.5s;
  -o-transition: background-position 0.5s;
  transition: background-position 0.5s;
}

textarea[name="inquiry"]:focus {
  background-position: -340px 0; ------------------ ❶
}
```

ボタンチェック時の背景画像の仕組みを考える

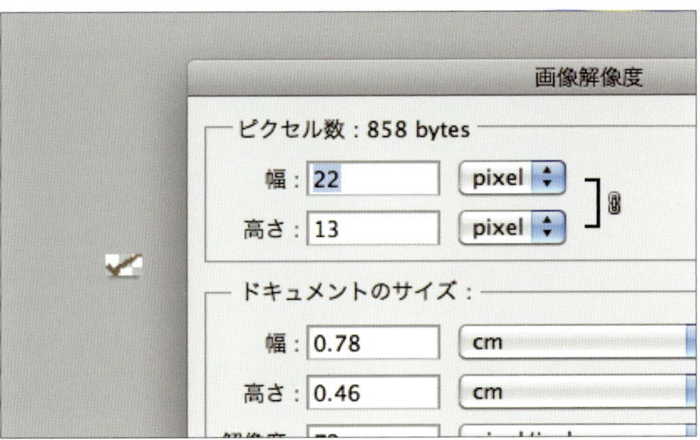

ここでの大きなポイントは、チェックした時に丸や四角といったボタンの絵が描かれた背景画像のサイズを変更するところにあります。

ボタンをクリックしてみると、レ点の画像が左上からだんだん大きく出現します。

これはbackgroundプロパティで背景画像を配置しておき（❶）、background-size: 0 0により大きさをゼロにしています。つまり見えない状態です（❷）。

checkedクラスがついた場合、background-size:22px 13pxに変更されます。値はこのレ点マークの画像のサイズが図のとおり横22px、縦13pxだからです（❸）。

CSS

```
div.customCheckBox ul li {
  display: inline-block;
  background:url(img/checkbox.png) no-repeat 0 0; --------❶
  margin-left:10px;
}

div.customCheckBox ul li a {
  display: block;
  padding:5px 0 5px 30px;
  text-decoration:none;
  background:url(img/check.png) no-repeat 8px 5px;
  background-size:0 0; ------------------------------❷
  -webkit-transition: all 0.3s ease;
  -moz-transition: all 0.3s ease;
  -o-transition: all 0.3s ease;
  transition: all 0.3s ease;
}

div.customCheckBox ul li a:hover {
  color:#630;
}

div.customCheckBox ul li a.checked {
  background-size:22px 13px; ------------------------❸
  color:#630;
}
```

7-1

transition opacity visibility

サブナビゲーションが出てくるナビゲーション

メインナビゲーションやサイドナビゲーションではよく見かける、サブナビゲーション。
マウスオーバーしたら「ひょこっと」出てくる例のアレです。もうここまで読まれた方、大体やり方は予想出来た方もいると思います！
JavaScript無しで心地いい動きを演出しましょう。

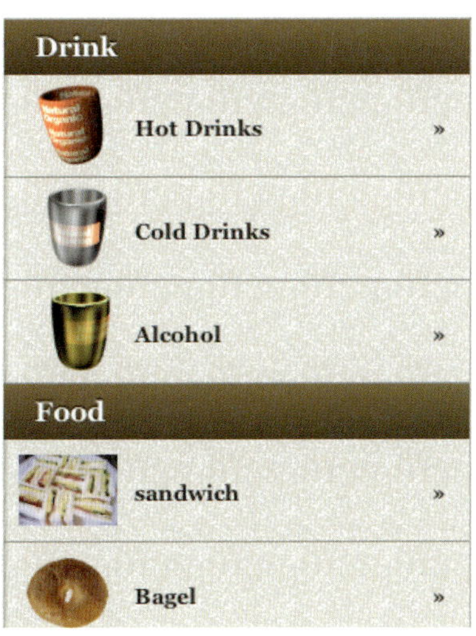

Column opacityの遷移だけで良いのでは？

何故、visibility: hiddenからhover時にvisibleにするかというと、透明なだけだったら上に要素が存在しつづけ、場合によっては後続の要素に対してマウス操作を妨げてしまうからです。opacityの遷移だけでは問題があるのです。

サブナビにvisibility: hiddenしなかったせいで邪魔でログインできない失敗例。

li要素の中に入れ子のul要素を入れる

li要素の中にサブナビとなるul要素を非表示の状態で入れておく、良くある手です。
マウスがメインメニューであるli要素に乗ったとき、CSSではhover状態で入れ子のul要素を表示しましょう。
そうです、visibility: visibleを使います。
このul要素はposition:absolute（❶）にしているので、親のli要素の左上に重なるはずです。
ここではtop: 20pxで（❷）、上からちょっと下に表示されます。
ここまでの方法は従来のCSSでも可能でした。

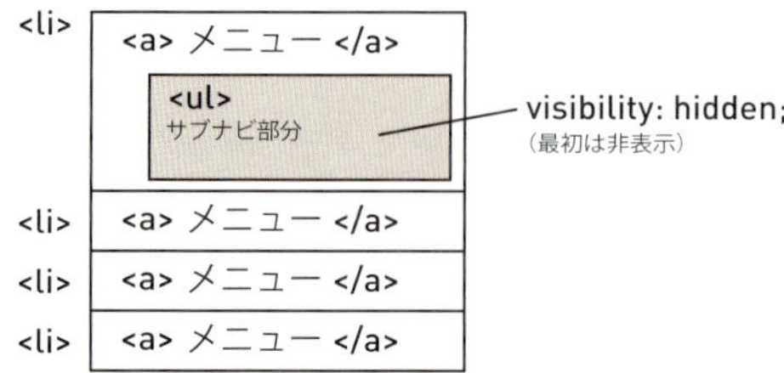

マウスが乗ったら「ふわっ」と表示

ここからはCSS3でできることとして、透明度と位置をtransitionで遷移して、「バシッ」と表示されるのではなく「ふわっ」と心地よく出現させましょう（❸）。
親のli要素がhover時、サブナビのul要素は一瞬でまずvisibility: visibleに切り替わり（❹）、元々透明度がゼロだったので1に（❺）向かってふんわりと出現するように見せます。

HTML

```
<li><a href="#">Cold Drinks</a>
  <ul>
    <li><a href="#">Iced Coffee<span>アイスコーヒー</span></a></li>
    <li><a href="#">Iced Caffe Latte<span>アイスコーヒーラテ</span></a></li>
    <li><a href="#">Iced Caffe Mocha<span>アイスコーヒーモカ</span></a></li>
    <li><a href="#">Iced Maple Caffe Latte<span>アイスメープルラテ</span></a></li>
    <li><a href="#">Iced Almond Caranel Latte<span>アイスアーモンドラテ</span>
     </a></li>
    <li><a href="#">Iced Caffe Latte With Soy<span>アイス豆乳ラテ</span></a></li>
  </ul>
</li>
```

CSS

```
div#side section#drinkMenu ul li {
  position: relative;
}

div#side section#drinkMenu ul li ul {
  position: absolute; ------------------------------- ❶
  -webkit-transition: all 0.3s;
  -moz-transition: all 0.3s;
  -o-transition: all 0.3s; --------------------------- ❸
  transition: all 0.3s;
  opacity: 0;
  z-index: 1;
  width: 260px;
  visibility: hidden;
}

div#side section#drinkMenu ul li:hover ul {
  visibility: visible; ------------------------------ ❹
  opacity: 1; --------------------------------------- ❺
  top: 20px; ---------------------------------------- ❷
}
```

浮き上がってきたサブナビのul要素ですが、このままでは下に続く要素の下に表示されてしまうので、z-index:1によって解決しています。

z-index指定をしないと後続の要素に隠れてしまう。

Column IE9でも使えないことはない

今までで触れたとおり、IE9リリース時はtransitionをサポートしていないために「動き」が付けられません。しかし、visibilityプロパティはもちろん有効なので、少なくともhover時にサブナビは見えますし使えます。

最低でもユーザがアクセス可能な状態は保った設計を心がけましょう。

どうしても動きからIE対応にしたければ、今のところJavaScriptを使うことが現実的でしょう。

Section 7 ナビゲーション

7-2

Multuple background　font-face　transition

触ると背景が動く
楽しい幼稚園ナビゲーション

ナビゲーションに触ると、赤いマーカーで背景が塗られていくような動きのあるナビゲーションを作ってみましょう。
さらに応用として、ふわふわした模様が舞い上がるような、二重の動きが楽しめるものを作ってみましょう。

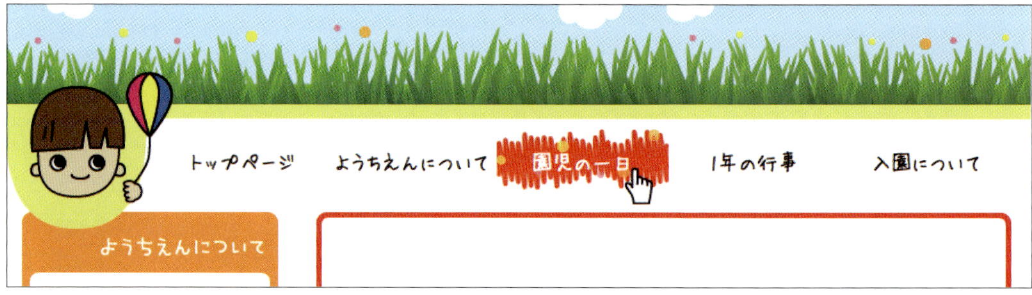

Column　Operaは背景画像のpositionをtransitionできない！？

執筆時Opera（11.10）の場合、-o-transitionはサポートしていますが、background-positionを遷移させることはできませんでした。バグと考えられます。

参考（英語）
http://dev.opera.com/forums/topic/702962

マーカーの画像をつくる

赤の背景となるマーカーはIllustratorで作成します。適当に長方形で赤を塗って、[効果→スタイライズ→落書き]を選び、右図のような設定をすると書きなぐったイメージになります。

このサンプルでは各ナビゲーションのサイズは横幅150pxとします。

単にtransitionを使ってマーカーが左から右にbackground-positionを移動することはできるのですが、マーカーが動くのは「書いている」というイメージには見えないので、正直ウソっぽいです。

なので、上から白い背景画像をかぶせておいて、それが右にズレると下のマーカーが見えてくるという方法をとります。

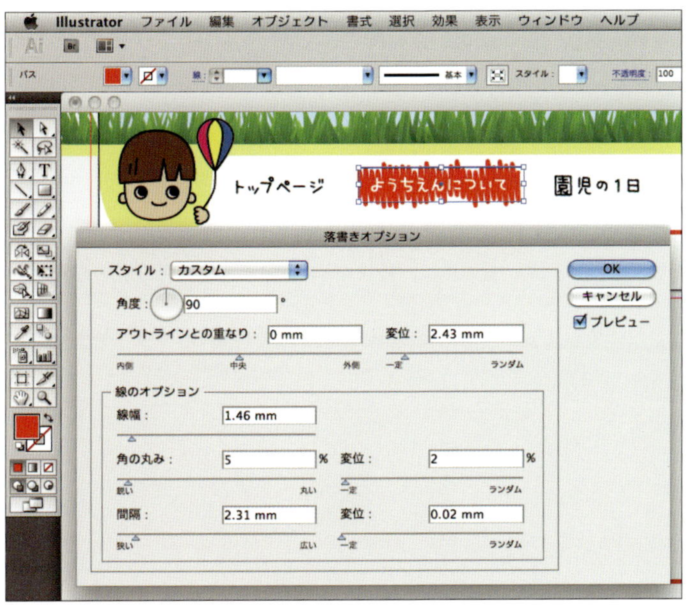

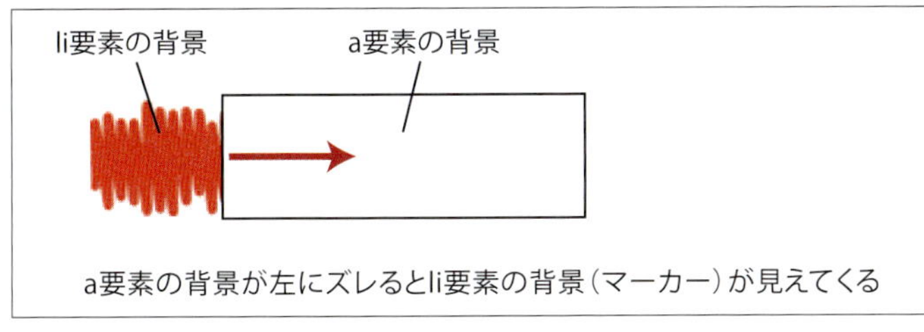

a要素の背景が左にズレるとli要素の背景（マーカー）が見えてくる

ふわふわ模様を含めて複数背景画像にする

CSS3から背景画像を複数同じ要素に配置できる仕様が策定されています。なので、赤マーカーの上に、これもIllustratorで作った模様を配置します。

CSS

```
ul li {
  display: inline-block;
  width: 150px;
  background-image: url(img/bg_bubble.png), url(img/marker.jpg);
  background-repeat: no-repeat, no-repeat;
  background-position: 0 80px, 0 0; ---------------------- ❶
  -webkit-transition: all 0.8s ease-in-out;
  -moz-transition: all 0.8s ease-in-out;
  -o-transition: all 0.8s ease-in-out;
  transition: all 0.8s ease-in-out;
}
```

ふわふわ画像の「bg_bubble.png」は（❶）のように、縦座標に80pxを指定して、見えないはみ出たところに配置しておきます。
いつもはhoverはa要素に対して書きますが、今回はli要素の背景画像もhoverのタイミングで動かすので、ul li:hoverとします。

CSS

```
ul li a {
  color: #000;
  background: url(img/whitebg.jpg) 0 0 no-repeat;
  -webkit-transition: all 0.3s ease-in-out;
  -moz-transition: all 0.3s ease-in-out;
  -o-transition: all 0.3s ease-in-out;
  transition: all 0.3s ease-in-out;
}

ul li:hover {
  background-position: 0 0, 0 0;
}

ul li:hover a {
  color: white;
  background-position: 150px 0;
}
```

これでふわふわ画像が80px下から0pxの位置に上がってきます。

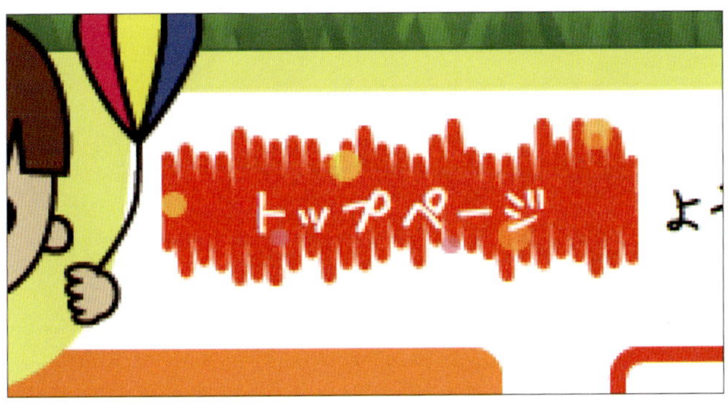

完成。

Column 複数背景画像はIE9でも使用可能

IE9でも複数の背景画像を配置できます。transitionが効かないところを除いてはこの節のサンプルも使えるというワケですね。

Column マーカーの動きは遅すぎると「らしくない」動きに

今回のa要素に配置した白い背景の動きは、遅すぎると「書いているように見えない」し、早すぎると、手書きの雰囲気が出ません。
適度なスピードとイージングなどを使って「人間らしく」見えるタイミングを試行錯誤しましょう。
あと、コツとして今回のように2つの背景を動かす場合は、お互い違うスピードを出すことで、機械的にならないように工夫しています。

Section 7 ナビゲーション

7-3

transform transition nth-child

付箋で作るナビゲーション、アナログ感を出すための工夫

ナビゲーションをひとつとっても、デザインによっては一律のものだと違和感がある場合があります。このサンプルのような、アナログ感のあるデザインがメインのときはどうしたらよいか考えてみましょう。

付箋のデザインがメインのナビゲーションとなっています。この場合、上図のようなデザインでは少し違和感があると思いませんか？
アナログ感のあるデザインなのに、テープで貼った付箋がすべて同じ隙間で同じ角度で並んでいます。
また、テープの長さや角度もすべて同じになっています。
実際に手で付箋を貼ってみましたが、均一に貼るのは人間の手では絶対に不可能です。

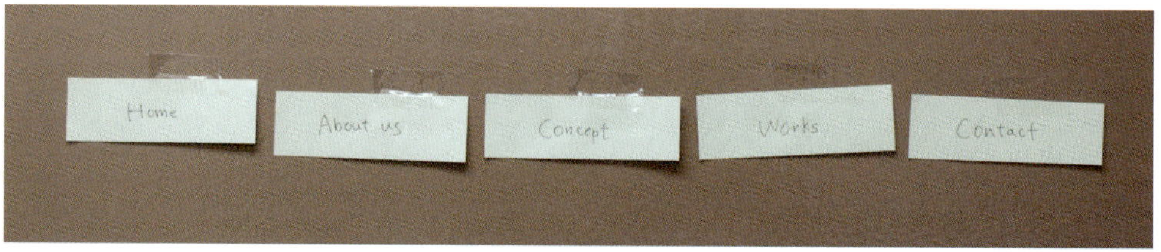

実際に手で付箋を貼ってみたが、絶対に均一にはならない。

基本構造

HTML

```html
<ul>
  <li><a href="#">Home</a></li>
  <li><a href="#">About us</a></li>
  <li><a href="#">Consept</a></li>
  <li><a href="#">Works</a></li>
  <li><a href="#">Contact</a></li>
</ul>
```

CSS

```css
ul li{
  display:inline-block;
}
ul li a{
  display:block;
  position:relative;
  padding:15px 15px 10px;
  width:130px;
  background-color:#fcffd3;
  background: -webkit-gradient(linear, left top, left bottom,
   color-stop(0, rgb(252, 255, 211)), color-stop(0.4, rgb(253, 255, 231)),
    color-stop(1, rgb(240, 251, 151))) ;
  background: -webkit-linear-gradient(top,rgb(252, 255, 211) 0%,
   rgb(253, 255, 231) 40%, rgb(240, 251, 151) 100%) ;
  background: -moz-linear-gradient(top,rgb(252, 255, 211) 0%,
   rgb(253, 255, 231) 40%, rgb(240, 251, 151) 100%) ;
  background: -o-linear-gradient(top,rgb(252, 255, 211) 0%,
   rgb(253, 255, 231) 40%, rgb(240, 251, 151) 100%) ;
  background: linear-gradient(top,rgb(252, 255, 211) 0%, rgb(253, 255, 231) 40%,
   rgb(240, 251, 151) 100%) ;
  -webkit-box-shadow:3px 3px 3px rgba(102,102,102,0.7);
  box-shadow:3px 3px 3px rgba(102,102,102,0.7);
  (略)
}
ul li a:before{
  display:block;
  position:absolute;
  top:-10px;
  left:50px;
  width:60px;
  background-color:rgba(230,230,230,0.5);
  background: -webkit-gradient(linear, left top, left bottom,
   color-stop(0, rgba(240, 240, 240, 0.5)), color-stop(0.3,
    rgba(255, 255, 255, 0.5)), color-stop(1, rgba(230, 230, 230, 0.5))) ;
  background: -webkit-linear-gradient(top,rgba(240, 240, 240, 0.5) 0%,
   rgba(255, 255, 255, 0.5) 30%, rgba(230, 230, 230, 0.5) 100%) ;
  background: -moz-linear-gradient(top,rgba(240, 240, 240, 0.5) 0%,
   rgba(255, 255, 255, 0.5) 30%, rgba(230, 230, 230, 0.5) 100%) ;
```

```
  background: -o-linear-gradient(top,rgba(240, 240, 240, 0.5) 0%,
   rgba(255, 255, 255, 0.5) 30%, rgba(230, 230, 230, 0.5) 100%) ;
  background: -linear-gradient(top,rgba(240, 240, 240, 0.5) 0%,
   rgba(255, 255, 255, 0.5) 30%, rgba(230, 230, 230, 0.5) 100%) ;
  -webkit-box-shadow:0 0 3px #999;
  box-shadow:0 0 3px #999;
  (略)
}
```

グラデーションやbox-shadowプロパティを使って、しっかりと質感を調整しましょう。
テープは擬似要素のbeforeで設定しているので、特にHTMLの記述はありません。
ここまでで、均一に5枚の付箋がきれいに並びます。

➔ 手で貼ったような効果をCSSで表現

CSS

```
ul li:nth-child(2) a{
  -webkit-transform:rotate(-4deg);
  -moz-transform:rotate(-4deg);
  -ms-transform:rotate(-4deg);
  -o-transform:rotate(-4deg);
  transform:rotate(-4deg);
  }
ul li:nth-child(3) a{
  -webkit-transform:rotate(5deg);
  -moz-transform:rotate(5deg);
  -ms-transform:rotate(5deg);
  -o-transform:rotate(5deg);
  transform:rotate(5deg);
  }
ul li:nth-child(4) a{
  -webkit-transform:translate(0,5px) rotate(-4deg);
  -moz-transform:translate(0,5px) rotate(-4deg);
  -ms-transform:translate(0,5px) rotate(-4deg);
  -o-transform:translate(0,5px) rotate(-4deg);
  transform:translate(0,5px) rotate(-4deg);
  }
ul li:nth-child(5) a{
  -webkit-transform:translate(0,-5px);
  -moz-transform:translate(0,-5px);
  -ms-transform:translate(0,-5px);
  -o-transform:translate(0,-5px);
  transform:translate(0,-5px);
  }
```

手で貼ったようなアナログ感を出すためには、ある程度ランダムであることが必要となります。transformプロパティと、擬似クラスのnth-childを使って、ランダムに貼ったような角度、位置を調整します。

付箋の角度、位置を調整した。

次に、テープを調整しましょう。

CSS

```
ul li:nth-child(2n) a:before{
  top:-10px;
  left:60px;
  width:80px;
}
ul li:nth-child(3) a:before,
ul li:nth-child(5) a:before{
  -webkit-transform:rotate(-5deg);
  -moz-transform:rotate(-5deg);
  -ms-transform:rotate(-5deg);
  -o-transform:rotate(-5deg);
  transform:rotate(-5deg);
}
```

これもnth-childとtransform、そしてwidthも変えたりして、ランダムに見えるように調整しましょう。

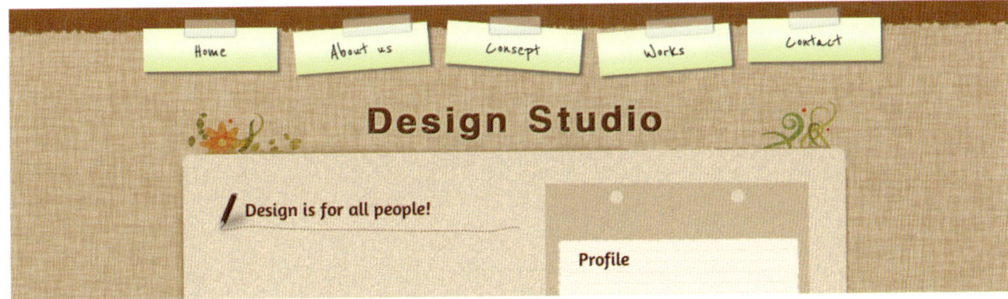

テープも調整し、完成。

ロールオーバーでの動きを設定しよう

最後にロールオーバーの動きですが、角度を0に戻し、少し大きくなるようにしました。
また、box-shadowの影を小さくすることで、少し前に出てくるような遠近感も表現できます。

CSS

```
ul li a{
  -webkit-box-shadow:3px 3px 3px rgba(102,102,102,0.7);
  box-shadow:3px 3px 3px rgba(102,102,102,0.7);
  -webkit-transition: -webkit-transform 0.3s ease, -webkit-box-shadow 0.3s ease;
  -moz-transition: -moz-transform 0.3s ease, box-shadow 0.3s ease;
  -o-transition: -o-transform 0.3s ease, box-shadow 0.3s ease;
  transition: transform 0.3s ease, box-shadow 0.3s ease;
}
ul li a:hover{
  -webkit-box-shadow:1px 1px 1px rgba(102,102,102,0.7);
  box-shadow:1px 1px 1px rgba(102,102,102,0.7);
  -webkit-transform:scale(1.1);
  -moz-transform:scale(1.1);
  -ms-transform:scale(1.1);
  -o-transform:scale(1.1);
  transform:scale(1.1);
}
```

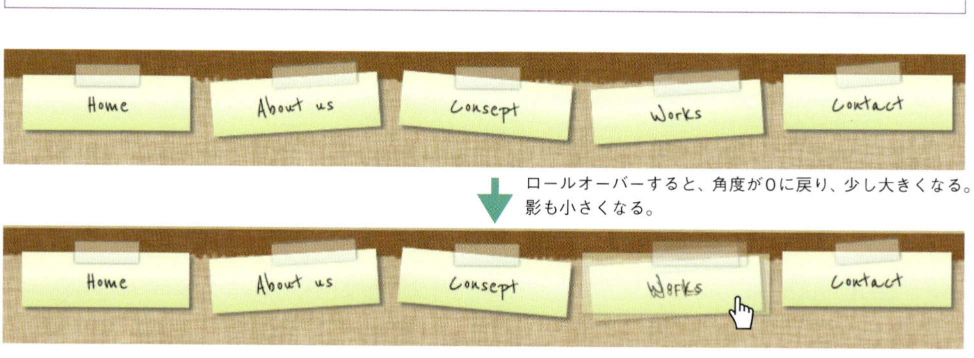

ロールオーバーすると、角度が0に戻り、少し大きくなる。
影も小さくなる。

このように作っていくデザインについて、実際に存在するものとして考えるといろいろな発見があります。
今回は、付箋のアナログ感について考えて実際にスタイルシートで設定をしました。
少し気を配って手をかけてやることで、デザインの質はぐんと上がります。

Appendix

付録

［TEXT］蒲生 トシヒロ

Section 1 HTML5の基本

Section 2 作業時間を短縮するCSS3ジェネレーター

Section 3 CSS3の学習に役立つWebサイト

Section 1

HTML5の基本

CSSのバージョンとHTMLのバージョンは関連性がありませんが、CSS3を利用してリッチでクールなWebサイト構築を行なうならば、HTML5と組み合わることにより、満足度の高いサイト構築が可能になります。このSectionでは、HTML5の基本的な解説から、文書構造を示す要素の使い方までを解説します。

HTML5とは何か

ブラウザに最適化されたHTMLの新しい規格

HTML5は機能不足なHTML4.01やXHTML2に不満を感じていたWHATWG（Google、Apple、Mozilla、Operaが集まって作られた）によって提案された、XHTML1.0とHTML4.01の発展系である、よりブラウザに最適化された現実的なHTMLです。
WHATWGより新たなHTMLの提案があり、W3Cがこれを受け入れ2008年1月22日にドラフト（草案）が発表され、WHATWGとW3Cは連携して2012年の勧告に向けて動いています。
HTML5に至るまでのHTMLの歴史は下記Webページを読まれるとよいかと思います。

・AppleInsider: なぜ Apple は HTML 5 に賭けているのか：
ウェブの歴史 - silvervine の定点観測所
http://d.hatena.ne.jp/silvervine/20100211/1265858858

HTML5を利用するメリット

HTML5は皆さんの慣れているXHTML1.0に比べて下記のメリットがあります。

1. 今までできなかった表現が可能になる（canvas要素、API、Form等）
2. 記述の自由度が高い（空要素のスラッシュはあってもなくても可、混在も可等）
3. DOCTYPEやhead要素内など定型句的な部分が簡略化され全体に書式がシンプルに
4. プラグインに依存しないインタラクティブ性の向上
5. OSやブラウザに依存しないマルチブラウズ環境
6. 話題性
7. 将来性

こんなところだと思います。

HTML5は使えるか?

今すぐにでも使えます。認識してほしいのは、下位互換であること。つまり古いブラウザでも誤動作しないということ。これに関しては現在徹底検証され、誤動作する要素は排除または名称を変更されています。

Column **HTM5を利用したサイト紹介**

HTML5でどんなことができるのか、見てもらうほうが早いと思いますので、抜粋しました。こんなところを見てみてください。HTML5使ってみたいなと思う人も多いと思いますよ。IE6～8でも表示してみるとよいでしょう。

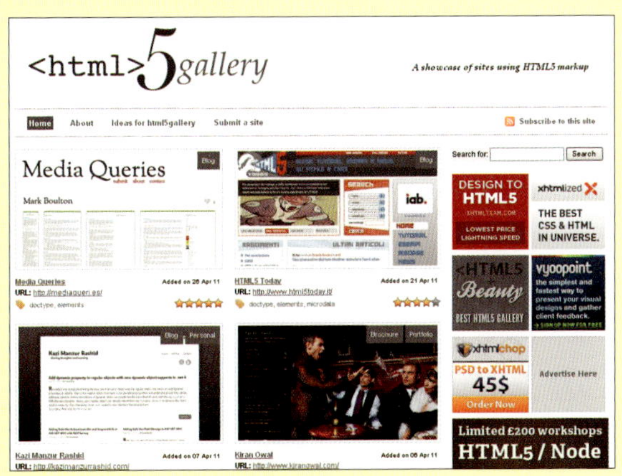

- HTML5 Gallery
  http://html5gallery.com/
- HTML５のポテンシャルを存分に感じるFLASH越えのサンプル集48個
  http://www.yukawanet.com/archives/2733041.html
- スライドや動画など、HTML5のサンプルいくつか - かちびと.net
  http://kachibito.net/web-design/html5-sample.html
- Javascript ライブラリー - HTML5.JP
  http://www.html5.jp/library/index.html

HTML5の現在の対応状況

ブラウザの対応状況

下図はマイクロソフトが運営する「Internet Explorer 10: Testing Center」というWebページで、主要ブラウザのHTML5やCSSの対応が比較されています。IE9の対応状況はわかりますが、「HTML5 & CSS3 Support」を見ると、IE6とIE7は全く対応しておらず、IE8は申しわけ程度と、古いIEが大きく足を引っ張っています。

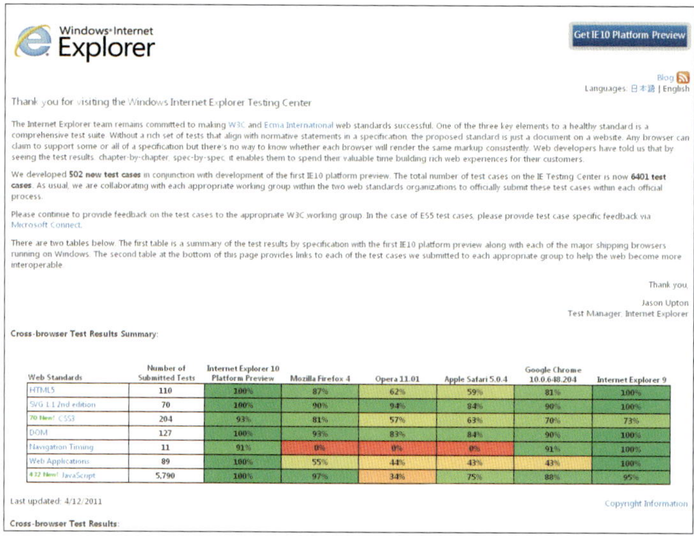

Windows Internet Explorer

Get IE 10 Platform Preview

Blog
Languages: 日本語 | English

Thank you for visiting the Windows Internet Explorer Testing Center

The Internet Explorer team remains committed to making W3C and Ecma International web standards successful. One of the three key elements to a healthy standard is a comprehensive test suite. Without a rich set of tests that align with normative statements in a specification, the proposed standard is just a document on a website. Any browser can claim to support some or all of a specification but there's no way to know whether each browser will render the same markup consistently. Web developers have told us that by seeing the test results, chapter-by-chapter, spec-by-spec, it enables them to spend their valuable time building rich web experiences for their customers.

We developed **502 new test cases** in conjunction with development of the first IE10 platform preview. The total number of test cases on the IE Testing Center is now **6401 test cases**. As usual, we are collaborating with each appropriate working group within the two web standards organizations to officially submit these test cases within each official process.

Please continue to provide feedback on the test cases to the appropriate W3C working group. In the case of ES5 test cases, please provide test case specific feedback via Microsoft Connect.

There are two tables below. The first table is a summary of the test results by specification with the first IE10 platform preview along with each of the major shipping browsers running on Windows. The second table at the bottom of this page provides links to each of the test cases we submitted to each appropriate group to help the web become more interoperable.

Thank you,

Jason Upton
Test Manager, Internet Explorer

Cross-browser Test Results Summary:

Web Standards	Number of Submitted Tests	Internet Explorer 10 Platform Preview	Mozilla Firefox 4	Opera 11.01	Apple Safari 5.0.4	Google Chrome 10.0.648.204	Internet Explorer 9
HTML5	110	100%	87%	62%	59%	81%	100%
SVG 1.1 2nd edition	70	100%	90%	94%	84%	90%	100%
70 New! CSS3	204	93%	81%	57%	63%	70%	73%
DOM	127	100%	93%	83%	84%	90%	100%
Navigation Timing	11	91%	0%	0%	0%	91%	100%
Web Applications	89	100%	55%	44%	43%	43%	100%
432 New! JavaScript	5,790	100%	97%	34%	75%	88%	95%

Last updated: 4/12/2011

Copyright Information

Cross-browser Test Results:

ですが、現時点は使えないことはありません。HTML5は下位互換でもあるということを思い出してください。

1. 新しい要素を使わず時期を見る
2. HTML5の新要素にはスタイルを付与しない
3. html5shiv.jsやModernizrなどのPolyfillを利用して対応する

等で利用することができます。

Column **参考サイト**

- Internet Explorer 10: Testing Center
  http://samples.msdn.microsoft.com/ietestcenter/
- HTML5 & CSS3 Support, Web Design Tools & Support ~ FindMeByIP ~
  http://fmbip.com/litmus/

HTML5オーサリングツールの対応状況

2010年5月、アドビの最高技術責任者ケビン・リンチ氏は最高のHTML開発環境を提供する意向を表明、その第1弾としてHTML5 Pack for Dreamweaver CS5を紹介しました。2010年9月に公開されたDreamweaver CS5アップデートでは、HTML5 PackをDreamweaver CS5に統合、正式に HTML5 / CSS3を利用した Web制作ワークフローがサポートされました。

・HTML5/CSS3 特設サイト- AdobeR Dreamweaver CS5
http://adobe-html5.jp/

プロ用HTMLオーサリングツールであるAdobe Dremweaverが対応したことにより、他のHTMLエディタも続々とHTML5＋CSS3に対応していくことでしょう。

html5shiv.jsやModernizrなどのPolyfillを利用

CSS3同様、HTML5を利用する制作者にとってのボトルネックは、利用者の多いIE6～ IE8ですが、諦める必要はありません。html5shivやModernizrなどのPolyfillを利用すれば、HTML5で新たに追加された要素に対応してくれます。
本書ではhtml5shivを例に解説します。

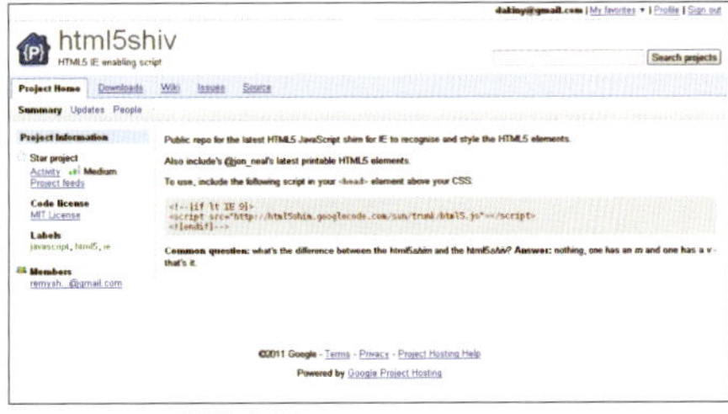

html5shivの解説サイト。

html5shivで対応する新要素
article,aside,figcaption,figure,footer,header,hgroup,mark,nav,section,time

いくつかの新要素がIE8までで表示可能になります。
入手は下記サイトからおこなってください。

html5shiv
http://code.google.com/p/html5shiv/

以下のように利用してください。

HTML
```
<!--[if lt IE 9]>
<script src="http://html5shim.googlecode.com/svn/trunk/html5.js"></script>
<![endif]-->
```

同様のJavScriptは他にもありますし、今後も多く公開されていくでしょう。ブラウザが対応してないからといって利用を諦める必要はありません。

HTML5の書き方の基本

HTML5の書き方は、XHTML1.0やHTML4と大きく変わらない

HTML4がXHTML1.0やHTML4の記述と大きく変わるのは、

1. DOCTYPEやhead要素内など定型句的な部分が簡略化されたこと
2. API、埋め込み要素、フォーム等新たな要素や属性が追加されたこと

の2点であり、廃止された要素や属性は僅かにすぎません。基本さえ憶えれば、明日からでもHTML5が使えるようになります。

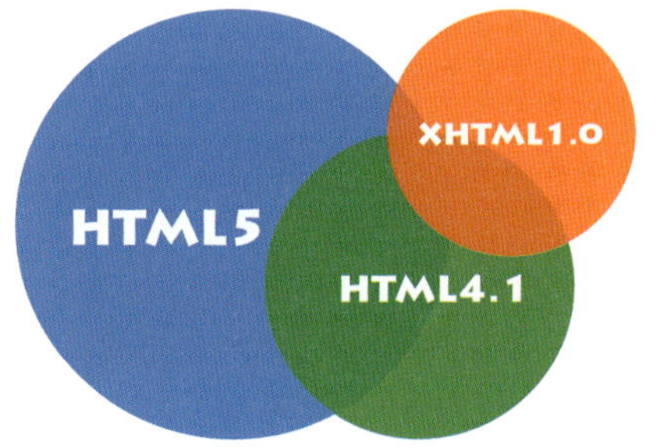

HTML5はHTMLで利用されている要素や、XHTMLで利用されている要素や属性の多くが含まれている。

●身につけたいなら、いきなり全てを憶えようとしないこと

HTMLは入口の敷居は低いですが、中は広く深いです。すべてを憶えようとしないで簡単なできるところから憶えていけば、明日からHTML5が書けるようになります。このような順番で憶えておくとよいでしょう。

1. DOCTYPE、head内要素の書き方
2. 基本的な新要素の使い方
3. 新しい埋め込み要素の使い方

では、最初はHTML4との違いや記述場の注意点を学んでください。

Column 参考サイト

- HTML5 における HTML4 からの変更点　2011年4月5日付 W3C 草案（日本語訳）
  http://standards.mitsue.co.jp/resources/w3c/TR/html5-diff/
- HTML5 differences from HTML4　W3C Working Draft 05 April 2011（原文）
  http://www.w3.org/TR/2011/WD-html5-diff-20110405/
- WHATWG FAQ - 日本語訳 - HTML5.JP
  http://www.html5.jp/trans/whatwg_html5faq.html
- FAQ - WHATWG Wiki:（原文）
  http://www.html5.jp/trans/whatwg_html5faq.html

基本の基本

HTML5がXHTML1.0やHTML4と一番大きく記述が異なるのは、DOCTYPEとhead内要素の書き方です。まずはここを憶えましょう。

HTML

```
<!DOCTYPE html>
<html lang="ja">
  <head>
    <meta charset="UTF-8">
    <title>HTML5の世界にようこそ</title>
  </head>
  <body>
    <h1>HTML5の世界にようこそ</h1>
    <p>はじめまして！<br>
    これからHTML5を一緒に学びましょう。</p>
  </body>
</html>
```

いかがでしょうか。HTML4とほとんど変わりませんが、一番大きな違いは「DOCTYPE宣言」が簡略化されてますね。空要素は閉じても閉じなくてもかまいません。ここではbr要素は
を使っていますが、
でも間違いではありません。

文書構造を示す要素の使い方

●文書構造を示す要素はHTMLの構造をわかりやすくするためのもの

2カラムのレイアウトの例で解説します。
HTML5から追加されたsection要素やheader要素の文書構造を示す要素は、HTMLの構造をよりわかりやすくするためのものです。スタイルを付与してレイアウトに用いることも可能ですが本来の目的ではなく、便利なdiv代わりではないことを認識しておいてください。

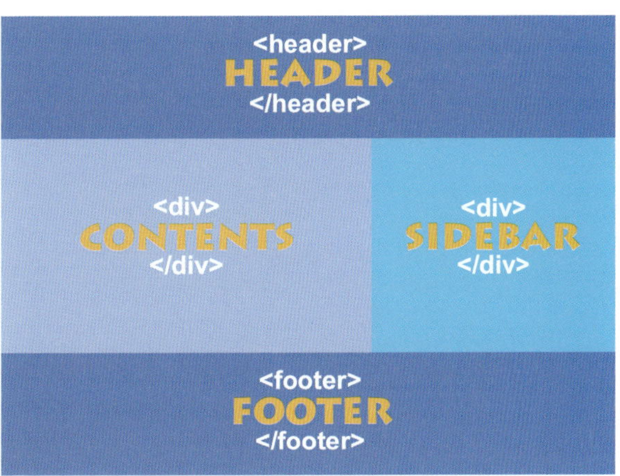

● 初心者はheader要素、footer要素、section要素だけを使っておけば問題は起こらない

HTML5をよく知らない人が起こす間違いが、nav要素、article要素、aside要素の使い方の誤りです。間違った使い方をすれば、クローラーなどの機械は誤解します。極端な話、これらを利用せずdiv要素を利用すれば間違いは起こりません。nav要素、article要素、aside要素はよく学習して使い方をしっかり理解してから使ってください。

● 文書構造を示す要素を入れてIE6〜IE8に対応するHTMLコードサンプル

文書構造を示す要素を入れてもIE6〜 IE8で表示がおかしくならない方法を、html5shivを利用しない場合と、html5shivを利用する場合との2種類、コードサンプルを用意しました。

poliyfillを利用しないコードの書き方例

HTML

```
<!DOCTYPE html>
<html lang="ja">
  <head>
    <meta charset="UTF-8">
    <title>HTML5の世界にようこそ</title>
  </head>
  <body>
    <header>
      <div id=" header" >
        <h1>HTML5の世界にようこそ</h1>
      </div>
    </header>
    <section>
      <div id=" contents>
        <h2>今日からHTML5の学習をはじめます</h2>
        <p>はじめまして。よろしくね！</p>
      </div>
    </section>
    <section>
      <div id=" sidber>
        <h2>INDEX</h2>
        <p>コメント</p>
      </div>
    </section>
    <footer>
      <div id=" fotter>
        <p>Copyright 2001-2011 Dakiny. All rights reserved.</p>
      </div>
    </footer>
  </body>
</html>
```

ひと目見てわかると思いますが、HTML5で加わった新要素にスタイルを付与していません。この方法であればIE6であろうが問題なくHTML5を利用できます。

html5shivを利用したコードの書き方例

HTML

```
<!DOCTYPE html>
<html lang="ja">
  <head>
    <meta charset="UTF-8">
    <title>HTML5の世界にようこそ</title>
    <!--[if lt IE 9]>
    <script src="http://html5shim.googlecode.com/svn/trunk/html5.js"></script>
    <![endif]-->
  </head>
  <body>
    <header id="header">
      <h1>HTML5の世界にようこそ</h1>
    </header>
<div id="contents">
  <section>
    <h2>今日からHTML5の学習をはじめます</h2>
    <p>はじめましてよろしくね！</p>
  </section>
</div>
<div id="sideber">
  <aside>
    <h2>INDEX</h2>
    <p>コメント</p>
  </aside>
</div>
    <footer id="footer">
      <p>Copyright 2001-2011 Dakiny. All rights reserved.</p>
    </footer>
  </body>
</html>
```

html5shivの記述

こちらはhtml5shivを利用してHTML5の新要素にidを設定した記述方法です。コードが若干すっきりしているのが理解できると思います。
いずれの方法をとるのかは条件等によります。
HTML5の入門は簡単です。CSS3と組み合わせて利用してください。

Column **HTML5の学習に役立つリンク**

HTML5の学習に役立つサイトを紹介します。物足りない部分はこれらのサイトで学んでください。

- Web標準Blog | メソッド | ミツエーリンクス
  http://standards.mitsue.co.jp/
- HTML5.JP - 次世代HTML標準 HTML5情報サイト
  http://www.html5.jp/
- HTML5リファレンスーHTMLクイックリファレンス
  http://www.htmq.com/html5/index.shtml
- ヨモツネット［卓矢エンジェルとか Web 標準とか。］
  http://yomotsu.net/

Section 2

作業時間を短縮するCSS3ジェネレーター

グラデーション等の複雑なCSS3を書くのは面倒なものです。 そんなときに作業時間の短縮に役立つのがCSS3ジェネレーターです。ネット上にはいくつものサービスがありますが、このSectionでは著者が便利と感じたCSS3ジェネレーターを2本紹介したいと思います。

CSS3のグラデーションを自動生成　Grad2

よく利用するCSS3でなんといっても記述の面倒なのは、グラデーションでしょう。ここでは、本書の著者の一人秋葉秀樹氏が作られたグラデーション専用ジェネレータを紹介します。グラデーションだけならば無類の使いやすさがあるだけでなく、背景やボタンを作るのにも役立つ機能があります。

Grad2 -CSS3 Easy Gradation Editor
http://grad2.ecoloniq.jp/

グラデーションに特化したCSS3ジェネレーター。

Grad2の便利な機能

Grad2で作業に入る前に、先に憶えておくと作業に便利な機能を紹介しておきます。

●パレットは移動可能

カラーピッカーが邪魔な場合は、パネルの上あたりを押したままドラッグして移動できます。邪魔にならない場所によけておきながら作業をしましょう。

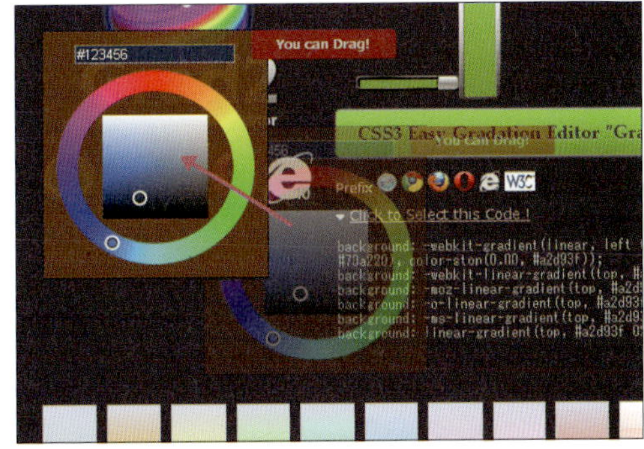

●不要なスライダーを削除する場合

不要なスライダーは、スライダーを左にドラッグすれば消すことができます。

●IE10用のコードやベンダープレフィックスが不要な場合

IE10のアイコンをクリックすればIE10のコードが、W3Cアイコンをクリックすればコードからベンダープレフィックスが消えます。

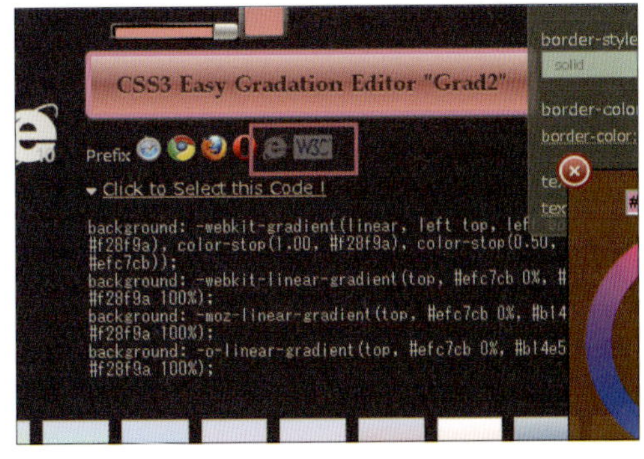

Section 2

グラデーションの作り方

1.イメージに近いグラデーションのサンプルをクリック

最初からグラデーションを作るのは大変です。まずはイメージに近いグラデーションのサンプルを選んでクリックしてください。表示やコードが一瞬で変わります。

2.スライダーを上下に移動

まずはスライダーを上下に移動してみましょう。

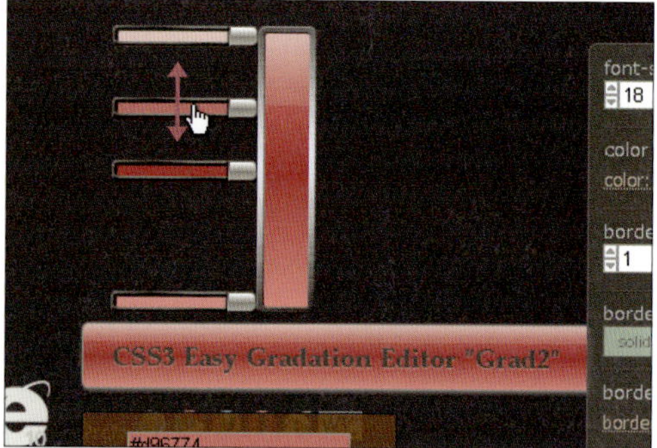

3.カラーピッカーを利用する

カラーピッカーを利用するには、スライダーをダブルクリックします。それからカラーピッカーの○を掴んで動かしてみてください。スライダーの色が変わります。

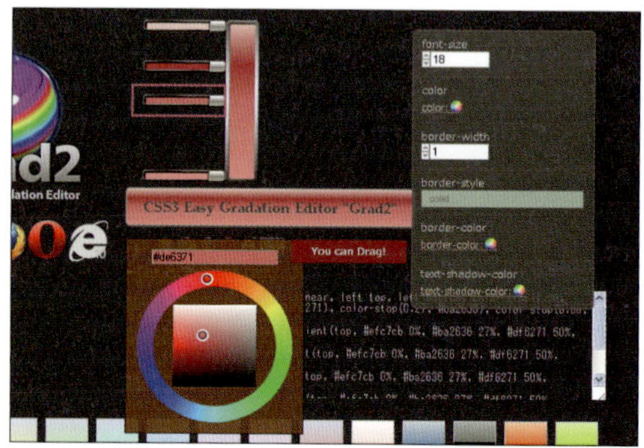

4. 完成したらコードをコピーし、背景として利用するCSSに貼り付けて編集し、クラス名等をつけて完成

イメージ通りにできたら「Click to Select this Code !」の文字をクリックすると、コードを全部選んでくれます。コードをコピーしてテキストエディタ等に貼り付けてください。出力コードの例は以下のようになります。

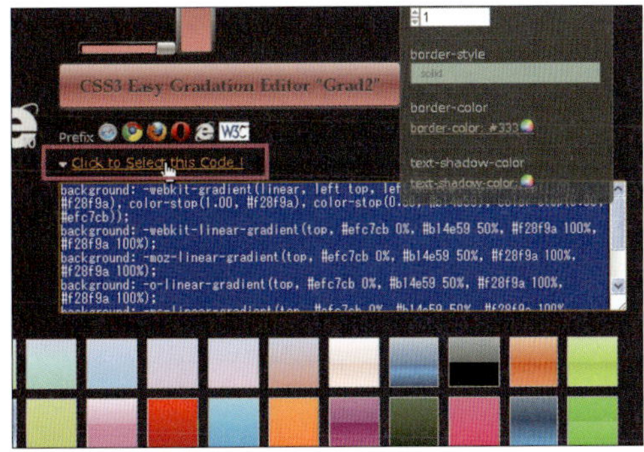

CSS

```
background: -webkit-gradient(linear, left top, left bottom,
 color-stop(1.00, #f28f9a), color-stop(1.00, #f28f9a), color-stop(0.50, #b14e59),
 color-stop(0.00, #efc7cb));
background: -webkit-linear-gradient(top, #efc7cb 0%, #b14e59 50%, #f28f9a 100%,
  #f28f9a 100%);
background: -moz-linear-gradient(top, #efc7cb 0%, #b14e59 50%, #f28f9a 100%,
  #f28f9a 100%);
background: -o-linear-gradient(top, #efc7cb 0%, #b14e59 50%, #f28f9a 100%,
  #f28f9a 100%);
background: -ms-linear-gradient(top, #efc7cb 0%, #b14e59 50%, #f28f9a 100%,
  #f28f9a 100%);
background: linear-gradient(top, #efc7cb 0%, #b14e59 50%, #f28f9a 100%,
  #f28f9a 100%);
```

➔ 背景グラデーション以外のCSSを利用したい場合

Grad2で作れるコードは背景グラデーションだけですが、それ以外にも有効な使い道があります。右のツールパレットのプロパティを編集すればサンプル内の文字の大きさ、色、罫線の太さ、色等の編集が行えてボタンやメニューに利用するときの感じが掴めます。これらはコード出力はされませんが、メモなどをしておけばCSSの編集に役立ちます。

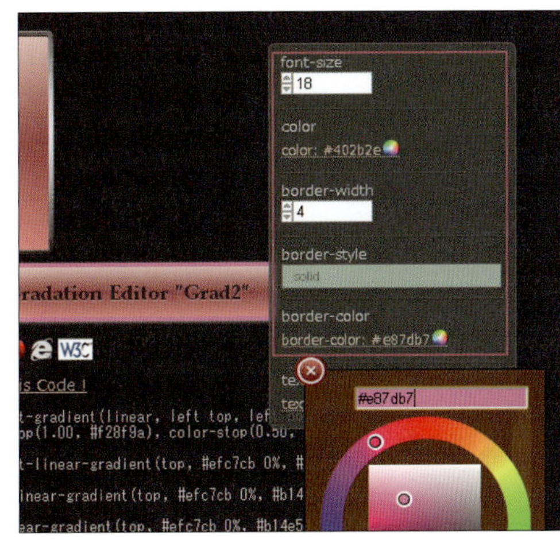

Section 2

CSS3 Playground

CSS3の基本を理解している方であれば、使いやすいオールラウンドなCSS3ジェネレーターです。よく利用されるCSS3の機能はほとんど編集が行え、テキストボックスを作る上で重宝します。

CSS3 Playground by Mike Plate
http://css3.mikeplate.com/

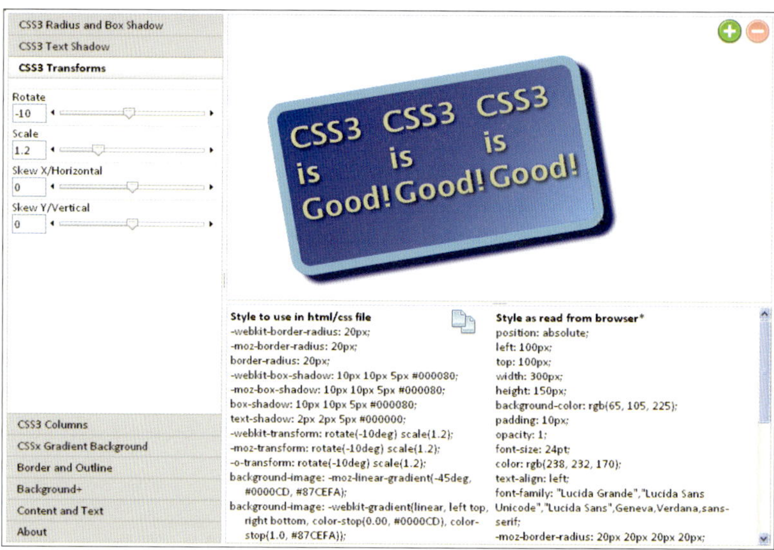

オールラウンドで使いやすいCSS3ジェネレーター。

● 初期画面

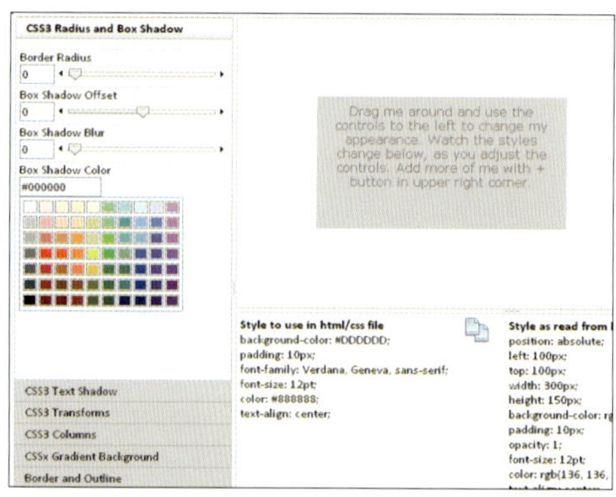

初期画面は「CSS3 Radius and Box Shadow」となっています。

● CSS3 Radius and Box Shadow

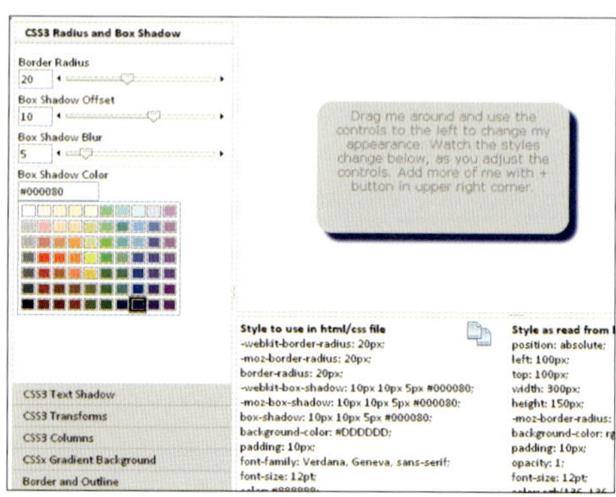

角丸、ボックスシャドウの設定が行えます。

● Background +

背景色と透明度の設定が行えます。

● Border and Outline

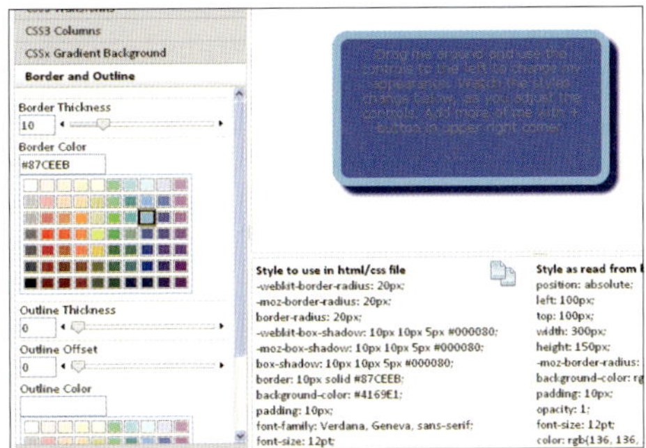

罫線の色と太さ等が設定できます。

● Content and Text

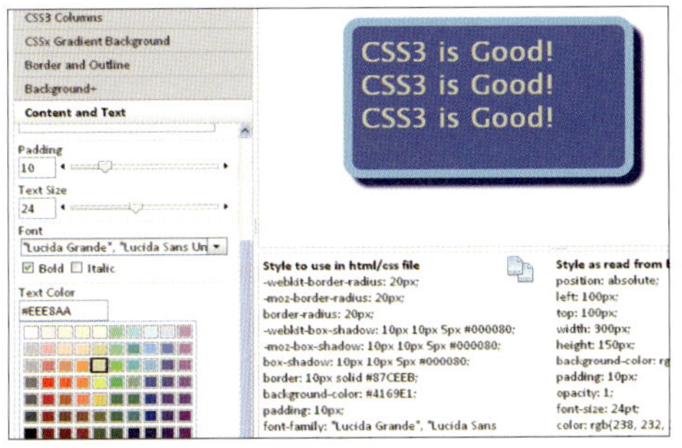

ボックス内のコンテンツや、書体、文字色、文字の大きさが編集できます。

● CSS3　Text Shadow

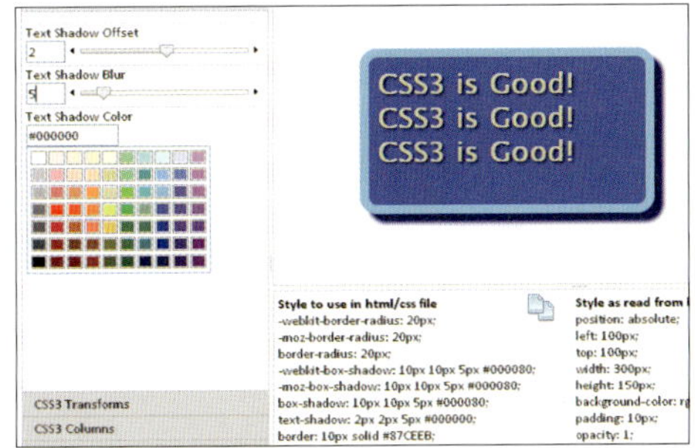

影付き文字設定の編集が行えます。

● CSSx Gradient Background

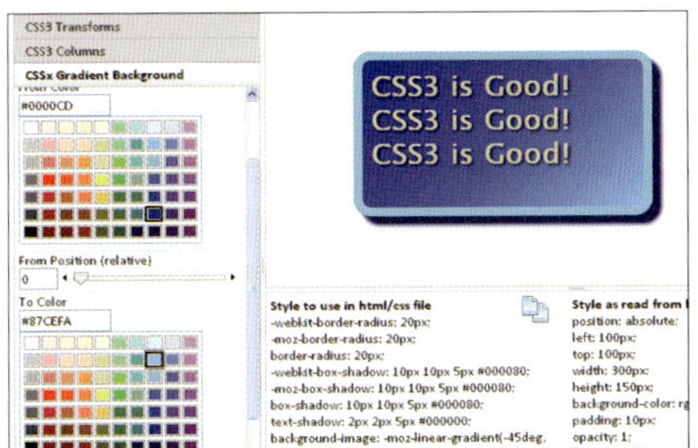

縦、横、斜の背景グラデーション設定の編集が行えます。

● CSS3 Columns

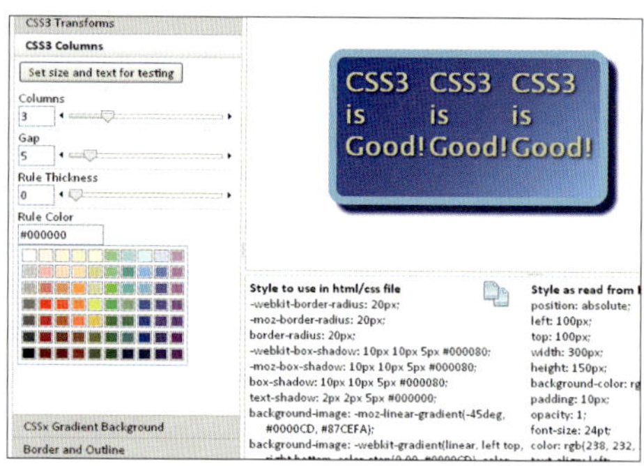

段組設定の編集が行えます。

● CSS3 Transforms

変形の編集が行えます。

完成したらコードをコピーしてください。「CSS3 Playground」には書類のアイコンをクリックすれば、「Style to use in html/css file」に記述されたコードがPCのクリップボードにコピーされる機能があります。

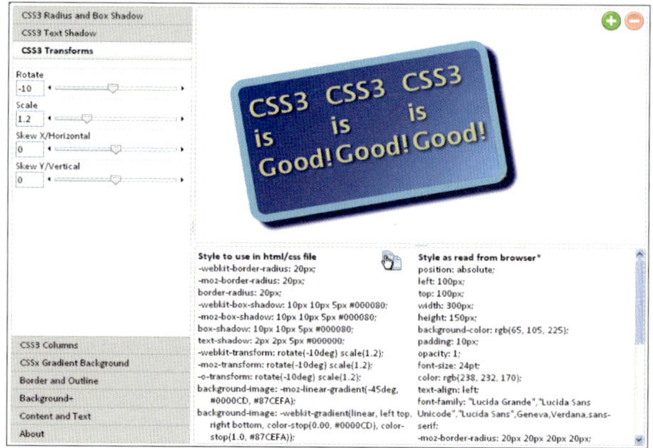

他にもあるCSS3ジェネレーターの有効な使い方

CSS3ジェネレータは複雑なCSSのコードを、簡単な操作で作ることができますが、作業効率を向上させるだけでなく、WYSIWYG環境で表示結果を見ながら編集が行えますのでデザイン向上にも役立ち、慣れてない人には、各プロパティにおいて数値をどれぐらい変化させれば適正な結果を得られるかを知ることもできて学習にも大いに役立ちます。
本書では2例しか紹介していませんが、ネット上には他にも優れたCSS3ジェネレーターが多くあります。あなた自身の環境と好みに合ったCSS3ジェネレーターを探して仕事や学習に役立ててください。

Section 3

CSS3の学習に役立つWebサイト

CSS3やWeb標準の学習に役立つ国内外のWebサイトを紹介します。

W3C CSS3仕様書（日本語訳）

CSS3の基本はW3Cですが、いきなり英語を読むのは慣れてない方は辛いと思いますので、W3CのCSS3の仕様書の日本語訳サイトを2点紹介します。いずれのサイトもW3Cの仕様書にリンクが張ってありますので、日本語訳・オリジナル（英語）合わせて読んでください。
公式のCSS3の進捗状況はW3Cの「Cascading Style Sheets Current Work」で調べてください。

- CSS current work & how to participate（W3C）
  http://www.w3.org/Style/CSS/current-work

● CSS3の日本語訳集 - 血統の森 web実験小屋

このサイトはCSS3の日本語訳集ですが、翻訳だけでなくW3Cのオリジナルの仕様書の進捗状況とリンク先も掲載されてますので、読み比べて学習してください。
http://momdo.s35.xrea.com/web-html-test/CSS3-ja/

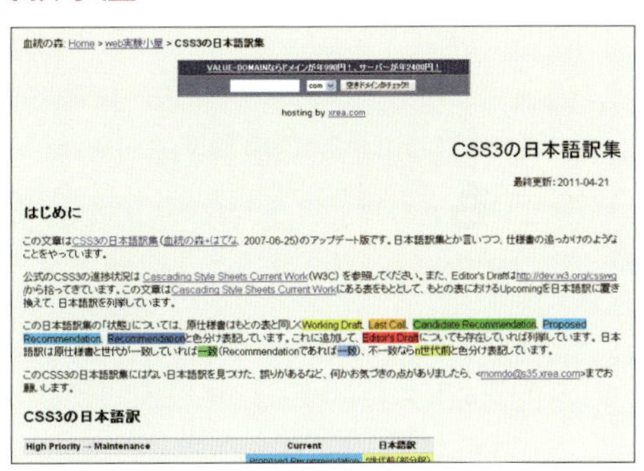

● Web標準仕様 日本語訳一覧 CSS - ミツエーリンクス

Web標準では定評のあるミツエーリンクスによるW3Cの日本語訳です。CSS3の全てが揃っているわけではありませんが、よく利用するモジュールは翻訳されています。エキスパートに評判の高いサイトです。
http://standards.mitsue.co.jp/resources/w3c/#cat-css

基本学習に役立つサイト

CSS3の基本学習に役立つサイトを紹介します。

● CSS3リファレンス－HTMLクイックリファレンス

「HTMLクリックリファレンス」による詳細なCSS3のリファレンスサイトです。その他同じく詳細なHTML5リファレンスや従来のCSSやHTML全般についてもきちんと書かれており、順を追って学習するもよし、困った時の辞書代わりにも利用してもよしと、用途の広いサイトです。
http://www.htmq.com/css3/index.shtml

● CSS3 Pre-Reference ～ CSS3のリファレンスサイト ～

CSS3での新しいプロパティ、値、関数などを現草案に忠実に沿って解説しているWebサイト。日本語で書かれているので本書と合わせて参照することでよりCSS3の理解が深まるでしょう。
http://css3.under.jp/

実践に役立つサイト（日本）

国内のCSS3の実践に役立つ著名サイトを紹介します。CSS3だけでなく、HTML5、JavaScript等のWeb標準の記事が充実しています。Web標準を実践に使い方はサイトを訪問してみてください。

● 秋葉秀樹 個人ブログ

本書の著者の一人である秋葉秀樹氏の個人ブログです。CSS3だけでなく、HTML5、JavaScriptを利用したグラマラスなデザインサンプルが充実しています。雑誌掲載や講演多数の秋葉氏だけに解説はすごくわかりやすいものになっています。かっこいいデザインにこだわる人はぜひ！
http://www.akibahideki.com/blog/

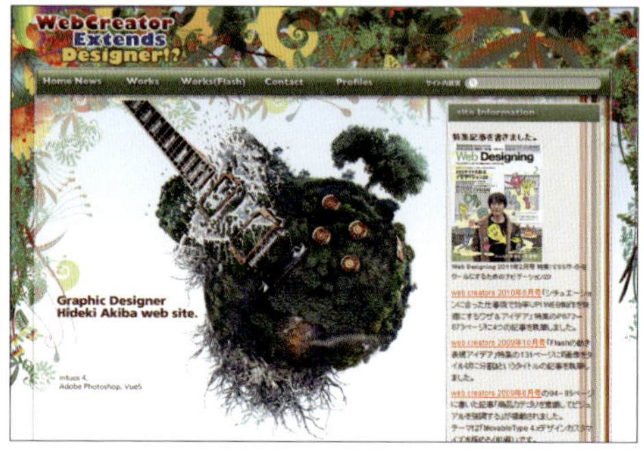

●ヨモツネット

本書の著者の一人、小山田晃浩氏によるCSS3だけでなく、HTML5やJavaScript等のWeb標準関係の記事が充実したサイトです。比較的高度な内容をわかりやすく解説しているのが特徴です。Web標準に力を入れているデザイナーの方は見て学んでください。

http://www.yomotsu.net/

●CSS3 | CSS Lecture

MIYA氏によるCSSリファレンスに関する記事を中心に、jQuery、HTML、Movable Typeなどの使い方などを紹介したサイトです。デモページ付きの解説はとても、わかりやすいと評判です。

http://www.css-lecture.com/log/css3/

実践に役立つサイト（海外）

CSS3のスーパーテクニックを利用した海外のサンプルサイトといえば、「すごいということはわかるけど……、仕事でどう使うの？」と疑問符がつくようなサイトが多いものですが、ここで紹介するサイトは違います。ぜひ、仕事に役立ててください。

●CSS-Tricks

CSS、HTML、JavaScript、PHP等のテクニカルな話題満載なサイトです。「Downloads」をクリックすれば、「おおっ！」と驚くCSS3スーパーテクニックが利用されたサンプルファイルが丸ごとダウンロードできる上にDEMOも見られます。その他「CODE SNIPPETS GALLERY」は便利なCSSやjQueryのスニペットコードが数多くあるので見ておいて損はないです。

http://css-tricks.com/

●20 Useful CSS3 Menu and Navigation Tutorials

実用性の高いCSS3を利用した高品質なデザインのメニューのサンプルを20種類紹介しています。ぜひ、このサイトで紹介されたテクニックを仕事に応用してみてください。

http://aext.net/2010/12/20-useful-css3-menu-and-navigation-tutorials/

index 1 本書で解説したCSS3のモジュール・プロパティ

Color モジュール

名前		意味	掲載ページ
opacity	プロパティ	要素の透明度を指定	038,201,228
rgba()	値	RGBAカラーモデルで色を指定	039,165,168
transparent	値	全透明	040
hsl()	値	色相、彩度、明度で色を指定	041
hsla()	値	hsl()に透明度を付与して色を指定	041
currentColor	値	現在の色	042

Fonts モジュール

名前		意味	掲載ページ
@font-face	規則	フォントファイルを指定	044

Text モジュール

名前		意味	掲載ページ
text-shadow	プロパティ	テキストに影をつける	030,048,166,168,173,176,184,188,260
word-wrap	プロパティ	単語の途中で改行するかどうかを指定	049

CSS basic box model

名前		意味	掲載ページ
overflow-x	プロパティ	内容があふれたときの左右の表示方法を指定	052
overflow-y	プロパティ	内容があふれたときの上下の表示方法を指定	052
overflow	プロパティ	内容があふれたときの表示方法を指定	053,222

Backgrounds and Borders モジュール

名前		意味	掲載ページ
background-image	プロパティ	背景画像の指定	055,118
background-repeat	プロパティ	背景画像の繰り返しの指定	057
background-attachment	プロパティ	スクロール時の背景画像の振る舞いの指定	059
background-position	プロパティ	背景画像が配置される基点の指定	060,270
background-clip	プロパティ	背景の適用範囲の指定	062
background-origin	プロパティ	背景の基準位置の指定	064
background-size	プロパティ	背景画像の大きさの指定	066,203,271
background	プロパティ	背景をまとめて指定	068
border-top-left-radius	プロパティ	左上の角丸を指定	073
border-top-right-radius	プロパティ	右上の角丸を指定	073,260
border-bottom-left-radius	プロパティ	左下の角丸を指定	073
border-bottom-right-radius	プロパティ	右下の角丸を指定	073,260
border-radius	プロパティ	角丸をまとめて指定する	027,075,181,185
border-image-source	プロパティ	ボーダーに使用する画像ファイルを指定	079
border-image-slice	プロパティ	画像のボーダー使用範囲を指定	079
border-image-width	プロパティ	画像ボーダーの太さを指定	082
border-image-outset	プロパティ	ボーダーイメージエリアを広げる	083
border-image-repeat	プロパティ	画像ボーダーの繰り返しを指定	084
border-image	プロパティ	画像ボーダーを指定	086
box-shadow	プロパティ	ボックスに影をつける	029,089,165,168

Multi-column Layout モジュール

名前		意味	掲載ページ
column-width	プロパティ	カラムの幅を指定	093
column-count	プロパティ	カラムの数を指定	094,205
columns	プロパティ	カラム幅とカラム数を指定	095
column-gap	プロパティ	カラムの間隔を指定	095,205
column-rule-color	プロパティ	カラムの区切り線の色を指定	096
column-rule-style	プロパティ	カラムの区切り線のスタイルを指定	096
column-rule-width	プロパティ	カラムの区切り線の幅を指定	096
column-rule	プロパティ	カラムの区切り線のスタイル・幅・色を指定	097,205
break-after	プロパティ	ボックス後でのカラムの区切り方法を指定	098
break-before	プロパティ	ボックス前でのカラムの区切り方法を指定	098
break-inside	プロパティ	ボックス途中でのカラムの区切り方法を指定	098
column-span	プロパティ	複数のカラムをまたがるブロックを形成	100

Flexible Box Layout モジュール

名前		意味	掲載ページ
flexbox	値	フレキシブルボックスレイアウトを指定するdisplayプロパティの値	102,184,208
inline-flexbox	値	フレキシブルボックスレイアウトを指定するdisplayプロパティの値	102
flex-direction	プロパティ	ボックス内の子要素の並び方向の指定	103
flex-order	プロパティ	ボックス内の子要素の並び順の指定	104,209
flex-pack	プロパティ	ボックス内の子要素の横方向の揃え位置を指定	105
flex-align	プロパティ	ボックス内の子要素の縦方向の揃え位置を指定する	107

Basic User Interface モジュール

名前		意味	掲載ページ
appearance	プロパティ	システムが持つインターフェイスを要素に対して適用	112
box-sizing	プロパティ	ボックスの大きさの算出方法を指定	114
outline-offset	プロパティ	ボックス輪郭線のオフセット値を指定	115
resize	プロパティ	ユーザーが要素のサイズを変更可能かどうかを指定	116

Image Values モジュール

名前		意味	掲載ページ
linear-gradient()	値	直線型グラデーションを指定	118,173,181,185
radial-gradient()	値	放射型グラデーションを指定	122,187
repeating-linear-gradient()	値	直線型グラデーションの繰り返しを指定	125
repeating-radial-gradient()	値	放射型グラデーションの繰り返しを指定	125

2D/3D Transforms モジュール

名前		意味	掲載ページ
transform	プロパティ	要素に2Dまたは3D変形を適用	030,128,129,195,231,241,267
transform-origin	プロパティ	変形の原点を指定	130,231,241
transform-style	プロパティ	3D空間でどのようにレンダリングされるかを指定	131
perspective	プロパティ	3Dでの遠近感の度合いを指定	132,195
perspective-origin	プロパティ	perspectiveで指定した奥行きの基準点を指定	133
backface-visibility	プロパティ	要素の裏面を表示するかどうかを指定	134,197

Transitions モジュール

名前		意味	掲載ページ
transition-property	プロパティ	変化させるCSSプロパティ名を指定	136
transition-duration	プロパティ	変化にかかる時間を指定	136
transition-timing-function	プロパティ	変化の割合を指定	137,201
transition-delay	プロパティ	変化の開始までの時間を指定	139
transition	プロパティ	transitionをまとめて指定	140,200,228,231, 238,241,244,264
backface-visibility	プロパティ	要素の裏面を表示するかどうかを指定	134,197

Animations モジュール

名前		意味	掲載ページ
@keyframes	規則	アニメーションのキーフレームを定義	142
animation-name	プロパティ	アニメーション名を指定	143
animation-duration	プロパティ	アニメーション一回分の時間を指定	145
animation-timing-function	プロパティ	アニメーションの変化の割合を指定	146
animation-delay	プロパティ	アニメーションの開始までの時間を指定	147
animation-direction	プロパティ	アニメーションを交互に逆再生させるかどうかを指定	148
animation-iteration-count	プロパティ	アニメーションの実行回数を指定	149,193
animation-play-state	プロパティ	再生中か停止かを指定	150
animation	プロパティ	アニメーションをまとめて指定	151,191

index 2

CSSプロパティ

HTML5

擬似要素

擬似クラス

記号

A

C

D

G

H

J

L

P

R

T

W

ア行

著者紹介

秋葉 秀樹（あきば ひでき）

CAPUT LLC
テクニカルディレクター×デザイナー

DTP黎明期に紙媒体から3DCGと映像、Webデザインと、多様なクリエイティブワークを展開。
2010年は北海道から九州まで全国各地でWeb系セミナー出演多数。
ビジュアルデザインが得意、と本人は思っている。
http://cap-ut.co.jp
http://www.akibahideki.com/blog/
CSS3 Easy Gradation Editor "Grad2"
http://grad2.ecoloniq.jp/

秋葉 ちひろ（あきば ちひろ）

CAPUT LLC
ディレクター×デザイナー

Webに縛られないデザイン制作、Web講師・講演、店舗取材・blogライターなどさまざまな分野で活動。
独自のクリエイティブテイストでデザインを行なう一方、フロントエンドの新しい技術も積極的に取り入れた制作を行なっている。
http://cap-ut.co.jp
http://www.ladybeetle-design.com/

小山田晃浩（おやまだ あきひろ）

株式会社ピクセルグリッド
フロントエンドエンジニア

1982年生まれ。2006年よりWeb制作会社にてUI実装や運用業務を経験した後、2010年よりフロントエンド・エンジニアとして株式会社 ピクセルグリッドに参加。HTML、CSS、JavaScript、SVGを駆使し数々のWebサイトにおけるUI実装経験を持つ。Web関連雑誌での執筆活動や技術関連の講演も行うほか、個人のブログ「ヨモツネット」ではHTMLやXML、CSSなどに関する技術の情報を発信している。
著書に『Webデザイナー／コーダーのための HTML5コーディング入門』（共著、エクスナレッジ）、『Webデザイン・フォーラム 10人のプロが教える原則と経験則』（共著、翔泳社）。
http://www.pxgrid.com/
http://yomotsu.net/

外村 和仁（ほかむら かずひと）

株式会社ピクセルグリッド
フロントエンドエンジニア

HTMLコーダー、JavaScriptプログラマ、PHP、Perlのプログラマといった職務を経験後、2010年に株式会社ピクセルグリッドに入社。大規模サイトの運用、開発の経験を活かしてバックエンドからフロントエンドまで幅広く担当。
好きな言語は、PythonとJavaScript。JavaScriptの勉強会、jstudyを主催している。WEB+DB PRESS、Software Designなどに寄稿。
著書に『Webデザイナー／コーダーのための HTML5コーディング入門』（共著、エクスナレッジ）。
http://www.pxgrid.com/
http://webtech-walker.com/

蒲生 トシヒロ（がもう としひろ）

有限会社ITプロフェッショナル 代表取締役
株式会社日本情報化農業研究所 執行役員

技術を大事にするWebプロデューサー＆プランナー。ハード、ソフト関係なくコミュニケーションツール全般に関心を持っている。プロデュースや企画を仕事としているが、技術を頭だけで理解するのが嫌いで、関心があれば仕事で利用するしないに関わらず自身で手も動かして理解するようにしている。Movable Typeの宣教師としても有名、書籍執筆の他、講師・主催セミナー多数。
著書に『Movable Type 5実践テクニック』（共著・企画編集、ソフトバンククリエイティブ）、『インターネット＆Webの必須常識100』（共著、ワークスコーポレーション）、『Movable Type プロフェッショナル・スタイル MT4.1対応』（共著・企画編集、毎日コミュニケーションズ）。
http://www.dakiny.com/

宮澤 了祐（みやざわ りょうすけ）

株式会社日本情報化農業研究所 取締役

同社開発のSOY CMSの開発者。Webアプリケーションの開発を得意とする。
http://www.n-i-agroinformatics.com/
http://www.soycms.net/

STAFF

企画・構成：蒲生トシヒロ
執筆：秋葉 秀樹、秋葉 ちひろ、小山田 晃浩、外村 和仁、蒲生トシヒロ、宮澤 了祐
監修：株式会社 ピクセルグリッド
制作協力：株式会社 KDDIウェブコミュニケーションズ、株式会社 日本情報化農業研究所
ブックデザイン：Concent, Inc.（深澤 充子）
カバーイラスト：大寺 聡
DTP：大西 恭子
担当：角竹 輝紀

シーエスエススリー

CSS3デザイン プロフェッショナルガイド

2011年5月28日　初版第1刷発行

著　者　秋葉 秀樹、秋葉 ちひろ、小山田 晃浩、外村 和仁、蒲生トシヒロ、宮澤 了祐
発 行 者　中川 信行
発 行 所　株式会社毎日コミュニケーションズ
〒100-0003　東京都千代田区一ツ橋1-1-1　パレスサイドビル
☎048-485-2383（注文専用ダイヤル）
☎03-6267-4477（販売）
☎03-6267-4431（編集）
E-Mail：pc-books@mycom.co.jp
URL：http://book.mycom.co.jp
印刷・製本　株式会社 ルナテック

ISBN978-4-8399-3546-7